入門線型代数

隈部正博

（三訂版）入門線型代数（'19）

装丁・ブックデザイン：畑中　猛

s-69

まえがき

本書は，放送大学における講義「入門線型代数」用の印刷教材としてつくられた。数学に慣れていない人や，昔学んだが忘れてしまった人を想定している。放送大学での筆者の経験から，また放送大学という特質上，読者が不便を感じることなく，具体例からゆっくりと自学自習ができるように配慮した。

本大学の様々な学生層を考え，できるだけ多くの読者が満足いくように，各章あるいは各節に A，B，C の記号をつけた。A の記号がある部分は，具体的な例を使って解説してある部分である。A の部分だけでも読み進めていくことができるようにした。ただし A の部分は，論理的な正確さは犠牲にしたような表現があることは断っておかなければならない。B の部分は多くの場合，一般的な形で述べられている。したがって，A，B は必ずしも難易度を表しているのではない。一般的な記述に慣れることが本書の目的でもある。やや難しい部分には C の記号をつけた。定理の意味を理解することは大事であるが，その証明など少しくらいわからない部分があっても先を読み進めてよい。後になって前の部分が理解できるようになることもある。数学を初めて学ぶ読者は A の部分をまず読み進めてもらいたい。余裕があれば B の部分，それでも飽き足りなければ C の部分を丁寧に読めばよい。本書には多くの例題があるが，これらは同時に演習問題でもある。繰り返し読んで，最後には自力で解けるようにしてもらいたい。

本書を書くにあたって多くの方々に支えられた。樋口加奈氏また，本大学卒業生である，大滝哲弘，新佐依子両氏は本書を精読して多くの助言をいただいた。本書のさまざまなところに反映されている。また編集にあたっては，編集担当者に内容に至るまでコメントをいただき，大変御世話になった。これらの方々に感謝の意を表したい。

2018 年 12 月
隈部正博

目次

1 数ベクトル空間

《目標＆ポイント》 これからの授業における基礎事項の解説をする。その後数ベクトルや数ベクトル空間について解説する。
《キーワード》 集合，写像，順序列，数ベクトル，数ベクトル空間

1.1 準 備(A)

まず最初に数学的帰納法について述べる。自然数とは $0, 1, 2, 3, \cdots$ のことと定義する（今まで自然数とは $1, 2, 3, \cdots$ を意味したが，本書では 0 を含むことにする）。n を任意の自然数とする。$\phi(n)$ を数 n についての性質を述べたものとする。例えば $\phi(n)$ が，

$$\phi(n) : 0+1+2+\cdots+n = \frac{n(n+1)}{2} \qquad \cdots(1.1)$$

であったりする。ここで我々は全ての n について $\phi(n)$ が成り立つことを証明したい。これは $\phi(0)$，$\phi(1)$，$\phi(2)$，$\cdots$ がすべて成り立つことを証明したいという意味である。例えば $\phi(n)$ が (1.1) で表されるとき，$\phi(5)$ を証明するとは，$0+1+2+\cdots+5 = \frac{5(5+1)}{2}$ の等式が成り立つことを証明するということである。

もし，$\phi(0)$，$\phi(1)$，$\phi(2)$，$\cdots$ が１つ１つ成り立つことを証明していったのでは，いつまでたっても証明が完了しない。どうすればよいか？それには次の２つのことを証明すればよい。

$$\phi(0) \text{ が成り立つ} \qquad \cdots(1.2)$$

$$\text{任意に数 } n \text{ が与えられたとし，もし } \phi(n) \text{ が成り立てば } \phi(n+1) \text{ も成り立つ} \qquad \cdots(1.3)$$

ここで n は具体的な数ではなく，（いかなる数にも置き換えることが可能な）「変数」である。その意味で「任意に」という言葉を用いている[1.1]。

その理由は次のとおりである。まず (1.2) により $\phi(0)$ が成り立つ。(1.3) において n は任意であるから，$n=0$ とすると，(1.3) は，「もし $\phi(0)$ が成り立てば $\phi(1)$ も成り立つ」ということをいっている。ここで $\phi(0)$ は成り立つことがわかっているから，$\phi(1)$ も成り立つことがわかる。同様に，(1.3) において n は任意であるから，今度は $n=1$ とすると，(1.3) は，「もし $\phi(1)$ が成り立てば $\phi(2)$ も成り立つ」ということをいっている。ここで $\phi(1)$ は先ほど証明したように成り立つことがわかっているから，$\phi(2)$ も成り立つことがわかる。この論議を繰り返すことによって，全ての n について $\phi(n)$ が成り立つことがわかる。これを帰納法による証明という。図に示すと次のようになる。

$$\phi(0)\text{ が成り立つ} \xrightarrow{\phi(0)\text{ が成り立てば }\phi(1)\text{ も成り立つ}} \phi(1)\text{ が成り立つ}$$

$$\phi(1)\text{ が成り立つ} \xrightarrow{\phi(1)\text{ が成り立てば }\phi(2)\text{ も成り立つ}} \phi(2)\text{ が成り立つ}$$

$$\phi(2)\text{ が成り立つ} \xrightarrow{\phi(2)\text{ が成り立てば }\phi(3)\text{ も成り立つ}} \phi(3)\text{ が成り立つ}$$

$\cdots\cdots\cdots$

1.1　(1.3) の意味は，n は任意であるから，$n=0,1,2,\cdots$ とすることによって，$\phi(0)$ が成り立てば $\phi(1)$ も成り立つ，$\phi(1)$ が成り立てば $\phi(2)$ も成り立つ，$\phi(2)$ が成り立てば $\phi(3)$ も成り立つ，$\cdots$ を意味する。一方，全ての n について $\phi(n)$ が成り立つとは，$\phi(0)$，$\phi(1)$，$\phi(2)$，$\cdots$ がすべて成り立つことである。混同しないこと。$\phi(n+1)$ が成り立つことを直接証明することはしないで，(1.3) では $\phi(n)$ を仮定して（$\phi(n)$ の力を借りて）$\phi(n+1)$ を証明しようというわけである。

先ほどの例について考えよう。$\phi(n)$ を $0+1+2+\cdots+n=\dfrac{n(n+1)}{2}$ とする。$\phi(n)$ が全ての n について成り立つことを証明したい。$n=0$ のときは，$\phi(0)$ が成り立つことは，両辺が 0 になることからわかる。よって上の (1.2) が成り立つ。次に (1.3) が成り立つことを示すために，任意に n が与えられたときとし，$\phi(n)$ が成り立つと仮定して $\phi(n+1)$ を証明しよう。つまり，$0+1+2+\cdots+n=\dfrac{n(n+1)}{2}$ が成り立つと仮定して，この仮定のもとで我々は $\phi(n+1)$ つまり，$0+1+2+\cdots+(n+1)=\dfrac{(n+1)(n+2)}{2}$ を証明したい。

次のように証明しよう。まず，$0+1+2+\cdots+n=\dfrac{n(n+1)}{2}$ は成り立つと仮定している。この式の両辺に $n+1$ を加えると，

$$0+1+2+\cdots+n+(n+1)=\frac{n(n+1)}{2}+(n+1) \qquad \cdots(1.4)$$

である。右辺を計算すると $\dfrac{n(n+1)}{2}+(n+1)=(n+1)\left\{\dfrac{n}{2}+1\right\}=\dfrac{(n+1)(n+2)}{2}$ となり，$0+1+2+\cdots+(n+1)=\dfrac{(n+1)(n+2)}{2}$ となる。これは $\phi(n+1)$ が成り立つことを示している。よって (1.3) も成り立つ。したがって数学的帰納法により，全ての n について $0+1+2+\cdots+n=\dfrac{n(n+1)}{2}$ が成り立つ。

上の証明では変数 n が使われており，「任意に数 n が $\cdots$」という表現があることに注意しよう。

練習 1.1　全ての自然数 n について $\phi(n)$ が成り立つことを数学的帰納法を使って証明せよ。

i. $\phi(n): 1+3+5+\cdots+(2n+1)=(n+1)^2$

ii. $\phi(n) : 0^2 + 1^2 + 2^2 + \cdots + n^2 = \dfrac{n(n+1)(2n+1)}{6}$

次に**集合**について述べる。ものの集まりを集合と呼ぶ。例えば，数 1 と数 2 からなるものの集まりは集合であり，$\{1, 2\}$ と表す。1 や 2 をこの集合の**要素**（あるいは元）という。また，放送大学の学生全体からなる集まりは集合であり，各読者は（放送大学の学生であれば）この集合の要素である。自然数全体からなるものも集合であり，$\{0, 1, 2, 3, \cdots\}$ あるいは N で表す。数 $0, 1, 2, 3, \cdots$ はこの集合の要素である。この集合は無限個の要素からなるので，**無限集合**と呼ぶ。自然数において，偶数全体の集合は $\{0, 2, 4, \cdots\}$ と書けるが，括弧 $\{\ \}$ 内の $\cdots$ は意味が「曖昧」とも思える。従って，偶数は 2 の倍数であるので，$\{x \mid$ ある自然数 y が存在して $x = 2y\}$ と書ける。放送大学の学生全体の集合は，$\{x \mid x$ は放送大学の学生 $\}$ と書ける。このように，$\phi(x)$ を x についてのある性質（条件式）としたとき，$\{x \mid \phi(x)\}$ と書くことによって，$\phi(x)$ という性質を満たす x 全体の集合を表す。x が集合 A の**要素**（元）であるとき，これを $x \in A$ で表す。$y \in A$ でないときは，$y \notin A$ とかく。図に示すと図 1–1 のようになる。

練習 1.2 i. 奇数全体の集合を条件式を使った方法で表現せよ。
ii. 11 以上の奇数全体の集合を条件式を使った方法で表現せよ。

何も要素をもたない集合を**空集合**と呼び $\emptyset$ で表す。

集合 A と B が等しいとは A と B が同じ要素から成り立っているときをいう。すなわち $x \in A \Leftrightarrow x \in B$ である。ここで，「$\cdots \Leftrightarrow ,,,$」は「$\cdots$ の内容と $,,,$ の内容は同値である（同じことを意味する)」ということをいっている。

集合 A の要素が全て集合 B の要素であるとき，すなわち任意の（各々の）x について，$x \in A$ ならば $x \in B$ であるとき，集合 A を B の**部分集合**といい，$A \subseteq B$ で表す。

図に示すと図 1–2 のようになる。

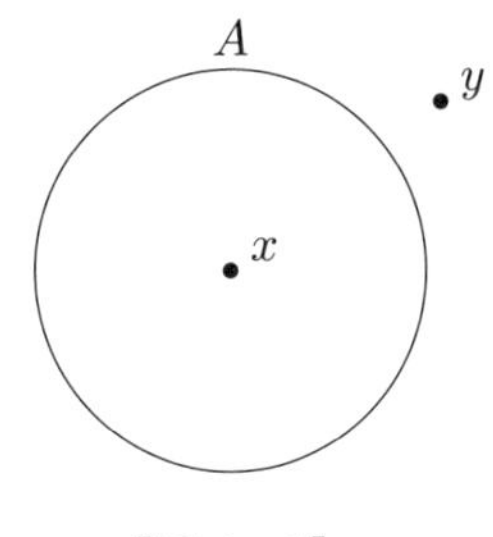

[図 1−1]

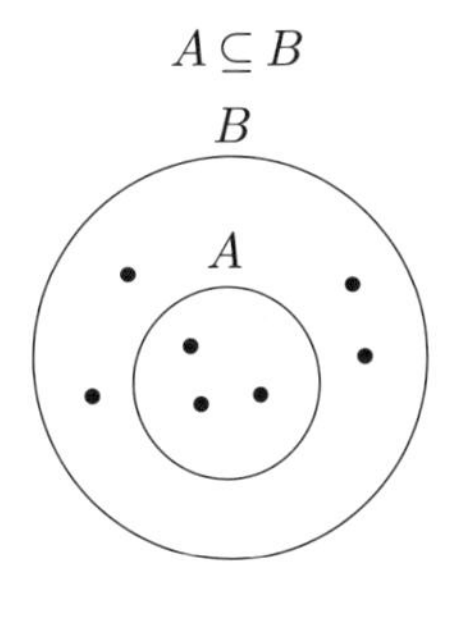

[図 1−2]

集合 A, B において，A と B の両方に含まれる要素全体の集合を $A \bigcap B$ で表し，A と B の**積集合** (intersection) という。すなわち $A \bigcap B = \{x \mid x \in A$ かつ $x \in B\}$ である。図に示すと図 1–3 のようになる。

同様に集合 A, B, C において，$A \bigcap B \bigcap C$ は A と B と C の全てに含まれる要素全体の集合を表す。また，A か B の少なくともどちらか一方に含まれる要素全体の集合を $A \bigcup B$ で表し，A と B の**和集合** (union) という。すなわち，$A \bigcup B = \{x \mid x \in A$ または $x \in B\}$ である。図に示すと図 1–4 のようになる。

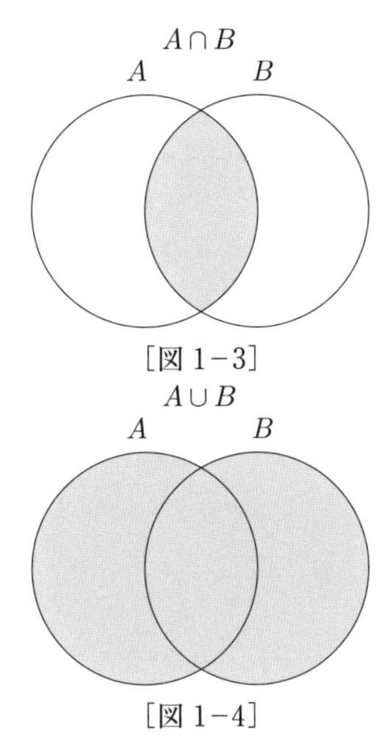

[図 1−3]

[図 1−4]

例えば $A = \{1, 2, 3, 4, 5\}$, $B = \{3, 4, 5,$

$6,7\}$ のとき，$A \bigcup B = \{1,2,3,4,5,6,7\}$ である。同様に集合 A, B, C において，$A \bigcup B \bigcup C$ は A か B か C の少なくともどれかひとつに含まれる要素全体の集合を表す。

自然数 n が m で割り切れるとき，m は n の約数であるという。例えば 6 は 18 の約数である。1 でない自然数 n が素数とは，1 と n 以外に約数をもたない数のことである。従って $2,3,5,7,11,13$ は素数である。異なる自然数 m と n が，1 以外の共通の約数をもたないとき，m と n は互いに素であるという。例えば 8 と 15 は互いに素であるが，6 と 10 は互いに素ではない。

A を偶数の集合，B を素数の集合としたとき，$A \bigcap B = \{2\}$ である。また A を偶数の集合，B を奇数の集合としたとき，$A \bigcap B$ は何も要素をもたない，つまり空集合である。従って $A \bigcap B = \emptyset$ である。

集合 $A \supseteq B$ が与えられたとして，A に含まれ B に含まれない要素全体の集合を $A - B$ で表し，A における B の**補集合**という。すなわち，$A - B = \{x \mid x \in A$ かつ $x \notin B\}$ である。集合 A を明記する必要のないときは，$A - B$ を $\overline{B}$ とも書く。また一般に $A \supseteq B$ ではないときも，$A - B$ を上のように定義し，A と B の**差集合**と呼ぶ。これらを図に示すと次のようになる。

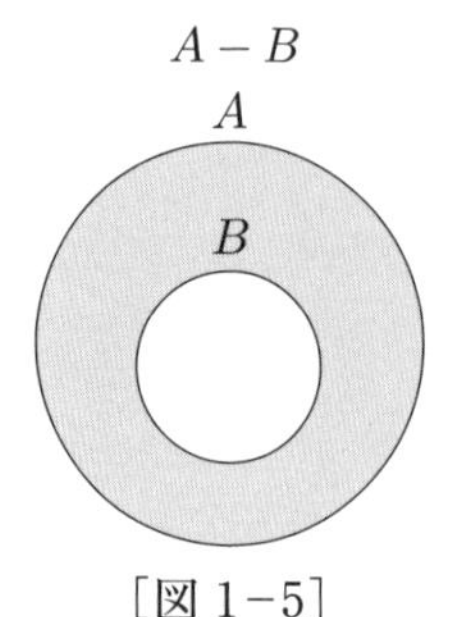

［図 1−5］

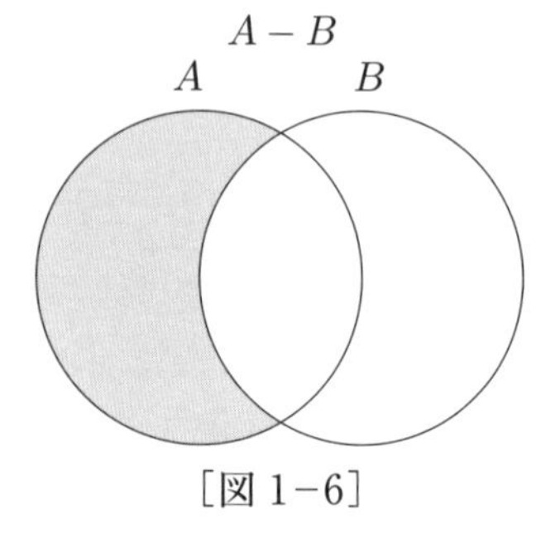

［図 1−6］

練習 1.3　A を日本国民全体の集合，B を放送大学の学生全体の集合とする。

i. $A \bigcap B$ はどのような集合か。

ii. $A \bigcup B$ はどのような集合か。

iii. $A - B$ はどのような集合か。

x と y を順序を考慮に入れて並べたものを**順序対**と呼び，(x, y) で表す。これは次の性質を満たす。

$$(x, y) = (u, v) \Leftrightarrow x = u \text{ かつ } y = v \qquad \cdots(1.5)$$

従って，一般には (x, y) と (y, x) は違うものである。しかし，集合 $\{x, y\}$ と集合 $\{y, x\}$ は，どちらも x と y という 2 つの要素からなる集合であるから，同じものである。例えば順序対 $(3, 5)$ と順序対 $(5, 3)$ は異なるものであるが，集合 $\{3, 5\}$ と集合 $\{5, 3\}$ は同じものである。

同様に 3 つの対象 x, y, z を順序を考慮に入れて並べたものを**順序列**と呼び，(x, y, z) と書く。一般に，n 個の対象 $x_1, x_2, \cdots, x_n$ の順序列を，$(x_1, x_2, \cdots, x_n)$ と書く。このとき，

$$(x_1, x_2, \cdots, x_n) = (y_1, y_2, \cdots, y_n) \Leftrightarrow x_1 = y_1, x_2 = y_2, \cdots, x_n = y_n \qquad \cdots(1.6)$$

が成り立つ。

例をあげよう。放送太郎君の学生番号は 100 であり所属学習センターは千葉であるという情報があるとしよう。この情報を記述するのには例えば，最初に氏名，次に学生番号，3 番目に所属学習センター，と情報を書く順番を決めた方がわかりやすい。するとこの情報は，(放送太郎，100，千葉) となる。もし放送花子さんの学生番号は 200 であり所属は神奈川学習センターであるならこの情報は，(放送花子，200，神奈川)

となり，この2つの情報の比較も見やすくなる。今度は，あるケーキ店で，ケーキの種類が4種類あるとする。1日のケーキの売り上げ状況は，チョコレートケーキが a_1 個，チーズケーキが a_2 個，イチゴケーキが a_3 個，そして4番目のケーキであるモンブランが a_4 個であるとすれば，1日の売り上げ状況は，(a_1, a_2, a_3, a_4) と表すと見やすい。

集合 A, B において，$A \times B$ を，$x \in A$ かつ $y \in B$ となるような順序対 (x, y) 全体の集合と定義し，A と B の**直積**という（数のかけ算としての積とは異なるので注意)。すなわち，

$$A \times B = \{(x, y) \mid x \in A \text{ かつ } y \in B\} \qquad \cdots(1.7)$$

である。とくに，$A \times A = \{(x, y) \mid x, y \in A\}$ でありこれを A^2 と書く。一般に，A^n を，各々の i $(1 \leq i \leq n)$ において $x_i \in A$ となるような順序列 $(x_1, \cdots, x_n)$ 全体の集合と定義し，A の $\boldsymbol{n}$ **乗積**という。例をあげよう。あるレストランのケーキの種類全体の集合を A，飲み物の種類全体の集合を B とする。すると $A \times B$ はケーキと飲み物の組み合わせ（順序対）全体の集合となる。

1.2 写　像(A)

集合 X と Y が与えられているとする。X の各要素 x に対して，ある規則によって対応する Y の要素 y がただ1つ存在するとき，この対応を X から Y への写像であるという。写像は，f, f_1, f_2 や g, g_1, g_2 等を用いて，

$$f : X \to Y$$

といった記号で表す。X を f の**定義域**という。f によって，X の要素 x に Y の要素 y が対応するとき，$f(x) = y$ あるいは，

$$f : x \mapsto y$$

と表す。X の部分集合 X' について，

$$f(X') = \{y \mid y = f(x) \text{ かつ } x \in X'\}$$

と定義し，X' の f による**像**という。とくに，定義域 X の（f による）像

$$f(X) = \{y \mid y = f(x) \text{ かつ } x \in X\}$$

は，f の**値域**ともいい $\mathrm{Im}(f)$（あるいは $\mathrm{Ran}(f)$）ともかく。また，Y の部分集合 Y' について

$$f^{-1}(Y') = \{x \mid y = f(x) \text{ かつ } y \in Y'\}$$

を f による Y' の**逆像**という。X, Y, Z を集合とし，2 つの写像 $f : X \to Y$, $g : Y \to Z$ が与えられたとき，写像 $g \circ f : X \to Z$ を

$$g \circ f(x) = g(f(x))$$

で定義し，f と g の**合成写像**という（$g \circ f$ は gf とも書く）。

写像 f が**単射**（**1 対 1**）であるとは，任意の異なる $x, x' \in X$ において $f(x) \neq f(x')$ となるときをいう。言い換えれば，任意の $b \in \mathrm{Im}(f)$ において，$f(a) = b$ となる $a \in X$ がただ 1 つ存在することである。また，f が**全射**（**上への写像**）であるとは，$f(X) = Y$ すなわち，任意の $y \in Y$ において，$f(x) = y$ となる $x \in X$ が存在するときをいう。f が全射でかつ単射であるとき，f は**全単射**であるという。f が全単射であるとき，任意の $y \in Y$ において，$f(x) = y$ となる $x \in X$ がただ 1 つ存在する。したがって f が全単射のとき，Y から X への写像 $f^{-1} : Y \to X$ を次のように定義することができる。

$$f^{-1}(y) = x \Leftrightarrow f(x) = y$$

この写像を f の逆写像という。写像 $f : X \to X$ で，任意の $x \in X$ において，$f(x) = x$ となる f を恒等写像といい，id と書く。

1.3　実数の集合の直積(A)

本書ではとくに断らない限り，数といえば実数のことを意味するものとする。数を全部集めた集合を $\boldsymbol{R}$ で表すことにする。数を視覚的に理解することを考えよう。まず**数直線**とは，原点 O と単位当たりの長さ 1 を与える点が備わったもので次の図のようなものである。

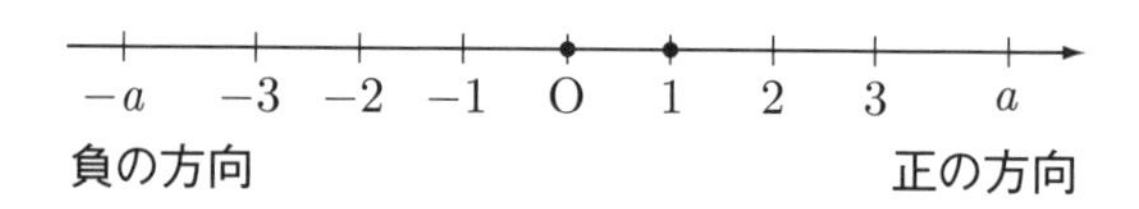

原点から見て，単位当たりの長さ 1 を与える点の方向，すなわち上の図で右方向を，この数直線の正の方向という。また，原点から見て，単位当たりの長さ 1 を与える点とは逆の方向，すなわち上の図で左方向を，この数直線の負の方向という。すると $\boldsymbol{R}$ の要素である実数 a が与えられたとき，a という数に対応して，原点から正の方向へ a だけ進んだ数直線上の点を考えることができる。例えば 3 という数には，原点から正の方向（上図で右方向）に 3 だけ進んだ点を考えることができる。また -3 という数には，原点から正の方向に -3 だけ進んだ点，言い換えると，原点から負の方向（上図の左方向）に 3 だけ進んだ点を考えることができる。より一般的にいうと，上の図でいえば，a が正の数であれば，原点から右に a だけ進んだ点を考えることとし，また，a が負の数であれば，原点から左に $|a|$ だけ進んだ点を考えるのである。このように考えると，$\boldsymbol{R}$ の要素である実数に対して，それに対応する数直線上の点を考えることができる。そして「数直線」をいっそのこと，このよ

うな点が無数に集まったものとして考えることによって，$\boldsymbol{R}$ と同一視することができる。

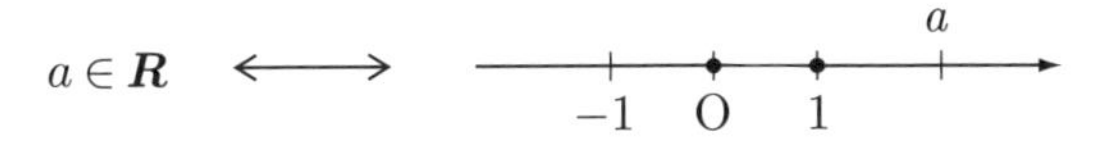

さて，数直線に例えば x 軸といった名前が付けられているとしよう。このとき，原点から見て単位当たりの長さ 1 の点の方向すなわち正の方向を，x(軸) の正の方向あるいは x(軸) 方向という。もし数直線が

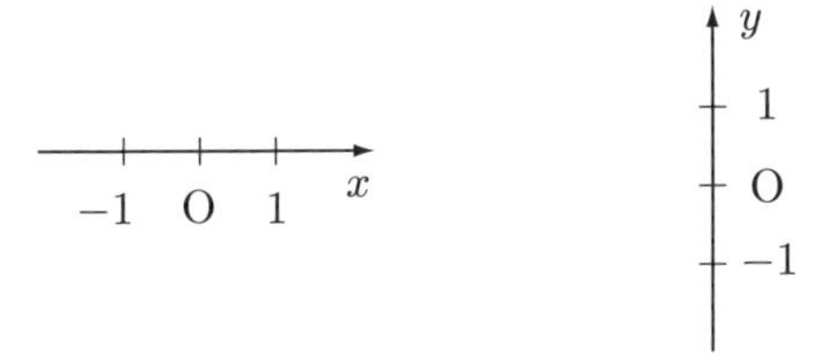

と縦方向に与えられていたとしても全く同様に考える。原点から見て，単位当たりの長さ 1 を与える点の方向，すなわち上の右図で上方向を，この数直線の正の方向という。また，原点から見て，単位当たりの長さ 1 を与える点とは逆の方向，すなわち上の右図で下方向を，この数直線の負の方向という。すると $\boldsymbol{R}$ の要素である実数 a が与えられたとき，a という数に対応して，原点から正の方向へ a だけ進んだ数直線上の点を考えることができる。言い換えると上の右図でいえば，a が正の数であれば，原点から上に a だけ進んだ点を考えることとし，また，a が負の数であれば，原点から下に $|a|$ だけ進んだ点を考えるのである。もしこの数直線に例えば y 軸といった名前が付けられているとき，原点から見て単位当たりの長さ 1 を与える点の方向すなわち正の方向を，y(軸) の正の方向あるいは y(軸) 方向という。

次に平面上の点を表すことを考えよう。それには，原点と 2 つの数直線（座標軸，x 軸と y 軸）を使って表すことができる。

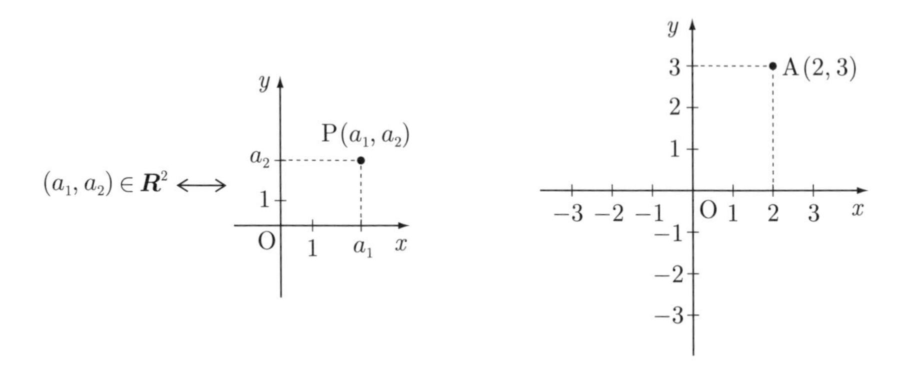

上の左図で点 P は，原点 O から x 方向へ a_1 だけ動き，その後 y 方向へ a_2 だけ動いた点と解釈される。これより点 P を，順序対 (a_1, a_2) で表すことにする。すなわち順序対 (a_1, a_2) の最初の a_1 は x 方向へ動いた（向き付きの）長さを表し，また順序対の後の a_2 は，y 方向へ動いた長さを表す。順序対 (a_1, a_2) を点 P の座標という。すると $\boldsymbol{R}^2$ の要素である順序対に対して，それに対応する平面上の点を考えることができる。そしていっそのこと「平面」をこのような点が無数に集まったものと考えることによって，$\boldsymbol{R}^2$ と同一視することができる。例えば順序対 $(2, 3)$ には上の右図の点 A が対応し，点 A の座標は $(2, 3)$ である。

次に空間上の点を表すには，原点と 3 つの座標軸（x 軸と y 軸と z 軸）を使って表すことができる。

下の図で点 P は，原点 O から x 方向へ a_1，y 方向へ a_2，z 方向へ a_3 だけ動いた点と解釈される。従って点 P を順序列 (a_1, a_2, a_3) で表すことにする。すなわち順序列 (a_1, a_2, a_3) の最初の a_1 は x 方向へ動いた長さを表し，また 2 番目の a_2 は，y 方向へ動いた長さを表し，3 番目の a_3 は，z

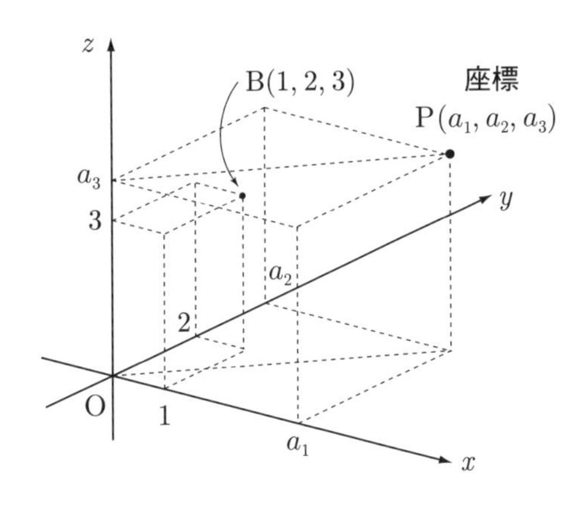

方向へ動いた長さを表す。順序列 (a_1, a_2, a_3) を点 P の座標という。すると $\boldsymbol{R}^3$ の要素である順序列に対して，それに対応する空間上の点を考えることができる。そしていっそのこと「空間」をこのような点が無数に集まったものと考えることによって，$\boldsymbol{R}^3$ と同一視することができる。例えば順序列 $(1, 2, 3)$ には上の図の点 B が対応し，点 B の座標は $(1, 2, 3)$ である。

1.4　数ベクトルの演算(A)

以下の議論は $\boldsymbol{R}^2, \boldsymbol{R}^3, \boldsymbol{R}^4$ 全てにおいて成り立つが，代表して $\boldsymbol{R}^3$ の場合において話を進めることにする。$\boldsymbol{R}^3$ の要素すなわち，3 個の数の順序列 (a_1, a_2, a_3) を 3 次の（数）ベクトルという。そして a_1 をこのベクトルの第 1 成分，同様に a_2 をこのベクトルの第 2 成分，a_3 をこのベクトルの第 3 成分という。3 次（数）ベクトル全体の集合，すなわち $\boldsymbol{R}^3$ を 3 次（数）ベクトル空間（線型空間）という。ベクトルを表すのに $\boldsymbol{a}, \boldsymbol{b}, \boldsymbol{c}, \boldsymbol{x}, \boldsymbol{y}, \cdots$ などの記号で表す。各成分が 0 であるベクトルすなわち $(0, 0, 0)$ を，零ベクトルといい $\boldsymbol{0}$ で表す。ベクトルに対して実数のことをスカラーということがある。ベクトル $\boldsymbol{a} = (a_1, a_2, a_3)$ と $\boldsymbol{b} = (b_1, b_2, b_3)$ が与えられたとき，加法と実数（スカラー）c 倍を次のように定義する。

$$\boldsymbol{a} + \boldsymbol{b} = (a_1, a_2, a_3) + (b_1, b_2, b_3)$$

$$= (a_1 + b_1, a_2 + b_2, a_3 + b_3) \qquad \cdots(1.8)$$

$$c\boldsymbol{a} = c(a_1, a_2, a_3) = (ca_1, ca_2, ca_3) \qquad \cdots(1.9)$$

とくに $(-1)\boldsymbol{a} = (-a_1, -a_2, -a_3)$ を $-\boldsymbol{a}$ で表す。この定義より，実数の演算で

$$(a + b) + c = a + (b + c)$$
$$a + b = b + a$$
$$a + 0 = a$$
$$a + (-a) = 0$$
$$1a = a$$
$$(cd)a = c(da)$$
$$c(a + b) = ca + cb$$
$$(c + d)a = ca + da$$

が成り立つと同様に，ベクトルにおいては各成分をそれぞれ計算することにより，次が成り立つ。

$$(\boldsymbol{a} + \boldsymbol{b}) + \boldsymbol{c} = \boldsymbol{a} + (\boldsymbol{b} + \boldsymbol{c}) \qquad \cdots(1.10)$$
$$\boldsymbol{a} + \boldsymbol{b} = \boldsymbol{b} + \boldsymbol{a} \qquad \cdots(1.11)$$
$$\boldsymbol{a} + \boldsymbol{0} = \boldsymbol{a} \qquad \cdots(1.12)$$
$$\boldsymbol{a} + (-\boldsymbol{a}) = \boldsymbol{0} \qquad \cdots(1.13)$$
$$1\boldsymbol{a} = \boldsymbol{a} \qquad \cdots(1.14)$$
$$(cd)\boldsymbol{a} = c(d\boldsymbol{a}) \qquad \cdots(1.15)$$
$$c(\boldsymbol{a} + \boldsymbol{b}) = c\boldsymbol{a} + c\boldsymbol{b} \qquad \cdots(1.16)$$

$$(c+d)\boldsymbol{a} = c\boldsymbol{a} + d\boldsymbol{a} \qquad \cdots(1.17)$$

練習 1.4　ベクトル $\boldsymbol{a}, \boldsymbol{b}, \boldsymbol{c}$ を，$\boldsymbol{a} = (1, 2, 3)$，$\boldsymbol{b} = (-1, -2, -3)$，$\boldsymbol{c} = (2, 1, 3)$ とし，また $c = 2, d = 3$ として上の式が成り立つことを確かめよ。

数において，未知数 x についての次の方程式

$$a + x = b \qquad \cdots(1.18)$$

$$ax = b \quad (a \neq 0) \qquad \cdots(1.19)$$

の解がそれぞれ，$x = b - a$，$x = \dfrac{b}{a}$ で表されるように，ベクトルの演算においても未知なるベクトル $\boldsymbol{x} = (x_1, x_2, x_3)$ についての次の方程式

$$\boldsymbol{a} + \boldsymbol{x} = \boldsymbol{b} \qquad \cdots(1.20)$$

$$c\boldsymbol{x} = \boldsymbol{b} \quad (c \neq 0) \qquad \cdots(1.21)$$

の解は，各成分ごとに計算することにより次のように解くことができる。最初の方程式については次のように解ける。

$$\begin{aligned}(x_1, x_2, x_3) &= \boldsymbol{x} = \boldsymbol{b} - \boldsymbol{a} \\ &= (b_1, b_2, b_3) - (a_1, a_2, a_3) = (b_1 - a_1, b_2 - a_2, b_3 - a_3)\end{aligned}$$

すなわち各 i において，$x_i = b_i - a_i$ である。2 番目の方程式の解は，

$$(x_1, x_2, x_3) = \boldsymbol{x} = \frac{1}{c}\boldsymbol{b} = \left(\frac{b_1}{c}, \frac{b_2}{c}, \frac{b_3}{c}\right)$$

すなわち各 i において，$x_i = \dfrac{b_i}{c}$ である。

練習 1.5 ベクトル $\boldsymbol{a}, \boldsymbol{b}$ を，$\boldsymbol{a} = (1, 2, 3)$, $\boldsymbol{b} = (-1, -2, -3)$ とし，また $c = 2$ として上の方程式 (1.20), (1.21) を解け。

$\boldsymbol{R}^3$ の任意の要素は一般に (a_1, a_2, a_3) と表されるが，これはときとして，

$$\begin{pmatrix} a_1 \\ a_2 \\ a_3 \end{pmatrix}$$

と表すこともある。前者のように表されたときこれを 3 次行ベクトルといい，後者のように表されたときこれを 3 次列ベクトルという。(ここで，行ベクトルといったときの「行」は横の行を意味するし，列ベクトルといったときの「列」は縦の列を意味する。順序列の「列」とは区別して考えよう。)

3 次列ベクトル（行ベクトルとして考えても同じことである）で次のようなものを考える。

$$\boldsymbol{e}_1 = \begin{pmatrix} 1 \\ 0 \\ 0 \end{pmatrix},\ \boldsymbol{e}_2 = \begin{pmatrix} 0 \\ 1 \\ 0 \end{pmatrix},\ \boldsymbol{e}_3 = \begin{pmatrix} 0 \\ 0 \\ 1 \end{pmatrix} \qquad \cdots(1.22)$$

これらを 3 次基本ベクトルという。すると上の形で書き表された $\boldsymbol{R}^3$ の任意の要素は

$$\begin{pmatrix} a_1 \\ a_2 \\ a_3 \end{pmatrix} = \begin{pmatrix} a_1 \\ 0 \\ 0 \end{pmatrix} + \begin{pmatrix} 0 \\ a_2 \\ 0 \end{pmatrix} + \begin{pmatrix} 0 \\ 0 \\ a_3 \end{pmatrix}$$

$$= a_1 \begin{pmatrix} 1 \\ 0 \\ 0 \end{pmatrix} + a_2 \begin{pmatrix} 0 \\ 1 \\ 0 \end{pmatrix} + a_3 \begin{pmatrix} 0 \\ 0 \\ 1 \end{pmatrix} = a_1\boldsymbol{e}_1 + a_2\boldsymbol{e}_2 + a_3\boldsymbol{e}_3$$

$$\cdots(1.23)$$

と表される。

以上のように数ベクトル空間 $\boldsymbol{R}^2, \boldsymbol{R}^3, \boldsymbol{R}^4, \cdots$ 等は，単なるベクトルの集合であるだけではなく，そこにはさらにベクトルの演算，すなわちベクトルの和やスカラー倍を含んだ代数的な構造をもっているということになる。

1.5　一般の場合(B)

n 個の数の順序列 $(a_1, a_2, \cdots, a_n)$ を n 次（数）ベクトルともいう。そして各 a_i $(1 \leq i \leq n)$ をこのベクトルの第 i 成分という。n 次（数）ベクトル全体の集合，すなわち $\boldsymbol{R}^n$ を n 次（数）ベクトル空間（線型空間）という。ベクトルを表すのに $\boldsymbol{a}, \boldsymbol{b}, \boldsymbol{c}, \boldsymbol{x}, \boldsymbol{y}, \cdots$ などの記号で表す。各成分が 0 であるベクトルすなわち $(0, 0, \cdots, 0)$ を，零ベクトルといい統一的に $\boldsymbol{0}$ で表す。ベクトルに対して実数のことをスカラーということがある。ベクトル $\boldsymbol{a} = (a_1, a_2, \cdots, a_n)$ と $\boldsymbol{b} = (b_1, b_2, \cdots, b_n)$ が与えられたとき，加法とスカラー c 倍を次のように定義する。

$$\begin{aligned}\boldsymbol{a} + \boldsymbol{b} &= (a_1, a_2, \cdots, a_n) + (b_1, b_2, \cdots, b_n) \\ &= (a_1 + b_1, a_2 + b_2, \cdots, a_n + b_n) \qquad \cdots(1.24)\end{aligned}$$

$$\begin{aligned}c\boldsymbol{a} &= c(a_1, a_2, \cdots, a_n) \\ &= (ca_1, ca_2, \cdots, ca_n) \qquad \cdots(1.25)\end{aligned}$$

とくに $(-1)\boldsymbol{a} = (-a_1, -a_2, \cdots, -a_n)$ を $-\boldsymbol{a}$ で表す。この定義より，各成分をそれぞれ計算することにより，次が成り立つ。

$$(\boldsymbol{a} + \boldsymbol{b}) + \boldsymbol{c} = \boldsymbol{a} + (\boldsymbol{b} + \boldsymbol{c})$$

$$\boldsymbol{a} + \boldsymbol{b} = \boldsymbol{b} + \boldsymbol{a}$$

$$\boldsymbol{a}+\boldsymbol{0}=\boldsymbol{a}$$
$$\boldsymbol{a}+(-\boldsymbol{a})=\boldsymbol{0}$$
$$1\boldsymbol{a}=\boldsymbol{a}$$
$$(cd)\boldsymbol{a}=c(d\boldsymbol{a})$$
$$c(\boldsymbol{a}+\boldsymbol{b})=c\boldsymbol{a}+c\boldsymbol{b}$$
$$(c+d)\boldsymbol{a}=c\boldsymbol{a}+d\boldsymbol{a}$$

ベクトルの演算において，未知なるベクトル $\boldsymbol{x}=(x_1,x_2,\cdots,x_n)$ についての次の方程式

$$\boldsymbol{a}+\boldsymbol{x}=\boldsymbol{b}$$
$$c\boldsymbol{x}=\boldsymbol{b}\quad(c\neq 0)$$

の解は，各成分ごとに計算することにより次のように解くことができる。最初の方程式については次のように解ける。

$$\begin{aligned}(x_1,x_2,\cdots,x_n)&=\boldsymbol{x}=\boldsymbol{b}-\boldsymbol{a}\\&=(b_1,b_2,\cdots,b_n)-(a_1,a_2,\cdots,a_n)\\&=(b_1-a_1,b_2-a_2,\cdots,b_n-a_n)\end{aligned}$$

すなわち各 i において，$x_i=b_i-a_i$ である。2 番目の方程式の解は，

$$(x_1,x_2,\cdots,x_n)=\boldsymbol{x}=\frac{1}{c}\boldsymbol{b}=\left(\frac{b_1}{c},\frac{b_2}{c},\cdots,\frac{b_n}{c}\right)$$

すなわち各 i において，$x_i=\dfrac{b_i}{c}$ である。

$\boldsymbol{R}^n$ の任意の要素は一般に $(a_1,a_2,\cdots,a_n)$ と表されるが，これはときとして，

$$\begin{pmatrix} a_1 \\ a_2 \\ \vdots \\ a_n \end{pmatrix}$$

と表すこともある。前者のように表されたときこれを n 次行ベクトルといい，後者のように表されたときこれを n 次列ベクトルという。n 次列ベクトル（行ベクトルとして考えても同じことである）で次のようなものを考える。

$$\boldsymbol{e}_1 = \begin{pmatrix} 1 \\ 0 \\ \vdots \\ 0 \end{pmatrix},\ \boldsymbol{e}_2 = \begin{pmatrix} 0 \\ 1 \\ \vdots \\ 0 \end{pmatrix}, \cdots,\ \boldsymbol{e}_n = \begin{pmatrix} 0 \\ 0 \\ \vdots \\ 1 \end{pmatrix}$$

これらを n 次基本ベクトルという。すると上の形で書き表された $\boldsymbol{R}^n$ の任意の要素は

$$\begin{aligned} \begin{pmatrix} a_1 \\ a_2 \\ \vdots \\ a_n \end{pmatrix} &= \begin{pmatrix} a_1 \\ 0 \\ \vdots \\ 0 \end{pmatrix} + \begin{pmatrix} 0 \\ a_2 \\ \vdots \\ 0 \end{pmatrix} + \cdots + \begin{pmatrix} 0 \\ 0 \\ \vdots \\ a_n \end{pmatrix} \\ &= a_1 \begin{pmatrix} 1 \\ 0 \\ \vdots \\ 0 \end{pmatrix} + a_2 \begin{pmatrix} 0 \\ 1 \\ \vdots \\ 0 \end{pmatrix} + \cdots + a_n \begin{pmatrix} 0 \\ 0 \\ \vdots \\ 1 \end{pmatrix} \\ &= a_1\boldsymbol{e}_1 + a_2\boldsymbol{e}_2 + \cdots + a_n\boldsymbol{e}_n \end{aligned} \quad \cdots(1.26)$$

と表される。

2　行　列

《目標&ポイント》　行列がどういうものか定義し，行列の和やスカラー倍，積演算について解説する。
《キーワード》　行列，行列の型，行列の和，積

2.1　行列とは(A)

行列とは幾つかの数を，長方形の形に書き並べて左右の括弧でくくったものである。例えば，

$$\begin{pmatrix} 1 & 2 & 3 & 5 \\ 2 & 3 & 4 & 6 \\ 3 & 4 & 5 & 7 \end{pmatrix}$$

は行列である。横に並んでいる数の並びを，「行」といい，縦に並んでいる数の並びを，「列」という（前章の順序列の列とは区別して考えよう）。この行列で，

$\begin{pmatrix} 1 & 2 & 3 & 5 \end{pmatrix}$ を第 1 行，$\begin{pmatrix} 2 & 3 & 4 & 6 \end{pmatrix}$ を第 2 行，$\begin{pmatrix} 3 & 4 & 5 & 7 \end{pmatrix}$ を第 3 行，

という。また

$\begin{pmatrix} 1 \\ 2 \\ 3 \end{pmatrix}$ を第 1 列，$\begin{pmatrix} 2 \\ 3 \\ 4 \end{pmatrix}$ を第 2 列，$\begin{pmatrix} 3 \\ 4 \\ 5 \end{pmatrix}$ を第 3 列，$\begin{pmatrix} 5 \\ 6 \\ 7 \end{pmatrix}$ を第 4 列

という。上の行列は3個の行と4個の列から成り立っているので，**$\mathbf{3\times 4}$型行列**という。第2行と第3列の交わっている部分の数を**$\mathbf{(2,3)}$成分**という（上の行列の$(2,3)$成分は4である）。これは第2行の3番目の成分といってもいいし，第3列の2番目の成分といってもいい。一般的な言い方をすれば，iを$1\leq i\leq 3$なる数とし，jを$1\leq j\leq 4$としたとき，第i行と第j列の交わっている部分の数を(i,j)成分という。これは第i行のj番目の成分といってもいいし，第j列のi番目の成分といってもいい。この行列は全部で3×4個の成分から成り立っている。

また例えば，

$$\begin{pmatrix} 1 & 2 & 3 \\ 2 & 3 & 4 \\ 3 & 4 & 5 \end{pmatrix},\ \begin{pmatrix} 1 & 2 & 3 \\ 2 & 3 & 4 \end{pmatrix},\ \begin{pmatrix} 1 & 2 \\ 2 & 3 \\ 3 & 4 \end{pmatrix}$$

これらはみな行列であり，それぞれ3×3型，2×3型，3×2型の行列である。また例えば，

$$\begin{pmatrix} 2 & 3 & 4 & 6 \end{pmatrix}$$

といった，1行のみからなるものも行列とよぶ。この行列は第1列が2で，第2列，第3列，第4列がそれぞれ$3,4,6$と考える。従って行の数が1, 列の数が4で，1×4型行列という。これは前章の言葉を使えば，4次の行ベクトルとみなすことができる。同様に，

$$\begin{pmatrix} 2 \\ 3 \\ 4 \end{pmatrix}$$

といった，1列のみからなるものも行列とよぶ。この行列は第1行が2で，第2行，第3行がそれぞれ$3,4$と考える。したがって行の数が3, 列の数が1で，3×1型行列という。これは前章の言葉を使えば，3次

の列ベクトルとみなすことができる。さらに,

$$\begin{pmatrix} 1 & 2 & 3 \\ 2 & 3 & 4 \\ 3 & 4 & 5 \end{pmatrix}$$

は行の数も列の数も 3 で等しく，正方形の形をしている。このように行の数と列の数が等しい行列を**正方行列**という。上の行列は 3 つの行と列から成り立っているから 3 次の正方行列という。もし行と列の数が 2 つ，4 つ，5 つであればそれぞれ 2 次，4 次，5 次の正方行列という。1 つの成分 a からなる行列 $\begin{pmatrix} a \end{pmatrix}$ は，1 つの行と列からなる行列で，1×1 型行列である。これは実数 a と同一視されることが多い。

例 **2.1**　3×4 型行列 A を,

$$A = \begin{pmatrix} 1 & 2 & 3 & 5 \\ 2 & 3 & 4 & 6 \\ 3 & 4 & 5 & 7 \end{pmatrix}$$

としよう。A の第 j 列を列ベクトルとみなしてこれを $\boldsymbol{a}_j$ で表そう。すなわち,

$$\boldsymbol{a}_1 = \begin{pmatrix} 1 \\ 2 \\ 3 \end{pmatrix},\ \boldsymbol{a}_2 = \begin{pmatrix} 2 \\ 3 \\ 4 \end{pmatrix},\ \boldsymbol{a}_3 = \begin{pmatrix} 3 \\ 4 \\ 5 \end{pmatrix},\ \boldsymbol{a}_4 = \begin{pmatrix} 5 \\ 6 \\ 7 \end{pmatrix}$$

である。この 4 個の列ベクトルが横に並んだものとして，A を見ることもできる。こうして見たとき，A を $(\boldsymbol{a}_1, \boldsymbol{a}_2, \boldsymbol{a}_3, \boldsymbol{a}_4)$ と表すこともできる。同様に，A の第 i 行を行ベクトルとみなしてこれを $\boldsymbol{b}_i$ で表そう。すなわち,

$$\boldsymbol{b}_1 = \begin{pmatrix} 1 & 2 & 3 & 5 \end{pmatrix},\ \boldsymbol{b}_2 = \begin{pmatrix} 2 & 3 & 4 & 6 \end{pmatrix},\ \boldsymbol{b}_3 = \begin{pmatrix} 3 & 4 & 5 & 7 \end{pmatrix}$$

である。この 3 個の行ベクトルが縦に並んだものとして，A を見ることもできる。こうして見たとき，A を，

$$\begin{pmatrix} \boldsymbol{b}_1 \\ \boldsymbol{b}_2 \\ \boldsymbol{b}_3 \end{pmatrix}$$

と表すこともできる。

以上のことを，今度は 4×3 型行列の場合に一般的に考えてみよう。行列

$$A = \begin{pmatrix} a_{11} & a_{12} & a_{13} \\ a_{21} & a_{22} & a_{23} \\ a_{31} & a_{32} & a_{33} \\ a_{41} & a_{42} & a_{43} \end{pmatrix}$$

が与えられているとする。行列 A の，第 i 行と第 j 列の交わっている部分の数，すなわち a_{ij} が (i, j) 成分である。各 (i, j) 成分が a_{ij} であることを強調するために $A = (a_{ij})$ と書くこともある。A の第 j 列を列ベクトルとみなしてこれを $\boldsymbol{a}_j$ で表そう。すなわち $1 \leq j \leq 3$ なる j において，

$$\boldsymbol{a}_j = \begin{pmatrix} a_{1j} \\ a_{2j} \\ a_{3j} \\ a_{4j} \end{pmatrix}$$

である。この 3 個の列ベクトルが横に並んだものとして，A を見ることができる。こうして見たとき，A を $(\boldsymbol{a}_1, \boldsymbol{a}_2, \boldsymbol{a}_3)$ と表すこともできる。同様に，A の第 i 行を行ベクトルとみなしてこれを $\boldsymbol{b}_i$ で表そう。すなわち $1 \leq i \leq 4$ なる i において，

$$\boldsymbol{b}_i = \begin{pmatrix} a_{i1} & a_{i2} & a_{i3} \end{pmatrix}$$

である。この4個の行ベクトルが縦に並んだものとして，Aを見ることもできる。こうして見たとき，Aを，

$$\begin{pmatrix} \boldsymbol{b}_1 \\ \boldsymbol{b}_2 \\ \boldsymbol{b}_3 \\ \boldsymbol{b}_4 \end{pmatrix}$$

と表すこともできる。

2つの行列AとBが与えられているとき，AとBが等しいとは，A, Bが同じ型（すなわちAの行の数とBの行の数が等しく，またAの列とBの列の数も等しい）であって，さらに対応する成分が全て等しいときをいう。例えば，行列

$$\begin{pmatrix} 1 & 2 & 3 \\ 2 & 3 & 4 \\ 4 & 5 & 6 \end{pmatrix}, \quad \begin{pmatrix} 1 & 2 & 3 \\ 4 & 5 & 6 \\ 2 & 3 & 4 \end{pmatrix}, \quad \begin{pmatrix} 1 & 2 & 3 \\ 2 & 3 & 4 \end{pmatrix}$$

はどの2つをとっても等しくない。

2.2　一般的諸定義(B)

行列とは幾つかの数を，長方形の形に書き並べて左右の括弧でくくったものであった。より正確に言うと，次の形に書き表されるものを行列という。

$$\begin{pmatrix} a_{11} & a_{12} & a_{13} & \cdots & a_{1j} & \cdots & a_{1n} \\ a_{21} & a_{22} & a_{23} & \cdots & a_{2j} & \cdots & a_{2n} \\ a_{31} & a_{32} & a_{33} & \cdots & a_{3j} & \cdots & a_{3n} \\ \vdots & \vdots & \vdots & & \vdots & & \vdots \\ a_{i1} & a_{i2} & a_{i3} & \cdots & a_{ij} & \cdots & a_{in} \\ \vdots & \vdots & \vdots & & \vdots & & \vdots \\ a_{m1} & a_{m2} & a_{m3} & \cdots & a_{mj} & \cdots & a_{mn} \end{pmatrix}$$

ここで，各 a_{ij} $(1 \leq i \leq m, 1 \leq j \leq n)$ は数である。横に並んでいる数の並びを，「行」といい，縦に並んでいる数の並びを，「列」という（前章の順序列の列とは区別して考えよう）。

$$\begin{pmatrix} a_{i1} & a_{i2} & a_{i3} & \cdots & a_{in} \end{pmatrix}$$

を第 i 行といい，

$$\begin{pmatrix} a_{1j} \\ a_{2j} \\ a_{3j} \\ \vdots \\ a_{mj} \end{pmatrix}$$

を第 j 列という。上の行列は m 個の行と n 個の列から成り立っているので，$\boldsymbol{m \times n}$ **型行列**という。第 i 行と第 j 列の交わっている部分の数，すなわち a_{ij} を $\boldsymbol{(i, j)}$ **成分**という。この行列は全部で $m \times n$ 個の成分から成り立っている。（上で $m \times n$ 個の成分といったときの $m \times n$ は通常のかけ算を意味するが，$m \times n$ 型行列といったときの $m \times n$ はかけ算を意味しているのではない。）上の行列を A としたとき，各 (i, j) 成分が a_{ij} であることを強調するために $A = (a_{ij})$ と書くこともある。

上の行列で $m = 1$ の場合は，

$$\begin{pmatrix} a_{11} & a_{12} & a_{13} & \cdots & a_{1n} \end{pmatrix}$$

という，1 行のみからなる，$1 \times n$ 型行列ができる。これは前章の言葉を使えば，n 次行ベクトルとみなすこともでき，

$$\begin{pmatrix} a_1 & a_2 & a_3 & \cdots & a_n \end{pmatrix}$$

と簡単に書き表すこともある。同様に $n = 1$ の場合は，

$$\begin{pmatrix} a_{11} \\ a_{21} \\ a_{31} \\ \vdots \\ a_{m1} \end{pmatrix}$$

という，1 列のみからなる，$m \times 1$ 型行列ができる。これも前章の言葉を使えば，m 次列ベクトルとみなすこともでき，

$$\begin{pmatrix} a_1 \\ a_2 \\ a_3 \\ \vdots \\ a_m \end{pmatrix}$$

と簡単に書き表すこともある。$m = n$ の場合には上の行列は，正方形の形をした $n \times n$ 型行列となる。この行列は全部で $n \times n$ 個の成分からなるが，この行列を $\boldsymbol{n}$ **次正方行列**という。

$m \times n$ 型行列 $A = (a_{ij})$ が与えられたとき，第 j 列

$$\begin{pmatrix} a_{1j} \\ a_{2j} \\ a_{3j} \\ \vdots \\ a_{mj} \end{pmatrix}$$

を列ベクトル $\boldsymbol{a}_j$ で表すことにする。そして A を，この n 個の列ベクトルが横に並んだものとして見ることもできる。こうして見たとき，A を $(\boldsymbol{a}_1, \boldsymbol{a}_2, \cdots, \boldsymbol{a}_n)$ と表すこともできる。同様に，第 i 行

$$\begin{pmatrix} a_{i1} & a_{i2} & a_{i3} & \cdots & a_{in} \end{pmatrix}$$

を行ベクトル $\boldsymbol{b}_i$ で表す。そして A を，この m 個の行ベクトルが縦に並んだものとして見ることもできる。こうして見たとき，A を

$$\begin{pmatrix} \boldsymbol{b}_1 \\ \boldsymbol{b}_2 \\ \vdots \\ \boldsymbol{b}_m \end{pmatrix}$$

と表すこともできる。

2 つの行列 A と B が等しいとは，A, B が同じ型であって，さらに対応する成分が全て等しいときをいう。すなわち $A = (a_{ij})$，$B = (b_{ij})$ とおくと，$a_{ij} = b_{ij}$ が各 (i, j) 成分で成り立つときである。

2.3 行列の演算(A)

次にベクトルの加法 (1.8) とスカラー倍 (1.9) を思い出そう。同じ型どうしの 2 つの行列 $A = (a_{ij})$ と $B = (b_{ij})$ の加法は，対応する成分どうしをそれぞれ加えることによって得られる。すなわち，$A + B = (a_{ij} + b_{ij})$ である。例えば 4×3 型行列の場合に図示すると次のようになる。

$$\begin{pmatrix} a_{11} & a_{12} & a_{13} \\ a_{21} & a_{22} & a_{23} \\ a_{31} & a_{32} & a_{33} \\ a_{41} & a_{42} & a_{43} \end{pmatrix} + \begin{pmatrix} b_{11} & b_{12} & b_{13} \\ b_{21} & b_{22} & b_{23} \\ b_{31} & b_{32} & b_{33} \\ b_{41} & b_{42} & b_{43} \end{pmatrix}$$

$$= \begin{pmatrix} a_{11} + b_{11} & a_{12} + b_{12} & a_{13} + b_{13} \\ a_{21} + b_{21} & a_{22} + b_{22} & a_{23} + b_{23} \\ a_{31} + b_{31} & a_{32} + b_{32} & a_{33} + b_{33} \\ a_{41} + b_{41} & a_{42} + b_{42} & a_{43} + b_{43} \end{pmatrix}$$

従って $A + B$ も 4×3 型行列である。異なる型の 2 つの行列の加法は定義しない。行列のスカラー倍（実数倍）は各成分をスカラー倍する

ことによって得られる。すなわち，k を実数として，$kA = (ka_{ij})$ である。4×3 型行列の場合に視覚的に成分表示すると次のようになる。

$$k \begin{pmatrix} a_{11} & a_{12} & a_{13} \\ a_{21} & a_{22} & a_{23} \\ a_{31} & a_{32} & a_{33} \\ a_{41} & a_{42} & a_{43} \end{pmatrix} = \begin{pmatrix} ka_{11} & ka_{12} & ka_{13} \\ ka_{21} & ka_{22} & ka_{23} \\ ka_{31} & ka_{32} & ka_{33} \\ ka_{41} & ka_{42} & ka_{43} \end{pmatrix}$$

次に行列どうしの積を定義したいが，その前に少し説明しよう。例えば次のような未知数 x_1, x_2 の連立 1 次方程式を考えよう。

$$3x_1 + 2x_2 = 7$$
$$2x_1 + 4x_2 = 4$$

この左辺を列ベクトルとして，

$$\begin{pmatrix} 3x_1 + 2x_2 \\ 2x_1 + 4x_2 \end{pmatrix}$$

と表そう。次に，左辺の係数のみを取り出して行列の形で，

$$\begin{pmatrix} 3 & 2 \\ 2 & 4 \end{pmatrix}$$

としよう。また，変数 x_1 と x_2 を列ベクトルの形で，

$$\begin{pmatrix} x_1 \\ x_2 \end{pmatrix}$$

としよう。こうしておいて 2 つの行列

$$\begin{pmatrix} 3 & 2 \\ 2 & 4 \end{pmatrix} と \begin{pmatrix} x_1 \\ x_2 \end{pmatrix}$$

の積を次のように定義することにしよう。

$$\begin{pmatrix} 3 & 2 \\ 2 & 4 \end{pmatrix}\begin{pmatrix} x_1 \\ x_2 \end{pmatrix} = \begin{pmatrix} 3x_1 + 2x_2 \\ 2x_1 + 4x_2 \end{pmatrix}$$

こうすると，先程の連立方程式は次のように書ける。

$$\begin{pmatrix} 3 & 2 \\ 2 & 4 \end{pmatrix}\begin{pmatrix} x_1 \\ x_2 \end{pmatrix} = \begin{pmatrix} 7 \\ 4 \end{pmatrix}$$

これをやや一般化すると 4×3 型行列 $A = (a_{ij})$ と 3 次列ベクトル $B = (x_j)$ の積が次のように定義される。

$$\begin{pmatrix} a_{11} & a_{12} & a_{13} \\ a_{21} & a_{22} & a_{23} \\ a_{31} & a_{32} & a_{33} \\ a_{41} & a_{42} & a_{43} \end{pmatrix}\begin{pmatrix} x_1 \\ x_2 \\ x_3 \end{pmatrix} = \begin{pmatrix} a_{11}x_1 + a_{12}x_2 + a_{13}x_3 \\ a_{21}x_1 + a_{22}x_2 + a_{23}x_3 \\ a_{31}x_1 + a_{32}x_2 + a_{33}x_3 \\ a_{41}x_1 + a_{42}x_2 + a_{43}x_3 \end{pmatrix}$$

ここで注意することは A と B との積が定義できるためには，行列 A の列の数と列ベクトル B の成分の数（すなわち行の数）が等しくなければならないということである。

具体的な計算をしてみよう。

$$\begin{pmatrix} 1 & 2 & 3 \\ 2 & 3 & 4 \\ 3 & 4 & 5 \end{pmatrix}\begin{pmatrix} x_1 \\ x_2 \\ x_3 \end{pmatrix} = \begin{pmatrix} x_1 + 2x_2 + 3x_3 \\ 2x_1 + 3x_2 + 4x_3 \\ 3x_1 + 4x_2 + 5x_3 \end{pmatrix}$$

この考え方を拡張して，積

$$\begin{pmatrix} 1 & 2 & 3 \\ 2 & 3 & 4 \\ 3 & 4 & 5 \end{pmatrix}\begin{pmatrix} x_1 & y_1 \\ x_2 & y_2 \\ x_3 & y_3 \end{pmatrix}$$

を

$$\begin{pmatrix} x_1 + 2x_2 + 3x_3 & y_1 + 2y_2 + 3y_3 \\ 2x_1 + 3x_2 + 4x_3 & 2y_1 + 3y_2 + 4y_3 \\ 3x_1 + 4x_2 + 5x_3 & 3y_1 + 4y_2 + 5y_3 \end{pmatrix}$$

と定義する。すなわち，積

$$\begin{pmatrix} 1 & 2 & 3 \\ 2 & 3 & 4 \\ 3 & 4 & 5 \end{pmatrix} \begin{pmatrix} x_1 \\ x_2 \\ x_3 \end{pmatrix}$$

を第 1 列に書き，積

$$\begin{pmatrix} 1 & 2 & 3 \\ 2 & 3 & 4 \\ 3 & 4 & 5 \end{pmatrix} \begin{pmatrix} y_1 \\ y_2 \\ y_3 \end{pmatrix}$$

を第 2 列に書くのである。この定義をやや一般的に書くと，例えば 4×3 型行列 $A = (a_{ij})$ と 3×3 型行列 $B = (x_{kl})$ に対し，A と B の積 AB を次のように定義する。

$$\begin{pmatrix} a_{11} & a_{12} & a_{13} \\ a_{21} & a_{22} & a_{23} \\ a_{31} & a_{32} & a_{33} \\ a_{41} & a_{42} & a_{43} \end{pmatrix} \begin{pmatrix} x_{11} & x_{12} & x_{13} \\ x_{21} & x_{22} & x_{23} \\ x_{31} & x_{32} & x_{33} \end{pmatrix}$$

$$= \begin{pmatrix} a_{11}x_{11} + a_{12}x_{21} + a_{13}x_{31} & a_{11}x_{12} + a_{12}x_{22} + a_{13}x_{32} & a_{11}x_{13} + a_{12}x_{23} + a_{13}x_{33} \\ a_{21}x_{11} + a_{22}x_{21} + a_{23}x_{31} & a_{21}x_{12} + a_{22}x_{22} + a_{23}x_{32} & a_{21}x_{13} + a_{22}x_{23} + a_{23}x_{33} \\ a_{31}x_{11} + a_{32}x_{21} + a_{33}x_{31} & a_{31}x_{12} + a_{32}x_{22} + a_{33}x_{32} & a_{31}x_{13} + a_{32}x_{23} + a_{33}x_{33} \\ a_{41}x_{11} + a_{42}x_{21} + a_{43}x_{31} & a_{41}x_{12} + a_{42}x_{22} + a_{43}x_{32} & a_{41}x_{13} + a_{42}x_{23} + a_{43}x_{33} \end{pmatrix}$$

例えば右辺の $\underline{(2,3)\ 成分}$は，A の$\underline{第\ 2\ 行}$と B の$\underline{第\ 3\ 列}$の積で，

$$(a_{21}, a_{22}, a_{23}) \begin{pmatrix} x_{13} \\ x_{23} \\ x_{33} \end{pmatrix} = a_{21}x_{13} + a_{22}x_{23} + a_{23}x_{33} = \sum_{k=1}^{3} a_{2k}x_{k3}$$

と計算される（Σ 記号については 2.4 節の［復習］参照）。すなわち A の第 2 行と B の第 3 列の 1 番目の成分どうしの積 $a_{21}x_{13}$，2 番目の成

分どうしの積 $a_{22}x_{23}$，3番目の成分どうしの積 $a_{23}x_{33}$（すなわち対応する成分どうしの積）を計算した後，和をとったものである。具体例をあげると，

$$\begin{pmatrix} 1 & 2 & 3 \\ 2 & 3 & 4 \\ 3 & 4 & 5 \end{pmatrix}\begin{pmatrix} x_1 & y_1 & z_1 \\ x_2 & y_2 & z_2 \\ x_3 & y_3 & z_3 \end{pmatrix}$$

$$= \begin{pmatrix} x_1+2x_2+3x_3 & y_1+2y_2+3y_3 & z_1+2z_2+3z_3 \\ 2x_1+3x_2+4x_3 & 2y_1+3y_2+4y_3 & 2z_1+3z_2+4z_3 \\ 3x_1+4x_2+5x_3 & 3y_1+4y_2+5y_3 & 3z_1+4z_2+5z_3 \end{pmatrix}$$

また，

$$A = \begin{pmatrix} 1 & 2 & 3 \\ 2 & 3 & 4 \end{pmatrix},\ B = \begin{pmatrix} x_1 & y_1 \\ x_2 & y_2 \\ x_3 & y_3 \end{pmatrix}$$

のとき

$$AB = \begin{pmatrix} x_1+2x_2+3x_3 & y_1+2y_2+3y_3 \\ 2x_1+3x_2+4x_3 & 2y_1+3y_2+4y_3 \end{pmatrix}$$

となる。例えば次のような3次基本ベクトルを考える。

$$\boldsymbol{e}_1 = \begin{pmatrix} 1 \\ 0 \\ 0 \end{pmatrix},\ \boldsymbol{e}_2 = \begin{pmatrix} 0 \\ 1 \\ 0 \end{pmatrix},\ \boldsymbol{e}_3 = \begin{pmatrix} 0 \\ 0 \\ 1 \end{pmatrix}$$

$m \times 3$ 型行列 A において，$A\boldsymbol{e}_i\ (1 \leq i \leq 3)$ は A の第 i 列となることに注意しよう。例えば $m = 4,\ i = 2$ とすると，

$$\begin{pmatrix} a_{11} & a_{12} & a_{13} \\ a_{21} & a_{22} & a_{23} \\ a_{31} & a_{32} & a_{33} \\ a_{41} & a_{42} & a_{43} \end{pmatrix}\begin{pmatrix} 0 \\ 1 \\ 0 \end{pmatrix} = \begin{pmatrix} a_{12} \\ a_{22} \\ a_{32} \\ a_{42} \end{pmatrix}$$

で，$A\boldsymbol{e}_2$ は A の第 2 列となる。

3 次正方行列 $A=(a_{ij})$ で，左上から右下への対角線上の成分（(i,i) 成分 a_{ii}，対角成分という）が 1 でその他の成分が 0 である行列を 3 次の単位行列といい I_3 で表す。

$$I_3=\begin{pmatrix} 1 & 0 & 0 \\ 0 & 1 & 0 \\ 0 & 0 & 1 \end{pmatrix}=(\boldsymbol{e}_1,\boldsymbol{e}_2,\boldsymbol{e}_3)$$

$m\times 3$ 型行列 A に対し，$AI_3=A$ となる。また $3\times m$ 型行列 B に対し，$I_3B=B$ となる。例をあげて示すと，

$$\begin{pmatrix} a_{11} & a_{12} & a_{13} \\ a_{21} & a_{22} & a_{23} \\ a_{31} & a_{32} & a_{33} \\ a_{41} & a_{42} & a_{43} \end{pmatrix}\begin{pmatrix} 1 & 0 & 0 \\ 0 & 1 & 0 \\ 0 & 0 & 1 \end{pmatrix}=\begin{pmatrix} a_{11} & a_{12} & a_{13} \\ a_{21} & a_{22} & a_{23} \\ a_{31} & a_{32} & a_{33} \\ a_{41} & a_{42} & a_{43} \end{pmatrix}$$

$$\begin{pmatrix} 1 & 0 & 0 \\ 0 & 1 & 0 \\ 0 & 0 & 1 \end{pmatrix}\begin{pmatrix} a_{11} & a_{12} & a_{13} & a_{14} & a_{15} \\ a_{21} & a_{22} & a_{23} & a_{24} & a_{25} \\ a_{31} & a_{32} & a_{33} & a_{34} & a_{35} \end{pmatrix}$$
$$=\begin{pmatrix} a_{11} & a_{12} & a_{13} & a_{14} & a_{15} \\ a_{21} & a_{22} & a_{23} & a_{24} & a_{25} \\ a_{31} & a_{32} & a_{33} & a_{34} & a_{35} \end{pmatrix}$$

2 次や 4 次の単位行列 I_2, I_4 も同様に定義される。これらは，前後の文脈で明らかな場合は簡単のため I と書かれる。また例えば，2 次基本ベクトル $\boldsymbol{e}_2$ と 3 次基本ベクトル $\boldsymbol{e}_2$ は，同じ記号 $\boldsymbol{e}_2$ を使うがほとんどの場合誤解の恐れはない。他の基本ベクトルについても同様である。

例えば 3 次の正方行列 $A=(a_{ij})=(\boldsymbol{a}_1,\boldsymbol{a}_2,\boldsymbol{a}_3)$ において，

$$(\boldsymbol{a}_1,\boldsymbol{a}_2,\boldsymbol{a}_3)\begin{pmatrix} x \\ y \\ z \end{pmatrix}=\begin{pmatrix} a_{11} & a_{12} & a_{13} \\ a_{21} & a_{22} & a_{23} \\ a_{31} & a_{32} & a_{33} \end{pmatrix}\begin{pmatrix} x \\ y \\ z \end{pmatrix} \qquad \cdots(2.1)$$

$$
= \begin{pmatrix} a_{11}x + a_{12}y + a_{13}z \\ a_{21}x + a_{22}y + a_{23}z \\ a_{31}x + a_{32}y + a_{33}z \end{pmatrix} = x \begin{pmatrix} a_{11} \\ a_{21} \\ a_{31} \end{pmatrix} + y \begin{pmatrix} a_{12} \\ a_{22} \\ a_{32} \end{pmatrix} + z \begin{pmatrix} a_{13} \\ a_{23} \\ a_{33} \end{pmatrix}
$$

$$
= x\boldsymbol{a}_1 + y\boldsymbol{a}_2 + z\boldsymbol{a}_3 \qquad \cdots(2.2)
$$

行列の演算について，次の性質が成り立つ。

定理 2.1

$$
(AB)C = A(BC) \qquad \cdots(2.3)
$$

$$
A(B + C) = AB + AC \qquad \cdots(2.4)
$$

$$
(A + B)C = AC + BC \qquad \cdots(2.5)
$$

$$
(cA)B = A(cB) = c(AB) \qquad \cdots(2.6)
$$

ここで c はスカラーで，それぞれの等式において，行列 A, B, C は和や積としての演算が定義できるような型をもっているとする。証明は後ですることにして，その前に例をあげて実際計算して確かめてみよう。

$$
A = \begin{pmatrix} 1 & 2 & 3 \end{pmatrix}, \ B = \begin{pmatrix} x_{11} & x_{12} \\ x_{21} & x_{22} \\ x_{31} & x_{32} \end{pmatrix}, \ C = \begin{pmatrix} a \\ b \end{pmatrix}
$$

として $(AB)C$ を計算すると，

$$
(AB)C = \begin{pmatrix} x_{11} + 2x_{21} + 3x_{31} & x_{12} + 2x_{22} + 3x_{32} \end{pmatrix} \begin{pmatrix} a \\ b \end{pmatrix} \qquad \cdots(2.7)
$$

$$
= \begin{pmatrix} ax_{11} + 2ax_{21} + 3ax_{31} + bx_{12} + 2bx_{22} + 3bx_{32} \end{pmatrix} \qquad \cdots(2.8)
$$

一方

$$
A(BC) = \begin{pmatrix} 1 & 2 & 3 \end{pmatrix} \begin{pmatrix} ax_{11} + bx_{12} \\ ax_{21} + bx_{22} \\ ax_{31} + bx_{32} \end{pmatrix} \qquad \cdots(2.9)
$$

これを計算すると (2.8) の結果と等しくなる（この場合，積は 1×1 型行列となる)。よって，$(AB)C = A(BC)$ が成り立つ[2.1]。

次に，

$$A = \begin{pmatrix} 1 & 2 & 3 \\ 2 & 3 & 4 \end{pmatrix},\ B = \begin{pmatrix} x_1 \\ x_2 \\ x_3 \end{pmatrix},\ C = \begin{pmatrix} a_1 \\ a_2 \\ a_3 \end{pmatrix}$$

として $A(B+C)$ を計算すると，

$$A(B+C) = \begin{pmatrix} 1 & 2 & 3 \\ 2 & 3 & 4 \end{pmatrix} \begin{pmatrix} x_1 + a_1 \\ x_2 + a_2 \\ x_3 + a_3 \end{pmatrix}$$

2.1 (C). 上記計算結果を見れば，例えば B の $(3,2)$ 成分 x_{32} には A の第 3 成分 3 と C の第 2 成分 b とがかけられる。一般に B の各 (i,j) 成分 x_{ij} には A の第 i 成分と C の第 j 成分とがかけられる。そして（B の各成分 x_{ij} における）これらの和で求められる（(2.8))。これを前提に (2.3) の左辺と右辺の計算過程の違いを見ると，$(AB)C$ では，B の各 (i,j) 成分 x_{ij} は，先に A の第 i 成分との積をとり（そして B の各列の成分の和をとった形の行ベクトルとし（(2.7) 右辺左側の行列)）その次に C の第 j 成分との積をとり（各成分の）和をとっている（(2.8))。一方 $A(BC)$ では，B の各 (i,j) 成分 x_{ij} は，先に C の第 j 成分との積をとり（そして B の各行の成分の和をとった形の列ベクトルとし（(2.9) 右辺右側の行列)）その次に A の第 i 成分との積をとり（各成分の）和をとっている（(2.8))。どちらも計算結果は同じ 1×1 型行列である（上記下線部の和のとり方が（上記括弧書きにあるように）違うだけである)。これを出発点にして一般に考えると，もし A の列を 4 列に増やした場合でも（それに伴って B の行も 1 行増えるが）上で述べたことには変わりはなく，やはり結合法則が成り立つ。また A を 2 行に増やしても，A の第 2 行における積の計算は第 1 行の場合と同様で，やはり結合法則が成り立つことには変わりはない（計算結果が 2×1 型行列になるだけである)。このようにして A の行や列を増やしても結合法則は成り立つ。C の行や列を増やしても同様である。正確な証明は次節参照。

$$
\begin{aligned}
&= \begin{pmatrix} (x_1+a_1)+2(x_2+a_2)+3(x_3+a_3) \\ 2(x_1+a_1)+3(x_2+a_2)+4(x_3+a_3) \end{pmatrix} \\
&= \begin{pmatrix} x_1+2x_2+3x_3 \\ 2x_1+3x_2+4x_3 \end{pmatrix} + \begin{pmatrix} a_1+2a_2+3a_3 \\ 2a_1+3a_2+4a_3 \end{pmatrix} \\
&= AB+AC
\end{aligned}
$$

となる。よって $A(B+C)=AB+AC$ が成り立つ。

次に

$$
A=\begin{pmatrix} 1 & 2 & 3 \\ 2 & 3 & 4 \end{pmatrix},\ B=\begin{pmatrix} x_{11} & x_{12} & x_{13} \\ x_{21} & x_{22} & x_{23} \end{pmatrix},\ C=\begin{pmatrix} a_1 \\ a_2 \\ a_3 \end{pmatrix}
$$

として $(A+B)C$ を計算すると，

$$
\begin{aligned}
(A+B)C &= \begin{pmatrix} 1+x_{11} & 2+x_{12} & 3+x_{13} \\ 2+x_{21} & 3+x_{22} & 4+x_{23} \end{pmatrix}\begin{pmatrix} a_1 \\ a_2 \\ a_3 \end{pmatrix} \\
&= \begin{pmatrix} (a_1+a_1x_{11})+(2a_2+a_2x_{12})+(3a_3+a_3x_{13}) \\ (2a_1+a_1x_{21})+(3a_2+a_2x_{22})+(4a_3+a_3x_{23}) \end{pmatrix} \\
&= \begin{pmatrix} a_1+2a_2+3a_3 \\ 2a_1+3a_2+4a_3 \end{pmatrix} + \begin{pmatrix} x_{11}a_1+x_{12}a_2+x_{13}a_3 \\ x_{21}a_1+x_{22}a_2+x_{23}a_3 \end{pmatrix} \\
&= AC+BC
\end{aligned}
$$

となる。よって $(A+B)C=AC+BC$ が成り立つ。

行列 A において，各成分が全て 0 であるものを，零行列という。例えば，

$$
\begin{pmatrix} 0 & 0 \\ 0 & 0 \end{pmatrix},\ \begin{pmatrix} 0 & 0 & 0 \\ 0 & 0 & 0 \end{pmatrix},\ \begin{pmatrix} 0 & 0 \\ 0 & 0 \\ 0 & 0 \end{pmatrix}
$$

は零行列であり（誤解の恐れがなければ）どれも O で表す。

行列の積について交換法則は成り立たない。例えば,

$$A = \begin{pmatrix} 0 & 1 \\ 0 & 0 \end{pmatrix},\ B = \begin{pmatrix} 1 & 0 \\ 0 & 0 \end{pmatrix}$$

として AB と BA を計算すると,

$$AB = \begin{pmatrix} 0 & 1 \\ 0 & 0 \end{pmatrix}\begin{pmatrix} 1 & 0 \\ 0 & 0 \end{pmatrix} = \begin{pmatrix} 0 & 0 \\ 0 & 0 \end{pmatrix},$$

$$BA = \begin{pmatrix} 1 & 0 \\ 0 & 0 \end{pmatrix}\begin{pmatrix} 0 & 1 \\ 0 & 0 \end{pmatrix} = \begin{pmatrix} 0 & 1 \\ 0 & 0 \end{pmatrix}$$

となって $AB \neq BA$ である。また A, B は共に零行列でないが,積 AB は零行列になっている。このような A や B を零因子という。

行列 A の転置行列 ${}^tA$ とは,A の行と列を入れ替えたものである。つまり A の第 i 行(第 j 列)は ${}^tA$ では第 i 列(第 j 行)となる。例えば行列 A を,

$$A = \begin{pmatrix} a & a' & a'' \\ b & b' & b'' \\ c & c' & c'' \\ d & d' & d'' \end{pmatrix}$$

とおけば転置行列 ${}^tA$ は,

$${}^tA = \begin{pmatrix} a & b & c & d \\ a' & b' & c' & d' \\ a'' & b'' & c'' & d'' \end{pmatrix}$$

となる。${}^tA$ の $(1, 2)$ 成分は b で,これは A の $(2, 1)$ 成分である。一般に,${}^tA$ の (i, j) 成分は A の (j, i) 成分となる。また,

$$\begin{pmatrix} 1 & 2 & 3 \\ 4 & 5 & 6 \end{pmatrix},\ \begin{pmatrix} 1 & 2 & 3 \end{pmatrix},\ \begin{pmatrix} 1 \\ 2 \\ 3 \end{pmatrix}$$

の転置行列は，それぞれ

$$\begin{pmatrix} 1 & 4 \\ 2 & 5 \\ 3 & 6 \end{pmatrix},\ \begin{pmatrix} 1 \\ 2 \\ 3 \end{pmatrix},\ \begin{pmatrix} 1 & 2 & 3 \end{pmatrix}$$

である。行ベクトルを転置すると列ベクトルとなり，列ベクトルを転置すると行ベクトルになる。

上の 4×3 型行列 A で，例えば<u>第 2 列と第 3 列を交換</u>して得られる行列を B とすると，

$$A = \begin{pmatrix} a & a' & a'' \\ b & b' & b'' \\ c & c' & c'' \\ d & d' & d'' \end{pmatrix},\ B = \begin{pmatrix} a & a'' & a' \\ b & b'' & b' \\ c & c'' & c' \\ d & d'' & d' \end{pmatrix}$$

である。これらの転置行列は

$${}^tA = \begin{pmatrix} a & b & c & d \\ a' & b' & c' & d' \\ a'' & b'' & c'' & d'' \end{pmatrix},\ {}^tB = \begin{pmatrix} a & b & c & d \\ a'' & b'' & c'' & d'' \\ a' & b' & c' & d' \end{pmatrix} \quad \cdots(2.10)$$

となり，${}^tB$ は ${}^tA$ の<u>第 2 行と第 3 行が交換</u>されている。一般に行列 A の第 i 列と第 j 列を交換した行列を B とすると，${}^tB$ は ${}^tA$ において第 i 行と第 j 行を交換したものに等しい。同様に行列 A の第 i 行と第 j 行を交換した行列を C とすると，${}^tC$ は ${}^tA$ において第 i 列と第 j 列を交換したものに等しい。

A, B を同じ型の行列としたとき，${}^t(A+B) = {}^tA + {}^tB$ である。例えば，

$${}^t(A+B) = {}^t\left(\begin{pmatrix} a & a' & a'' \\ b & b' & b'' \\ c & c' & c'' \\ d & d' & d'' \end{pmatrix} + \begin{pmatrix} x & x' & x'' \\ y & y' & y'' \\ z & z' & z'' \\ w & w' & w'' \end{pmatrix}\right)$$

$$
\begin{aligned}
&= {}^t\begin{pmatrix} a+x & a'+x' & a''+x'' \\ b+y & b'+y' & b''+y'' \\ c+z & c'+z' & c''+z'' \\ d+w & d'+w' & d''+w'' \end{pmatrix} \\
&= \begin{pmatrix} a+x & b+y & c+z & d+w \\ a'+x' & b'+y' & c'+z' & d'+w' \\ a''+x'' & b''+y'' & c''+z'' & d''+w'' \end{pmatrix} \\
&= \begin{pmatrix} a & b & c & d \\ a' & b' & c' & d' \\ a'' & b'' & c'' & d'' \end{pmatrix} + \begin{pmatrix} x & y & z & w \\ x' & y' & z' & w' \\ x'' & y'' & z'' & w'' \end{pmatrix} \\
&= {}^tA + {}^tB
\end{aligned}
$$

また c を実数としたとき，${}^t(cA) = c\,{}^tA$ となる。転置を 2 回繰り返すと（行と列の入れ替えを 2 回して）もとに戻る，すなわち，${}^t({}^tA) = A$ である。行列の積を転置する場合には一般に ${}^t(AB) = {}^tB\,{}^tA$ が成り立つ。例として 2×2 型行列について考えよう。

$$A = \begin{pmatrix} a & b \\ c & d \end{pmatrix}, \quad B = \begin{pmatrix} x & y \\ z & w \end{pmatrix}$$

とすると，

$$AB = \begin{pmatrix} ax+bz & ay+bw \\ cx+dz & cy+dw \end{pmatrix}$$

よって，

$${}^t(AB) = \begin{pmatrix} ax+bz & cx+dz \\ ay+bw & cy+dw \end{pmatrix}$$

また，

$${}^tA = \begin{pmatrix} a & c \\ b & d \end{pmatrix}, \quad {}^tB = \begin{pmatrix} x & z \\ y & w \end{pmatrix}$$

より，

$$ {}^t\!B\,{}^t\!A = \begin{pmatrix} x & z \\ y & w \end{pmatrix} \begin{pmatrix} a & c \\ b & d \end{pmatrix} = \begin{pmatrix} ax+bz & cx+dz \\ ay+bw & cy+dw \end{pmatrix} $$

となり，${}^t(AB) = {}^t\!B\,{}^t\!A$ が成り立つ。

正方行列 A において，$A = {}^t\!A$ が成り立つとき，A を対称行列という。言い換えると，A の行と列を入れ替えても変わらない，従って第 i 行は第 i 列に等しい。よって第 i 行の j 番目の成分 $\underline{a_{ij}}$ は第 i 列の j 番目の成分（2.1 節の記述より）$\underline{a_{ji}}$ に等しい。例えば，

$$ \begin{pmatrix} a & 2 & 3 & 4 \\ 2 & b & 5 & 6 \\ 3 & 5 & c & 7 \\ 4 & 6 & 7 & d \end{pmatrix} $$

は対称行列である。これは，行列 A の対角成分を結んだ対角線に関して折り返したとき，重なり合う成分どうしが等しい（対角線に関して対称な）ときである。たとえば $(1,2)$ 成分 a_{12} は $(2,1)$ 成分 a_{21} に重なり，これらは等しい。一般に任意の i, j に対して，(i,j) 成分 a_{ij} は (j,i) 成分 a_{ji} に重なり，これらが等しい。

$$ A = \begin{pmatrix} a & b \\ c & d \end{pmatrix} $$

のとき $A\,{}^t\!A$ を計算すると，

$$ A\,{}^t\!A = \begin{pmatrix} a & b \\ c & d \end{pmatrix} \begin{pmatrix} a & c \\ b & d \end{pmatrix} = \begin{pmatrix} a^2+b^2 & ac+bd \\ ac+bd & c^2+d^2 \end{pmatrix} $$

となり対称行列になる。一般に任意の行列 A に対しても $A\,{}^t\!A$ は対称行列となる（証明は次節参照）。

練習 2.1

$$ A = \begin{pmatrix} 1 & 0 & 1 \\ 0 & 1 & 0 \\ 1 & 1 & 1 \end{pmatrix}, \quad B = \begin{pmatrix} 1 & 2 & 1 \\ 2 & 1 & -1 \\ -1 & -1 & 1 \end{pmatrix} $$

のとき，${}^t(AB)$，${}^tB\,{}^tA$，及び $A\,{}^tA$ を計算せよ。

2.4 行列の演算の一般的定義(B)

同じ型どうしの 2 つの行列 $A=(a_{ij})$ と $B=(b_{ij})$ の加法は，対応する成分どうしを加えることによって得られる；$A+B=(a_{ij}+b_{ij})$。行列のスカラー倍（実数倍）は各成分をスカラー倍することによって得られる；k を実数として，$kA=(ka_{ij})$。

次に行列の積を定義する。$m\times n$ 型行列 $A=(a_{ik})$ と $n\times l$ 型行列 $B=(x_{kj})$ に対し（A の列の数と B の行の数が n で等しいので）A と B の積 $AB=(c_{ij})$ は $m\times l$ 型行列として次のように定義される。

$$
\begin{pmatrix} a_{11} & a_{12} & \cdots & a_{1n} \\ a_{21} & a_{22} & \cdots & a_{2n} \\ \vdots & \vdots & & \vdots \\ a_{m1} & a_{m2} & \cdots & a_{mn} \end{pmatrix}
\begin{pmatrix} x_{11} & x_{12} & \cdots & x_{1l} \\ x_{21} & x_{22} & \cdots & x_{2l} \\ \vdots & \vdots & & \vdots \\ x_{n1} & x_{n2} & \cdots & x_{nl} \end{pmatrix}
$$

$$
=\begin{pmatrix}
a_{11}x_{11}+a_{12}x_{21}+\cdots+a_{1n}x_{n1} & a_{11}x_{12}+a_{12}x_{22}+\cdots+a_{1n}x_{n2} & \cdots & a_{11}x_{1l}+a_{12}x_{2l}+\cdots+a_{1n}x_{nl} \\
a_{21}x_{11}+a_{22}x_{21}+\cdots+a_{2n}x_{n1} & a_{21}x_{12}+a_{22}x_{22}+\cdots+a_{2n}x_{n2} & \cdots & a_{21}x_{1l}+a_{22}x_{2l}+\cdots+a_{2n}x_{nl} \\
\vdots & \vdots & \vdots & \vdots \\
a_{i1}x_{11}+a_{i2}x_{21}+\cdots+a_{in}x_{n1} & a_{i1}x_{12}+a_{i2}x_{22}+\cdots+a_{in}x_{n2} & \cdots & a_{i1}x_{1l}+a_{i2}x_{2l}+\cdots+a_{in}x_{nl} \\
\vdots & \vdots & \vdots & \vdots \\
a_{m1}x_{11}+a_{m2}x_{21}+\cdots+a_{mn}x_{n1} & a_{m1}x_{12}+a_{m2}x_{22}+\cdots+a_{mn}x_{n2} & \cdots & a_{m1}x_{1l}+a_{m2}x_{2l}+\cdots+a_{mn}x_{nl}
\end{pmatrix}
$$

AB の $\underline{(i,j)\text{ 成分}}$ c_{ij} は，A の第 i 行と B の第 j 列の行列としての積で（成分の計算では積の値 c_{ij} は実数とみる，行列としてみれば 1×1 型といえる），

$$c_{ij} = (a_{i1}, a_{i2}, \cdots, a_{in}) \begin{pmatrix} x_{1j} \\ x_{2j} \\ \vdots \\ x_{nj} \end{pmatrix} = \sum_{k=1}^{n} a_{ik} x_{kj}, \text{すなわち,}$$

A の (i,k) 成分 a_{ik} と B の (k,j) 成分 x_{kj} の積(対応する成分どうしの積）の後，k について和[2.2]　$\cdots(2.11)$

をとったものとなる（今後よくつかう)。よって AB はシグマ記号を用いると次のようになる。

$$\begin{pmatrix} \sum_{k=1}^{n} a_{1k}x_{k1} & \sum_{k=1}^{n} a_{1k}x_{k2} & \cdots & \sum_{k=1}^{n} a_{1k}x_{kj} & \cdots & \sum_{k=1}^{n} a_{1k}x_{kl} \\ \sum_{k=1}^{n} a_{2k}x_{k1} & \sum_{k=1}^{n} a_{2k}x_{k2} & \cdots & \sum_{k=1}^{n} a_{2k}x_{kj} & \cdots & \sum_{k=1}^{n} a_{2k}x_{kl} \\ \vdots & \vdots & & \vdots & & \vdots \\ \sum_{k=1}^{n} a_{ik}x_{k1} & \sum_{k=1}^{n} a_{ik}x_{k2} & \cdots & \sum_{k=1}^{n} a_{ik}x_{kj} & \cdots & \sum_{k=1}^{n} a_{ik}x_{kl} \\ \vdots & \vdots & & \vdots & & \vdots \\ \sum_{k=1}^{n} a_{mk}x_{k1} & \sum_{k=1}^{n} a_{mk}x_{k2} & \cdots & \sum_{k=1}^{n} a_{mk}x_{kj} & \cdots & \sum_{k=1}^{n} a_{mk}x_{kl} \end{pmatrix}$$

[復習]　シグマ記号 $\sum$ は幾つかの数の和を表す記号である。例えば 1 から 10 までの和 $1+2+3+\cdots+9+10$ は $\sum_{k=1}^{10} k$ で表す。つまり，k が 1 から 10 までの自然数の値をとったときの，全ての和を表しているわけである。同様に a_1 から a_{10} までの和 $a_1+a_2+a_3+\cdots+a_9+a_{10}$

2.2　a_{ik} や x_{kj} はそれぞれ行や列ベクトルの k 番目の成分，これが k の意味である。そして $a_{ik}x_{kj}$ は対応する成分どうしの積となる。雑な言い方をすれば，AB の (i,j) 成分を求めるのに，$a_{ik}x_{kj}$ と（添字 (i,k), (k,j) に注目して）i と j の間に k を挟むような形にした後，k についての和をとる。

は $\sum_{k=1}^{10} a_k$ で表す。つまり，k が 1 から 10 までの自然数の値をとったときの，a_k の全ての和を表しているわけである。また n をある自然数として，例えば 1 から n までの和 $1+2+3+\cdots+(n-1)+n$ は $\sum_{k=1}^{n} k$ で表す。つまり，k が 1 から n までの自然数の値をとったときの，全ての和を表しているわけである。同様に a_1 から a_n までの和 $a_1+a_2+a_3+\cdots+a_{n-1}+a_n$ は $\sum_{k=1}^{n} a_k$ で表す。つまり，k が 1 から n までの自然数の値をとったときの，a_k の全ての和を表しているわけである。また，$S=\{1,3,7\}$ としたとき，$a_1+a_3+a_7$ は $\sum_{k\in S} a_k$ で表すことができる。つまり k が S の全ての要素をとったときの，a_k の全ての和を表しているわけである。これは一般の集合 S についても同様に定義できる。c を定数としたとき，$c\sum_{k=1}^{n} a_k = \sum_{k=1}^{n} ca_k$ である。また b_j を c とみることによって，$b_j \sum_{k=1}^{n} a_{kj} = \sum_{k=1}^{n} a_{kj}b_j$ であるから，$\sum_{j=1}^{m}(b_j \sum_{k=1}^{n} a_{kj}) = \sum_{j=1}^{m}\sum_{k=1}^{n} a_{kj}b_j$ である。

次に，n 次基本ベクトルを考える。

$$\boldsymbol{e}_1 = \begin{pmatrix} 1 \\ 0 \\ \vdots \\ 0 \end{pmatrix},\ \boldsymbol{e}_2 = \begin{pmatrix} 0 \\ 1 \\ \vdots \\ 0 \end{pmatrix}, \cdots,\ \boldsymbol{e}_n = \begin{pmatrix} 0 \\ 0 \\ \vdots \\ 1 \end{pmatrix} \qquad \cdots(2.12)$$

n 次基本ベクトル $\boldsymbol{e}_i$ と m 項基本ベクトル $\boldsymbol{e}_i$ は，同じ記号 $\boldsymbol{e}_i$ を使うがほとんどの場合誤解の恐れはない。$m \times n$ 型行列 A において，$A\boldsymbol{e}_j$ $(1 \leq j \leq n)$ の値は A の第 j 列ベクトルとなる。n 次正方行列 $A=(a_{ij})$ で，対角成分（a_{ii} という形の成分）が 1 でその他の成分が 0 である行列を単位行列といい I_n で表す。

$$I_n = \begin{pmatrix} 1 & 0 & 0 & \cdots & 0 & 0 \\ 0 & 1 & 0 & \cdots & 0 & 0 \\ 0 & 0 & 1 & \cdots & 0 & 0 \\ \vdots & \vdots & \vdots & \ddots & \vdots & \vdots \\ 0 & 0 & 0 & \cdots & 1 & 0 \\ 0 & 0 & 0 & \cdots & 0 & 1 \end{pmatrix} = (\boldsymbol{e}_1, \boldsymbol{e}_2, \cdots, \boldsymbol{e}_n)$$

前後の文脈で明らかな場合は，I_n を単に I と書く。$m \times n$ 型行列 A に対し，$AI_n = A$ となる。また $n \times m$ 型行列 B に対し，$I_nB = B$ となる。また，$\boldsymbol{x}$ を n 次列ベクトル

$$\boldsymbol{x} = \begin{pmatrix} x_1 \\ x_2 \\ \vdots \\ x_n \end{pmatrix}$$

としたとき，$\boldsymbol{x} = I_n\boldsymbol{x}$ が成り立つ。同様に n 次行ベクトル $\boldsymbol{x}'$ において，$\boldsymbol{x}' = \boldsymbol{x}'I_n$ が成り立つ。$m \times n$ 型の零行列を O_{mn} とかく。前後の文脈で明らかな場合は単に O と書く。AO や OA は積が定義できるときは零行列になる。

さて定理 2.1 は次の等式が成り立つことであった。

$$(AB)C = A(BC) \qquad \cdots(2.13)$$

$$A(B+C) = AB + AC \qquad \cdots(2.14)$$

$$(A+B)C = AC + BC \qquad \cdots(2.15)$$

$$(cA)B = A(cB) = c(AB) \qquad \cdots(2.16)$$

ここで c はスカラーで，それぞれの等式において，行列 A, B, C は和

や積としての演算が定義できるような行列の型をもっているとする。証明を以下に述べる。

[証明]　上の (2.13) を証明しよう。A, B, C の型をそれぞれ $l \times m$, $m \times n$, $n \times p$ としよう。$A = (a_{ij})$, $B = (b_{ij})$, $C = (c_{ij})$ と表すことにする。なお添字の i, j は適宜，別の記号で置き換えることにする。

AB の (i, g) 成分は（(2.11) より）$\sum_{j=1}^{m} a_{ij} b_{jg}$ であり，C の (g, h) 成分は c_{gh} であるから，$(AB)C$ の (i, h) 成分は（(2.11) より，これらの積の後 g についての和をとったもので）

$$\sum_{g=1}^{n} (\sum_{j=1}^{m} a_{ij} b_{jg}) c_{gh} = \sum_{g=1}^{n} \sum_{j=1}^{m} a_{ij} b_{jg} c_{gh} = \sum_{\substack{1 \le g \le n \\ 1 \le j \le m}} a_{ij} b_{jg} c_{gh}$$
$$= \sum_{j=1}^{m} \sum_{g=1}^{n} a_{ij} b_{jg} c_{gh} = \sum_{j=1}^{m} a_{ij} \sum_{g=1}^{n} b_{jg} c_{gh}$$

ここで，a_{ij} は A の (i, j) 成分，$\sum_{g=1}^{n} b_{jg} c_{gh}$ は（(2.11) より）BC の (j, h) 成分だから（これらの積の後 j についての和をとり，(2.11) より）上記は $A(BC)$ の (i, h) 成分と同じである。よって $(AB)C = A(BC)$ となる。

上の (2.14) を証明しよう。今度は，A, B, C の型をそれぞれ $l \times m$, $m \times n$, $m \times n$ としよう。

A の (i, g) 成分は a_{ig} であり，$B + C$ の (g, h) 成分は，$b_{gh} + c_{gh}$ であり，$A(B + C)$ の (i, h) 成分は（(2.11) より），

$$\sum_{g=1}^{m} a_{ig}(b_{gh} + c_{gh}) = \sum_{g=1}^{m} a_{ig} b_{gh} + \sum_{g=1}^{m} a_{ig} c_{gh}$$

（(2.11) より）右辺の第 1 項は AB の (i, h) 成分，第 2 項は AC の (i, h) 成分，よって右辺は $AB + AC$ の (i, h) 成分である。よって

$A(B+C) = AB + AC$ となる。

次に (2.15) を証明しよう。今度は，A, B, C の型をそれぞれ $l \times m$, $l \times m$, $m \times n$ としよう。

$A+B$ の (i,g) 成分は $a_{ig} + b_{ig}$ であり，C の (g,h) 成分は c_{gh} であるから，$(A+B)C$ の (i,h) 成分は，

$$\sum_{g=1}^{m}(a_{ig}+b_{ig})c_{gh} = \sum_{g=1}^{m} a_{ig}c_{gh} + \sum_{g=1}^{m} b_{ig}c_{gh}$$

((2.11) より）右辺の第 1 項は AC の (i,h) 成分，第 2 項は BC の (i,h) 成分，よって右辺は $AC+BC$ の (i,h) 成分である。よって $(A+B)C = AC + BC$ となる。

次に，(2.16) の証明をしよう。今度は，A, B の型をそれぞれ $l \times m$, $m \times n$ としよう。cA の (i,j) 成分は ca_{ij} であり，B の (j,h) 成分は b_{jh} であるから，$(cA)B$ の (i,h) 成分は（(2.11) より，これらの積の後 j についての和をとったもので）$\sum_{j=1}^{m} ca_{ij}b_{jh}$ である。A の (i,j) 成分は a_{ij} であり，cB の (j,h) 成分は cb_{jh} であるから，$A(cB)$ の (i,h) 成分は（これらの積の後 j についての和をとったもので）$\sum_{j=1}^{m} ca_{ij}b_{jh}$ である。さらに，AB の (i,h) 成分は（(2.11) より）$\sum_{j=1}^{m} a_{ij}b_{jh}$ であるから，$c(AB)$ の (i,h) 成分は $\sum_{j=1}^{m} ca_{ij}b_{jh}$ である。よって (2.16) が成り立つ。

さて，$m \times n$ 型行列 A を

$$A = \begin{pmatrix} a_{11} & a_{12} & a_{13} & \cdots & a_{1n} \\ a_{21} & a_{22} & a_{23} & \cdots & a_{2n} \\ a_{31} & a_{32} & a_{33} & \cdots & a_{3n} \\ \vdots & \vdots & \vdots & & \vdots \\ a_{m1} & a_{m2} & a_{m3} & \cdots & a_{mn} \end{pmatrix}$$

とおけば転置行列 ${}^tA$ は $n \times m$ 型行列

$$
{}^tA = \begin{pmatrix} a_{11} & a_{21} & a_{31} & \cdots & a_{m1} \\ a_{12} & a_{22} & a_{32} & \cdots & a_{m2} \\ a_{13} & a_{23} & a_{33} & \cdots & a_{m3} \\ \vdots & \vdots & \vdots & & \vdots \\ a_{1n} & a_{2n} & a_{3n} & \cdots & a_{mn} \end{pmatrix}
$$

となる。転置行列 ${}^tA$ は，A の行と列を入れ替えたものであった。つまり A の第 j 行（第 k 列）は ${}^tA$ では第 j 列（第 k 行）となる。言い換えると，A の第 j 行の i 番目（第 i 列）の成分（(j,i) 成分）a_{ji} は，${}^tA$ では第 j 列の i 番目（第 i 行）の成分（(i,j) 成分）に等しい。従って，${}^tA = (a'_{ij})$ と書けば，${}^tA$ の (i,j) 成分 $a'_{ij} = a_{ji}$ となる。

$m \times n$ 型行列 A を（2.2 節で述べたように）$A = (\boldsymbol{a}_1, \boldsymbol{a}_2, \cdots, \boldsymbol{a}_n)$ と表せば，

$$
{}^tA = \begin{pmatrix} {}^t\boldsymbol{a}_1 \\ {}^t\boldsymbol{a}_2 \\ \vdots \\ {}^t\boldsymbol{a}_n \end{pmatrix} \text{ となる。また } A = \begin{pmatrix} \boldsymbol{b}_1 \\ \boldsymbol{b}_2 \\ \vdots \\ \boldsymbol{b}_m \end{pmatrix}
$$

と表せば，${}^tA = ({}^t\boldsymbol{b}_1, {}^t\boldsymbol{b}_2, \cdots, {}^t\boldsymbol{b}_m)$ となる。

行列の積を転置する場合には次のように注意が必要である。一般に次の定理が成り立つ。

定理 2.2　$A = (a_{ij})$ を $m \times n$ 型行列，$B = (b_{jk})$ を $n \times l$ 型行列としたとき，${}^t(AB) = {}^tB\,{}^tA$ が成り立つ。

[証明]　${}^t(AB)$ の (k,i) 成分は，AB の (i,k) 成分でありその値は（(2.11) より），

$$
\sum_{l=1}^{n} a_{il} b_{lk} \quad (A \text{ の第 } i \text{ 行と } B \text{ の第 } k \text{ 列との積}) \qquad \cdots (2.17)
$$

である。${}^tA = (a'_{ji})$，${}^tB = (b'_{kj})$ と書けば，$a'_{ji} = a_{ij}$, $b'_{kj} = b_{jk}$ となる。これで (2.17) を書き換えると（A の第 i 行は ${}^tA$ の第 i 列に等しく，B の第 k 列は ${}^tB$ の第 k 行に等しいから），

$$\sum_{l=1}^{n} b'_{kl}a'_{li} \quad ({}^tB \text{ の第 } k \text{ 行と } {}^tA \text{ の第 } i \text{ 列との積}) \qquad \cdots(2.18)$$

これは（(2.11) より）${}^tB\,{}^tA$ の (k, i) 成分を表している。従って，${}^t(AB)$ の (k, i) 成分は ${}^tB\,{}^tA$ の (k, i) 成分となり，定理がいえる。

繰り返しになるが，正方行列 A が与えられたとき，${}^tA = A$ が成り立つ場合，A を対称行列という。言い換えると $A = (a_{ij})$ とすれば，A の (i, j) 成分 $a_{ij} = {}^tA$ の (i, j) 成分 $= A$ の (j, i) 成分 a_{ji}，すなわち任意の i, j に対して $a_{ij} = a_{ji}$ が成り立つときである。行列 A において，$A\,{}^tA$ の (i, j) 成分は，A の第 i 行と，${}^tA$ の第 j 列（すなわち A の第 j 行の転置）との積である。同様に $A\,{}^tA$ の (j, i) 成分は，A の第 j 行と，${}^tA$ の第 i 列（すなわち A の第 i 行の転置）との積である。どちらも A の第 i 行と第 j 行の対応する成分との積の後，和をとったものであるから，この 2 つの成分は等しい。よって $A\,{}^tA$ は対称行列になる。あるいは次のように考えてもよい。${}^t({}^tA) = A$ と定理 2.2 より，${}^t(A\,{}^tA) = {}^t({}^tA)\,{}^tA = A\,{}^tA$ となるから $A\,{}^tA$ は対称行列である。

3 連立1次方程式の解法

《目標&ポイント》 連立1次方程式の加減法による解法を復習し，その後，これを行列を使って見直し，掃き出し法によって解くことを学ぶ。
《キーワード》 連立1次方程式，掃き出し法，行基本変形

3.1 掃き出し法(A)

この章では連立1次方程式の解法について学ぶ。まず次の連立1次方程式を解いてみよう。

$$9x_1 + 2x_2 = 13 \qquad \cdots(3.1)$$

$$-3x_1 + 4x_2 = 5 \qquad \cdots(3.2)$$

(3.2)×3 を計算して，上の連立方程式を書き直すと，

$$9x_1 + 2x_2 = 13 \qquad \cdots(3.3)$$

$$-9x_1 + 12x_2 = 15 \qquad \cdots(3.4)$$

となる。こうする理由は (3.3) も (3.4) も共に $9x_1$ が表れるということである。そうすれば (3.3) を (3.4) に加えることによって x_1 が消去され，$14x_2 = 28$ となる。(両辺を 14 で割ると，$x_2 = 2$ となり x_2 がもとまる。) しかしここでは，これを便宜上 $0x_1 + 14x_2 = 28$ と書いて，(3.4) と置き換えて，

$$9x_1 + 2x_2 = 13 \qquad \cdots (3.5)$$

$$0x_1 + 14x_2 = 28 \qquad \cdots (3.6)$$

としよう。もちろん (3.6) の両辺を 14 で割って，

$$9x_1 + 2x_2 = 13 \qquad \cdots (3.7)$$

$$0x_1 + x_2 = 2 \qquad \cdots (3.8)$$

となる。ここまでくるとこの連立方程式を解くのはずいぶん簡単になった。(3.8) の両辺を 2 倍して便宜上，

$$0x_1 + 2x_2 = 4 \qquad \cdots (3.9)$$

と書こう。こうする理由は (3.7) も (3.9) も共に $2x_2$ が表れるということである。そうすれば (3.7) と (3.9) を引き算することによって（すなわち (3.7) − (3.8) ×2 を計算することによって）今度は x_2 が消去され，$9x_1 = 9$ となる。（これより $x_1 = 1$ と求まるが）これを便宜上 $9x_1 + 0x_2 = 9$ として (3.7) と置き換えて，

$$9x_1 + 0x_2 = 9 \qquad \cdots (3.10)$$

$$0x_1 + x_2 = 2 \qquad \cdots (3.11)$$

という連立方程式が得られる。もちろん (3.10) の両辺を 9 で割って

$$x_1 + 0x_2 = 1 \qquad \cdots (3.12)$$

$$0x_1 + x_2 = 2 \qquad \cdots (3.13)$$

として終了することにしよう。上の解法を加減法という。このようにある式を何倍かしたり，またそれを別の式に足したり引いたりして，x_2 を

消去して x_1 を求めたり（あるいは x_1 を消去して x_2 を求めたり）しているのである。

上の連立方程式を行列を使って書き直し，今解いた操作を，行列の言葉を使っていい直してみることにする。まず

$$A = \begin{pmatrix} 9 & 2 \\ -3 & 4 \end{pmatrix}, \ \boldsymbol{x} = \begin{pmatrix} x_1 \\ x_2 \end{pmatrix}, \ \boldsymbol{b} = \begin{pmatrix} 13 \\ 5 \end{pmatrix}$$

とおくと，上の連立方程式は $A\boldsymbol{x} = \boldsymbol{b}$ とかける。すなわち，

$$\begin{cases} 9x_1 + 2x_2 = 13 & \cdots(3.1) \\ -3x_1 + 4x_2 = 5 & \cdots(3.2) \end{cases} \qquad \begin{pmatrix} 9 & 2 \\ -3 & 4 \end{pmatrix}\begin{pmatrix} x_1 \\ x_2 \end{pmatrix} = \begin{pmatrix} 13 \\ 5 \end{pmatrix} \qquad \cdots(3.14)$$

と行列を使って書ける。まず式 (3.1) の左辺の係数 $(9, 2)$ は (3.14) の左辺の行列 A の第 1 行，式 (3.1) の右辺の 13 は (3.14) の右辺 $\boldsymbol{b}$ の 1 行目に対応し，式 (3.2) の左辺の係数 $(-3, 4)$ は (3.14) の左辺の行列 A の第 2 行，式 (3.2) の右辺の 5 は (3.14) の右辺の $\boldsymbol{b}$ の 2 行目に対応していることに注意しよう。A を上の連立方程式の（係数部分を取り出して作った行列だから）係数行列という[3.1]。

上の方法ではまず，第 2 式 (3.2) を 3 倍して第 2 式 (3.4) すなわち $-9x_1 + 12x_2 = 15$ を得ているが，この式の (i) 左辺の係数 $(-9, 12)$ は，（行列との対応で解釈すると）(3.14) の A の 2 行目の 3 倍に対応している。(ii) 右辺の 15 も同様に，(3.14) の $\boldsymbol{b}$ の 2 行目 5 の 3 倍に対応している。すなわち (3.14) の両辺を「数字の部分のみ」，2 行目を 3 倍するのである。この変形を，連立方程式と行列の対応関係がわかるよう次のように書こう。

3.1　今後，文脈を考えて，行列の第 i 行（第 i 列）のことを，i 行目（i 列目）とも言うことにする。

$$\Big\downarrow \text{2 行目を 3 倍する}$$

$$\begin{cases} 9x_1 + 2x_2 = 13 & \cdots(3.3) \\ -9x_1 + 12x_2 = 15 & \cdots(3.4) \end{cases} \qquad \begin{pmatrix} 9 & 2 \\ -9 & 12 \end{pmatrix} \begin{pmatrix} x_1 \\ x_2 \end{pmatrix} = \begin{pmatrix} 13 \\ 15 \end{pmatrix} \quad \cdots(3.15)$$

次に，第 1 式 (3.3) を第 2 式 (3.4) に足して第 2 式 (3.6) すなわち $0x_1 + 14x_2 = 28$ を得ている。この式の (i) 左辺の係数 $(0, 14)$ は，(3.15) の左辺の行列

$$\begin{pmatrix} 9 & 2 \\ -9 & 12 \end{pmatrix}$$

の 1 行目を 2 行目に足すことに対応する。(ii) 右辺の 28 も同様に，(3.15) の右辺の 1 行目 13 を 2 行目 15 に足すことに対応する。すなわち (3.15) の両辺を「数字の部分のみ」，2 行目に 1 行目を足すのである。この変形を次のように書こう。

$$\Big\downarrow \text{2 行目に 1 行目を足す}$$

$$\begin{cases} 9x_1 + 2x_2 = 13 & \cdots(3.5) \\ 0x_1 + 14x_2 = 28 & \cdots(3.6) \end{cases} \qquad \begin{pmatrix} 9 & 2 \\ 0 & 14 \end{pmatrix} \begin{pmatrix} x_1 \\ x_2 \end{pmatrix} = \begin{pmatrix} 13 \\ 28 \end{pmatrix} \quad \cdots(3.16)$$

次に，第 2 式 (3.6) の両辺を 14 で割って第 2 式 (3.8) すなわち $0x_1 + x_2 = 2$ をもとめている。(i) この式の左辺の係数 $(0, 1)$ は，(3.16) の左辺の行列

$$\begin{pmatrix} 9 & 2 \\ 0 & 14 \end{pmatrix}$$

の 2 行目を 14 で割ることに対応する。(ii) 右辺の 2 も同様に，(3.16) の右辺の 2 行目 28 を 14 で割ることに対応する。すなわち (3.16) の両

辺を「数字の部分のみ」，2 行目を 14 で割るのである。この変形を次のように書こう。

$$\Big\downarrow \text{2 行目を 14 で割る}$$

$$\begin{cases} 9x_1 + 2x_2 = 13 & \cdots(3.7) \\ 0x_1 + x_2 = 2 & \cdots(3.8) \end{cases} \qquad \begin{pmatrix} 9 & 2 \\ 0 & 1 \end{pmatrix} \begin{pmatrix} x_1 \\ x_2 \end{pmatrix} = \begin{pmatrix} 13 \\ 2 \end{pmatrix} \quad \cdots(3.17)$$

以上をまとめると (3.1) の x_1 の係数 9 を意識して，(3.2) の x_1 の係数 -3 を (3.8) では 0 に変えた。これを行列の言葉でいうと，まず行列 A の $(1,1)$ 成分の 9 に着目して第 1 列の他の成分，すなわち -3 を 0 に変形したことになる。これを $(1,1)$ 成分に着目した第 1 列の掃き出し，という。

次に，第 1 式 (3.7) に第 2 式 (3.8) の -2 倍を足すことによって第 1 式 (3.10) すなわち $9x_1 + 0x_2 = 9$ を得ている。この式の (i) 左辺の係数 $(9,0)$ は (3.17) の左辺の行列

$$\begin{pmatrix} 9 & 2 \\ 0 & 1 \end{pmatrix}$$

の 1 行目に 2 行目の -2 倍を足すことに対応している。(ii) 右辺の 9 も同様に，(3.17) の右辺の行列の 1 行目に 2 行目の -2 倍を足すことに対応する。すなわち (3.17) の両辺を「数字の部分のみ」，1 行目に 2 行目の -2 倍を足すのである。この変形を次のように書こう。

$$\Big\downarrow \text{1 行目に 2 行目の } -2 \text{ 倍を足す}$$

$$\begin{cases} 9x_1 + 0x_2 = 9 & \cdots(3.10) \\ 0x_1 + x_2 = 2 & \cdots(3.11) \end{cases} \qquad \begin{pmatrix} 9 & 0 \\ 0 & 1 \end{pmatrix} \begin{pmatrix} x_1 \\ x_2 \end{pmatrix} = \begin{pmatrix} 9 \\ 2 \end{pmatrix} \quad \cdots(3.18)$$

最後に第 1 式 (3.10) の両辺を 9 で割って，第 1 式 (3.12) すなわち $x_1 + 0x_2 = 1$ を得ている。この式の (i) 左辺の係数 $(1,0)$ は (3.18) の左辺の行列

$$\begin{pmatrix} 9 & 0 \\ 0 & 1 \end{pmatrix}$$

の 1 行目を 9 で割ることに対応し，(ii) 右辺の 1 も同様に，(3.18) の右辺の行列の 1 行目を 9 で割ること対応する。すなわち (3.18) の両辺を「数字の部分のみ」，1 行目を 9 で割るのである。この変形を次のように書こう。

$$\Big\downarrow \text{1 行目を 9 で割る}$$

$$\begin{cases} x_1 + 0x_2 = 1 & \cdots (3.12) \\ 0x_1 + x_2 = 2 & \cdots (3.13) \end{cases} \qquad \begin{pmatrix} 1 & 0 \\ 0 & 1 \end{pmatrix}\begin{pmatrix} x_1 \\ x_2 \end{pmatrix} = \begin{pmatrix} 1 \\ 2 \end{pmatrix} \quad \cdots (3.19)$$

この式は連立方程式が解かれている，すなわち $x_1 = 1$, $x_2 = 2$ であることを示している。以上の変形をまとめると (3.8) の x_2 の係数 1 を意識して，(3.7) の x_2 の係数 2 を (3.12) では 0 に変えた。これを行列の言葉でいうと，(3.17) の左辺の行列

$$\begin{pmatrix} 9 & 2 \\ 0 & 1 \end{pmatrix}$$

の $(2,2)$ 成分の 1 に着目して第 2 列の他の成分，すなわち 2 を 0 に変形したことになる。これを $(2,2)$ 成分に着目した第 2 列の掃き出しという。このように考えると，もとの連立方程式 (3.1), (3.2) の左辺の係数から得られる係数行列

$$\begin{pmatrix} 9 & 2 \\ -3 & 4 \end{pmatrix}$$

のある行を何倍かしたりまた，ある行に別の行の何倍かを加えたり，そういう操作の繰り返しによって，

$$\begin{pmatrix} 1 & 0 \\ 0 & 1 \end{pmatrix}$$

という単位行列が得られていることがわかる。そして同様の操作をもとの連立方程式の右辺から得られる列ベクトル

$$\begin{pmatrix} 13 \\ 5 \end{pmatrix}$$

にも施している。従ってこの際，列ベクトル

$$\begin{pmatrix} x_1 \\ x_2 \end{pmatrix}$$

を省いて，さらに 2 つの行列 A と $\boldsymbol{b}$ を並べて 1 つの行列

$$\begin{pmatrix} 9 & 2 & 13 \\ -3 & 4 & 5 \end{pmatrix}$$

としたほうが扱いやすい。この行列をもとの連立方程式 (3.1), (3.2) の**拡大係数行列**という。この行列に対して，ある行を何倍かしたりまた，ある行に別の行の何倍かを加える，そういう操作の繰り返しによって，

$$\begin{pmatrix} 1 & 0 & 1 \\ 0 & 1 & 2 \end{pmatrix} \qquad \cdots(3.20)$$

という形の行列ができるのである。そしてこの行列の意味することは，$x_1 = 1$，$x_2 = 2$ ということである。このように与えられた行列に対して，ある行を何倍かしたりまた，ある行に別の行の何倍かを加えたり，そういう操作を施すことを，**行の基本変形**という。以上をまとめると次

のように書き表すことができる。

$$\begin{pmatrix} 9 & 2 & 13 \\ -3 & 4 & 5 \end{pmatrix} \xrightarrow{\text{第 2 行を 3 倍する}} \begin{pmatrix} 9 & 2 & 13 \\ -9 & 12 & 15 \end{pmatrix} \xrightarrow[\text{(第 1 列の掃き出し)}]{\text{第 2 行に第 1 行を足す}}$$

$$\begin{pmatrix} 9 & 2 & 13 \\ 0 & 14 & 28 \end{pmatrix} \xrightarrow{\text{第 2 行を 14 で割る}} \begin{pmatrix} 9 & 2 & 13 \\ 0 & 1 & 2 \end{pmatrix} \xrightarrow[\text{(第 2 列の掃き出し)}]{\text{第 1 行に第 2 行の } -2 \text{ 倍を足す}}$$

$$\begin{pmatrix} 9 & 0 & 9 \\ 0 & 1 & 2 \end{pmatrix} \xrightarrow{\text{第 1 行を 9 で割る}} \begin{pmatrix} 1 & 0 & 1 \\ 0 & 1 & 2 \end{pmatrix}$$

この変形を言葉でまとめると次のようになる。まず上の拡大係数行列

$$\begin{pmatrix} 9 & 2 & 13 \\ -3 & 4 & 5 \end{pmatrix}$$

の $(1,1)$ 成分に着目し，第 1 列の他の成分（上の例では -3）を行の基本変形を行って，0 に変形している。この操作を，$(1,1)$ 成分に着目した第 1 列の掃き出し，という。その結果，行列

$$\begin{pmatrix} 9 & 2 & 13 \\ 0 & 1 & 2 \end{pmatrix}$$

が得られた。次に，この行列の $(2,2)$ 成分に着目し，第 2 列の他の成分（上の例では 2）を行の基本変形を行って，0 に変形している。この操作を，$(2,2)$ 成分に着目した第 2 列の掃き出し，という。その結果，行列

$$\begin{pmatrix} 9 & 0 & 9 \\ 0 & 1 & 2 \end{pmatrix}$$

が得られた。あとは各行を適当な数で割り，

$$\begin{pmatrix} 1 & 0 & 1 \\ 0 & 1 & 2 \end{pmatrix}$$

が得られる。この方法を，掃き出し法による連立方程式の解法という。

上の連立方程式を単に解いて答えを求める，ということは中学校で学ぶことである。しかし我々は，一般に連立方程式を解くということは，どういうことか（どういう意味をもっているか），解（答え）を持つとはどういうことか，解が1通りにきまるとはどういうことか，場合によっては解が1通りに決まらない場合もあるかもしれないし，解が存在しない（答えがない）こともあるかもしれない。それはどういうことなのか。このようなことがこれから問題になる。

練習 3.1　この節の最初の連立方程式を行列を使ってもう一度解け。

例 3.1　次の連立1次方程式を解いてみよう。

$$9x_1 - 12x_2 = -15 \qquad \cdots(3.21)$$

$$-3x_1 + 4x_2 = 5 \qquad \cdots(3.22)$$

掃き出し法で解いてみると，

$$\begin{pmatrix} 9 & -12 & -15 \\ -3 & 4 & 5 \end{pmatrix} \xrightarrow{\text{第 2 行を 3 倍する}}$$

$$\begin{pmatrix} 9 & -12 & -15 \\ -9 & 12 & 15 \end{pmatrix} \xrightarrow{\text{第 2 行に第 1 行を足す}} \begin{pmatrix} 9 & -12 & -15 \\ 0 & 0 & 0 \end{pmatrix}$$

となってしまう。これは (3.22) を -3 倍すると (3.21) になるということで，この連立方程式は実質 (3.21) 1つの式のみから成り立っている。この式を x_1 について解くと，

$$x_1 = \frac{1}{9}(-15 + 12x_2) = \frac{1}{3}(-5 + 4x_2)$$

である。これは x_2 の値を任意に c と決めると，x_1 を

$$x_1 = \frac{1}{3}(-5 + 4c)$$

とすることによって，元の連立方程式を満たすことができるということである。したがって解は無数にあることになる。勝手に値を決められる未知数の個数（この場合は x_2 1 個）をこの方程式の**解の自由度**という。

例 3.2　次の連立 1 次方程式を解いてみよう。

$$9x_1 - 12x_2 = -16$$
$$-3x_1 + 4x_2 = 5$$

掃き出し法で解いてみると，

$$\begin{pmatrix} 9 & -12 & -16 \\ -3 & 4 & 5 \end{pmatrix} \xrightarrow{\text{第 2 行を 3 倍する}}$$
$$\begin{pmatrix} 9 & -12 & -16 \\ -9 & 12 & 15 \end{pmatrix} \xrightarrow{\text{第 2 行に第 1 行を足す}} \begin{pmatrix} 9 & -12 & -16 \\ 0 & 0 & -1 \end{pmatrix}$$

となってしまう。これは，

$$9x_1 - 12x_2 = -16$$
$$0 = -1$$

を意味し 2 番目の式は成り立たない。これは元の連立方程式を満たす解が存在しないことを示している。

3.2　幾つかの例 その 1 (A)

例 3.3　別の例をあげよう。次の連立方程式を解いてみよう。

$$x_1 + x_2 + x_3 = 2$$

$$x_1 + 2x_2 + 3x_3 = 2$$

$$x_1 + 3x_2 + 3x_3 = 0$$

これを係数と定数項だけを取り出して，次の拡大係数行列をつくる。

$$\begin{pmatrix} 1 & 1 & 1 & 2 \\ 1 & 2 & 3 & 2 \\ 1 & 3 & 3 & 0 \end{pmatrix}$$

この行列に行の基本変形を施していこう。

$$\begin{pmatrix} 1 & 1 & 1 & 2 \\ 1 & 2 & 3 & 2 \\ 1 & 3 & 3 & 0 \end{pmatrix} \xrightarrow[-1\text{ 倍を足す}]{\text{第 2 行に第 1 行の}} \begin{pmatrix} 1 & 1 & 1 & 2 \\ 0 & 1 & 2 & 0 \\ 1 & 3 & 3 & 0 \end{pmatrix} \xrightarrow[(\text{第 1 列の掃き出し})]{\substack{\text{第 3 行に第 1 行の} \\ -1\text{ 倍を足す}}}$$

$$\begin{pmatrix} 1 & 1 & 1 & 2 \\ 0 & 1 & 2 & 0 \\ 0 & 2 & 2 & -2 \end{pmatrix} \xrightarrow[-1\text{ 倍を足す}]{\text{第 1 行に第 2 行の}} \begin{pmatrix} 1 & 0 & -1 & 2 \\ 0 & 1 & 2 & 0 \\ 0 & 2 & 2 & -2 \end{pmatrix} \xrightarrow[(\text{第 2 列の掃き出し})]{\substack{\text{第 3 行に第 2 行の} \\ -2\text{ 倍を足す}}}$$

$$\begin{pmatrix} 1 & 0 & -1 & 2 \\ 0 & 1 & 2 & 0 \\ 0 & 0 & -2 & -2 \end{pmatrix} \xrightarrow{\text{第 3 行を }-2\text{ で割る}} \begin{pmatrix} 1 & 0 & -1 & 2 \\ 0 & 1 & 2 & 0 \\ 0 & 0 & 1 & 1 \end{pmatrix} \xrightarrow[-2\text{ 倍を足す}]{\text{第 2 行に第 3 行の}}$$

$$\begin{pmatrix} 1 & 0 & -1 & 2 \\ 0 & 1 & 0 & -2 \\ 0 & 0 & 1 & 1 \end{pmatrix} \xrightarrow[(\text{第 3 列の掃き出し})]{\text{第 1 行に第 3 行を足す}} \begin{pmatrix} 1 & 0 & 0 & 3 \\ 0 & 1 & 0 & -2 \\ 0 & 0 & 1 & 1 \end{pmatrix}$$

これは $x_1 = 3,\ x_2 = -2,\ x_3 = 1$ を示している。掃き出し法（行基本変形）により，第 $1, 2, 3$ 列はそれぞれ基本ベクトル $\boldsymbol{e}_1, \boldsymbol{e}_2, \boldsymbol{e}_3$ に変形され，その結果係数行列は単位行列に変形された。

さて，拡大係数行列において，2 つの行を入れ替えることは，単に連立方程式の並べる順番を変えることにしかならない。例えば連立方程式

$$\begin{aligned} 9x_1 + 2x_2 - 3x_3 &= 4 \\ -3x_1 + 4x_2 - x_3 &= 2 \\ x_1 - x_2 + x_3 &= 2 \end{aligned}$$

の拡大係数行列

$$\begin{pmatrix} 9 & 2 & -3 & 4 \\ -3 & 4 & -1 & 2 \\ 1 & -1 & 1 & 2 \end{pmatrix}$$

において，第 1 行と第 3 行を入れ替えると，

$$\begin{pmatrix} 1 & -1 & 1 & 2 \\ -3 & 4 & -1 & 2 \\ 9 & 2 & -3 & 4 \end{pmatrix}$$

という行列ができるが，この行列の意味することは，

$$\begin{aligned} x_1 - x_2 + x_3 &= 2 \\ -3x_1 + 4x_2 - x_3 &= 2 \\ 9x_1 + 2x_2 - 3x_3 &= 4 \end{aligned}$$

であり，単に最初の式と 3 番目の式を入れ替えたにすぎない。この行の入れ替えも使って掃き出し法を行うと計算が簡単になることがある。例えばつぎのようにできる。

$$\begin{pmatrix} 1 & -1 & 1 & 2 \\ -3 & 4 & -1 & 2 \\ 9 & 2 & -3 & 4 \end{pmatrix} \xrightarrow[\text{3 倍を足す}]{\substack{\text{第 2 行に} \\ \text{第 1 行の}}} \begin{pmatrix} 1 & -1 & 1 & 2 \\ 0 & 1 & 2 & 8 \\ 9 & 2 & -3 & 4 \end{pmatrix} \xrightarrow[\text{(第 1 列の掃き出し)}]{\substack{\text{第 3 行に第 1 行の} \\ -9 \text{ 倍を足す}}}$$

$$\begin{pmatrix} 1 & -1 & 1 & 2 \\ 0 & 1 & 2 & 8 \\ 0 & 11 & -12 & -14 \end{pmatrix} \xrightarrow{\substack{\text{第 1 行に} \\ \text{第 2 行を} \\ \text{足す}}} \begin{pmatrix} 1 & 0 & 3 & 10 \\ 0 & 1 & 2 & 8 \\ 0 & 11 & -12 & -14 \end{pmatrix} \xrightarrow[\substack{-34 \text{ で割る} \\ \text{(第 2 列の掃き出し)}}]{\substack{\text{第 3 行に第 2 行の} \\ -11 \text{ 倍を足し}}}$$

$$\begin{pmatrix} 1 & 0 & 3 & 10 \\ 0 & 1 & 2 & 8 \\ 0 & 0 & 1 & 3 \end{pmatrix} \xrightarrow[\text{−3 倍を足す}]{\text{第 1 行に第 3 行の}} \begin{pmatrix} 1 & 0 & 0 & 1 \\ 0 & 1 & 2 & 8 \\ 0 & 0 & 1 & 3 \end{pmatrix} \xrightarrow[\text{(第 3 列の掃き出し)}]{\text{第 2 行に第 3 行の −2 倍を足す}} \begin{pmatrix} 1 & 0 & 0 & 1 \\ 0 & 1 & 0 & 2 \\ 0 & 0 & 1 & 3 \end{pmatrix}$$

よって $x_1 = 1$, $x_2 = 2$, $x_3 = 3$ となる。各自やりやすい方法で解けばよい。以降，この行の入れ替えも行基本変形の 1 つとすることにする。

例 3.4 次の連立方程式を解いてみよう。

$$\begin{aligned} x_1 + x_2 + x_3 &= 2 \\ x_1 + 2x_2 + 3x_3 &= 2 \\ x_2 + 2x_3 &= 0 \end{aligned}$$

これを係数と定数項だけを取り出して，次の拡大係数行列をつくる。

$$\begin{pmatrix} 1 & 1 & 1 & 2 \\ 1 & 2 & 3 & 2 \\ 0 & 1 & 2 & 0 \end{pmatrix}$$

この行列に行の基本変形を施していこう。

$$\begin{pmatrix} 1 & 1 & 1 & 2 \\ 1 & 2 & 3 & 2 \\ 0 & 1 & 2 & 0 \end{pmatrix} \xrightarrow[\text{(第 1 列の掃き出し)}]{\text{第 2 行に第 1 行の −1 倍を足す}} \begin{pmatrix} 1 & 1 & 1 & 2 \\ 0 & 1 & 2 & 0 \\ 0 & 1 & 2 & 0 \end{pmatrix} \xrightarrow[\text{−1 倍を足す}]{\text{第 1 行に第 2 行の}}$$

$$\begin{pmatrix} 1 & 0 & -1 & 2 \\ 0 & 1 & 2 & 0 \\ 0 & 1 & 2 & 0 \end{pmatrix} \xrightarrow[\text{(第 2 列の掃き出し)}]{\text{第 3 行に第 2 行の −1 倍を足す}} \begin{pmatrix} 1 & 0 & -1 & 2 \\ 0 & 1 & 2 & 0 \\ 0 & 0 & 0 & 0 \end{pmatrix}$$

掃き出し法（行基本変形）により，第 1,2 列はそれぞれ基本ベクトル $\boldsymbol{e}_1, \boldsymbol{e}_2$ に変形されたが，第 3 列では掃き出し法が適用できず $\boldsymbol{e}_3$ に変形できなかった。その結果係数行列は単位行列に変形されず，また第 3 行が零ベクトルとなった。上記最後の行列は

$$x_1 - x_3 = 2$$
$$x_2 + 2x_3 = 0$$

という意味である。これは x_3 の値を任意に c と決めると，x_1, x_2 を，

$$x_1 = 2 + c,\ x_2 = -2c$$

とすることによって，元の連立方程式が満たされるということである。したがって解は無数にあることになる。勝手に値を決められる未知数の個数（この場合は x_3 1 個）をこの方程式の解の自由度という。

例 3.5　次の連立方程式を解いてみよう。

$$\begin{aligned} x_1 + x_2 + x_3 &= 2 \\ x_1 + 2x_2 + 3x_3 &= 2 \\ x_2 + 2x_3 &= 1 \end{aligned}$$

これを係数と定数項だけを取り出して，次の拡大係数行列をつくる。

$$\begin{pmatrix} 1 & 1 & 1 & 2 \\ 1 & 2 & 3 & 2 \\ 0 & 1 & 2 & 1 \end{pmatrix}$$

この行列に行の基本変形を施していこう。

$$\begin{pmatrix} 1 & 1 & 1 & 2 \\ 1 & 2 & 3 & 2 \\ 0 & 1 & 2 & 1 \end{pmatrix} \xrightarrow[\text{(第 1 列の掃き出し)}]{\substack{\text{第 2 行に第 1 行の} \\ -1 \text{ 倍を足す}}} \begin{pmatrix} 1 & 1 & 1 & 2 \\ 0 & 1 & 2 & 0 \\ 0 & 1 & 2 & 1 \end{pmatrix} \xrightarrow[-1 \text{ 倍を足す}]{\text{第 1 行に第 2 行の}}$$

$$\begin{pmatrix} 1 & 0 & -1 & 2 \\ 0 & 1 & 2 & 0 \\ 0 & 1 & 2 & 1 \end{pmatrix} \xrightarrow[\text{(第 2 列の掃き出し)}]{\text{第 3 行に第 2 行の } -1 \text{ 倍を足す}} \begin{pmatrix} 1 & 0 & -1 & 2 \\ 0 & 1 & 2 & 0 \\ 0 & 0 & 0 & 1 \end{pmatrix}$$

掃き出し法（行基本変形）により，第 1, 2 列はそれぞれ基本ベクトル $\boldsymbol{e}_1, \boldsymbol{e}_2$ に変形されたが，第 3 列では掃き出し法が適用できず $\boldsymbol{e}_3$ に変形できなかった。その結果係数行列は単位行列に変形されず，また第 3 行が零ベクトルとなった。上記最後の行列は，

$$\begin{aligned} x_1 - x_3 &= 2 \\ x_2 + 2x_3 &= 0 \\ 0 &= 1 \end{aligned}$$

ということであり，連立方程式の解は存在しない。

さて今までの 3 つの例，例 3.3，例 3.4，例 3.5，で，拡大係数行列を掃き出し法を使って得られる最終的な行列で，最後の列を除いたもの（従って連立方程式の係数部分だけからなる係数行列に行基本変形を施して得られる行列）を書き出すと次のようになる。

$$\begin{pmatrix} 1 & 1 & 1 \\ 1 & 2 & 3 \\ 1 & 3 & 3 \end{pmatrix} \xrightarrow{\text{掃き出し法で}} \begin{pmatrix} 1 & 0 & 0 \\ 0 & 1 & 0 \\ 0 & 0 & 1 \end{pmatrix} \qquad \cdots(3.23)$$

$$\begin{pmatrix} 1 & 1 & 1 \\ 1 & 2 & 3 \\ 0 & 1 & 2 \end{pmatrix} \xrightarrow{\text{掃き出し法で}} \begin{pmatrix} 1 & 0 & -1 \\ 0 & 1 & 2 \\ 0 & 0 & 0 \end{pmatrix} \qquad \cdots(3.24)$$

$$\begin{pmatrix} 1 & 1 & 1 \\ 1 & 2 & 3 \\ 0 & 1 & 2 \end{pmatrix} \xrightarrow{\text{掃き出し法で}} \begin{pmatrix} 1 & 0 & -1 \\ 0 & 1 & 2 \\ 0 & 0 & 0 \end{pmatrix} \qquad \cdots(3.25)$$

掃き出し法で行列を簡単に変形した右側の行列の形には特徴がある。左上から右下に向かって成分がすべて 0 の部分を下方に（できるだけ多く）見ながら（右方向と下方向の）折れ線で結ぶと，階段状になっているので，これらを階段行列という（後に正確に定義する）。また，一般に行列 A に掃き出し法を使って階段行列に変形したとき，この階段行列の各行で零ベクトルでない行の数を，行列 A の階数といい $\mathbf{rank}(\boldsymbol{A})$ で表す。例えば，(3.23) の行列の階数は 3 である。(3.24), (3.25) の両方の行列の階数は共に 2 である。この階数についても後になって再び考える。

コメント 3.1

$$\begin{pmatrix} 1 & 0 & -1 \\ 0 & 0 & 0 \\ 0 & 1 & 2 \end{pmatrix} \qquad \begin{pmatrix} 1 & 0 & -1 \\ 0 & 1 & 2 \\ 0 & 0 & 0 \end{pmatrix}$$

上の左の行列は階段行列とはよばないことにする。しかし第 2 行と第 3 行を入れ替えた右側の行列は階段行列である。すなわち階段行列では (それを示す) 折れ線は 2 行以上，下方へ直進しないこととする。しかし 2 列以上，右方向へ直進することはある。

3.3　幾つかの例 その 2 (C)

例 3.6　次の連立方程式を解いてみよう。

$$9x_1 - 3x_2 + 2x_3 - 3x_4 = 1$$

$$
\begin{aligned}
-3x_1 + x_2 + 4x_3 - x_4 &= 3 \\
3x_1 - x_2 + 3x_3 - 2x_4 &= 2 \\
6x_1 - 2x_2 - x_3 - x_4 &= -1
\end{aligned}
$$

これを係数と定数項だけを取り出して，次の拡大係数行列をつくる。

$$
\begin{pmatrix} 9 & -3 & 2 & -3 & 1 \\ -3 & 1 & 4 & -1 & 3 \\ 3 & -1 & 3 & -2 & 2 \\ 6 & -2 & -1 & -1 & -1 \end{pmatrix} \qquad \cdots(3.26)
$$

この行列に行の基本変形を施していこう。

$$
\begin{pmatrix} 9 & -3 & 2 & -3 & 1 \\ -3 & 1 & 4 & -1 & 3 \\ 3 & -1 & 3 & -2 & 2 \\ 6 & -2 & -1 & -1 & -1 \end{pmatrix}
\xrightarrow[\text{足す}]{\text{第 2 行に第 3 行を}}
\begin{pmatrix} 9 & -3 & 2 & -3 & 1 \\ 0 & 0 & 7 & -3 & 5 \\ 3 & -1 & 3 & -2 & 2 \\ 6 & -2 & -1 & -1 & -1 \end{pmatrix}
\xrightarrow[-2\text{ 倍を足す}]{\text{第 4 行に第 3 行の}}
$$

$$
\begin{pmatrix} 9 & -3 & 2 & -3 & 1 \\ 0 & 0 & 7 & -3 & 5 \\ 3 & -1 & 3 & -2 & 2 \\ 0 & 0 & -7 & 3 & -5 \end{pmatrix}
\xrightarrow[\text{これを第 3 行に置き換える}]{\text{第 3 行の }-3\text{ 倍に第 1 行を加え}}
\begin{pmatrix} 9 & -3 & 2 & -3 & 1 \\ 0 & 0 & 7 & -3 & 5 \\ 0 & 0 & -7 & 3 & -5 \\ 0 & 0 & -7 & 3 & -5 \end{pmatrix}
\xrightarrow[-1\text{ 倍を足す}]{\text{第 4 行に第 3 行の}}
$$

$$
\begin{pmatrix} 9 & -3 & 2 & -3 & 1 \\ 0 & 0 & 7 & -3 & 5 \\ 0 & 0 & -7 & 3 & -5 \\ 0 & 0 & 0 & 0 & 0 \end{pmatrix}
\xrightarrow[\text{第 2 行を足す}]{\text{第 3 行に}}
\begin{pmatrix} 9 & -3 & 2 & -3 & 1 \\ 0 & 0 & 7 & -3 & 5 \\ 0 & 0 & 0 & 0 & 0 \\ 0 & 0 & 0 & 0 & 0 \end{pmatrix}
\xrightarrow[-\frac{2}{7}\text{ 倍を足す}]{\text{第 1 行に第 2 行の}}
$$

$$
\begin{pmatrix} 9 & -3 & 0 & -\frac{15}{7} & -\frac{3}{7} \\ 0 & 0 & 7 & -3 & 5 \\ 0 & 0 & 0 & 0 & 0 \\ 0 & 0 & 0 & 0 & 0 \end{pmatrix}
\xrightarrow{\text{各行を適当な数で割る}}
\begin{pmatrix} 1 & -\frac{1}{3} & 0 & -\frac{5}{21} & -\frac{1}{21} \\ 0 & 0 & 1 & -\frac{3}{7} & \frac{5}{7} \\ 0 & 0 & 0 & 0 & 0 \\ 0 & 0 & 0 & 0 & 0 \end{pmatrix}
$$

この式を連立方程式の形にすると，

$$x_1 - \frac{1}{3}x_2 - \frac{5}{21}x_4 = -\frac{1}{21}$$
$$x_3 - \frac{3}{7}x_4 = \frac{5}{7}$$

となり，

$$x_1 = \frac{1}{3}x_2 + \frac{5}{21}x_4 - \frac{1}{21}$$
$$x_3 = \frac{3}{7}x_4 + \frac{5}{7}$$

と書き換えられる。すると x_2，x_4 の値を任意に選んでやると，それに応じて x_1，x_3 が上式によって求まることを示している。勝手に値を決められる未知数 x_2，x_4 の個数は 2 だから，解の自由度は 2。また拡大係数行列 (3.26) の階数は 2 である。また (3.26) の最後の列を取り除いた係数行列の階数も 2 である。

今の例で，拡大係数行列を掃き出し法を使って得られる最終的な行列で，最後の列を除いたもの（したがって連立方程式の係数部分だけからなる係数行列に行基本変形を施して得られる行列）を書き出すと次のような階段行列になる。

$$\begin{pmatrix} 1 & -\frac{1}{3} & 0 & -\frac{5}{21} \\ 0 & 0 & 1 & -\frac{3}{7} \\ 0 & 0 & 0 & 0 \\ 0 & 0 & 0 & 0 \end{pmatrix} \qquad \cdots(3.27)$$

4 階　　数

《目標＆ポイント》　連立１次方程式の行列による解法を整理し，行基本変形，列基本変形，そして階段行列を定義する。さらに行列の階数を定義する。また逆行列の求め方を学ぶ。
《キーワード》　行列の基本変形，行列の階数，正則行列，逆行列

4.1　行基本変形(A)

与えられた行列に行基本変形を用いて階段行列に変形する手順を一般的にまとめたいので，次の例を考える。

$$\begin{pmatrix} 0 & 0 & 1 \\ 1 & 2 & 4 \\ 0 & 1 & 2 \end{pmatrix} \xrightarrow[\text{する（第 1 列の掃き出し）}]{\text{第 1 行と第 2 行を交換}} \begin{pmatrix} 1 & 2 & 4 \\ 0 & 0 & 1 \\ 0 & 1 & 2 \end{pmatrix} \xrightarrow[\text{を交換する}]{\text{第 2 行と第 3 行}}$$
$$\begin{pmatrix} 1 & 2 & 4 \\ 0 & 1 & 2 \\ 0 & 0 & 1 \end{pmatrix} \xrightarrow[\text{をたす（第 2 列の掃き出し）}]{\text{第 1 行に第 2 行の -2 倍}} \begin{pmatrix} 1 & 0 & 0 \\ 0 & 1 & 2 \\ 0 & 0 & 1 \end{pmatrix} \xrightarrow[\text{をたす（第 3 列の掃き出し）}]{\text{第 2 行に第 3 行の -2 倍}}$$
$$\begin{pmatrix} 1 & 0 & 0 \\ 0 & 1 & 0 \\ 0 & 0 & 1 \end{pmatrix}$$

このように最初の行列の（第１列の成分を見て）$(1,1)$ 成分が 0 の場合（$(2,1)$ 成分が 0 でないので）第１行と第２行を交換し，それにより $(1,1)$ 成分に着目した第１列の掃き出しができた。その後（第２列の第

2成分以下を見て）$(2,2)$ 成分が0なので（$(2,3)$ 成分が0でないことから）第2行と第3行を交換し，それにより $(2,2)$ 成分に着目した第2列の掃き出しができた。このような2行の交換は前章では扱わなかったが，次節で述べる定理4.1を示すには必要となる。さて，行基本変形をまとめると次のようになる。

定義 4.1　行列の行基本変形とは次の3つの変形を表す。ここで $\alpha \neq 0$ は実数で，また $i \neq j$ である。

i.　第 i 行と第 j 行を交換する。
ii.　第 i 行を α 倍する。
iii.　第 i 行に別の第 j 行の α 倍をたす。

行列 A に上の i の行基本変形を施して A' が得られれば，A' に同じ i を施して A が得られる。同様に，A に ii（あるいは iii）を施して A' が得られれば，A' の第 i 行を $\dfrac{1}{\alpha}$ 倍すれば（A' の第 i 行に第 j 行の $-\alpha$ 倍を足せば）A が得られる。このように考えると，A に行基本変形を何回か施して A' が得られれば，A' に（逆の）行基本変形を何回か施して元の A が得られる。

4.2　階段行列(C)

前に定義した階段行列の正確な定義は次のようになる。

定義 4.2　$m \times n$ 行列 A が階段行列とは，$A = O$ であるか，あるいは次の条件を満たすときをいう。$s_1 < s_2 < \cdots < s_t$ なる $s_1, \cdots, s_t$ が存在して（ここで t は $1 \leq t \leq m$ なる数である），

i.　各第 s_i 列 $(1 \leq i \leq t)$ は m 次基本ベクトル $\boldsymbol{e}_i$ である。
ii.　$j < s_1$ なる各第 j 列は零ベクトルである。

iii. 各 i $(1 \leq i \leq t)$ において，$s_i < j < s_{i+1}$ ($i = t$ のときは $s_t < j \leq n$) なる各第 j 列は，第 $i+1$ 成分以下は全て 0 である。

定義の意味を次の行列で折れ線を使い説明しよう。まず $\boldsymbol{e}_1$ より左側の列は零ベクトルである。各基本ベクトル $\boldsymbol{e}_i$ の成分 1 の（下側の）ところを通る右方向の破線は $\boldsymbol{e}_{i+1}$ の手前で 1 行下に折れている。この折れ線の下方にある成分が全て 0 となるとき階段行列と呼ぶのである。

$$\begin{pmatrix} 0 & 1 & 0 & 8 & 0 \\ 0 & 0 & 1 & 3 & 0 \\ 0 & 0 & 0 & 0 & 1 \\ 0 & 0 & 0 & 0 & 0 \\ 0 & 0 & 0 & 0 & 0 \end{pmatrix} \quad \cdots (4.1)$$

上の定義より正方行列 A を行基本変形によって階段行列にしたとき，（定義 4.2-i の）基本ベクトルでない列の数は，零ベクトルとなる行の数に等しい（上の例ではその数は 2)。よって，階段行列が零ベクトルとなる行を含まないならば（即ち $\mathrm{rank}(A) = n$ ならば）第 1 列から順に基本ベクトル $\boldsymbol{e}_1, \boldsymbol{e}_2, \cdots$ となり，その階段行列は単位行列となる。

さて元の行列 A からどのように上の階段行列が求められたか（前節を参考に）一つの解釈を述べよう。まず A の第 1 列は零ベクトルで，掃き出し法が適用できなかった。従って右隣の列に移る。第 2 列では 0 でない成分が存在し（必要ならば）その成分を含む行と第 1 行を入れ替える。すると $(1,2)$ 成分が 0 でなく，この成分に着目して第 2 列を掃き出して，第 2 列を基本ベクトル $\boldsymbol{e}_1$ にした。次に右隣の列に移る。第 3 列の第 2 成分以下に 0 でない成分が存在し（必要ならば）その成分を含む行と第 2 行を入れ替える。すると $(2,3)$ 成分が 0 でなく，この成分に着目して第 3 列を掃き出して，第 3 列を基本ベクトル $\boldsymbol{e}_2$ にした。次に右隣の列に移る。第 4 列の第 3 成分以下に 0 でない成分が存在せず，掃き出し法が適用できなかった。従って右隣の列に移る。第 5 列の第 3 成分以下に 0 でない成分が存在し（必要ならば）その成分を含む行と第 3 行を入れ替える。すると $(3,5)$ 成分が 0 でなく，この成分に着目して第 5 列を掃き出して，第 5 列を基本ベクトル $\boldsymbol{e}_3$ にした。こうして上の階段行列が得られた。この手続きを参考にして，一般に次が得られる。

定理 4.1　任意の行列 A は，行基本変形により階段行列に変形できる。

[証明]　$A \neq O$ とする。

ステップ 1。まず行列 A の第 1 列から順に見ていって，最初に零ベクトルでない列を見つける。これを第 s_1 列としよう。次に第 s_1 列の成分を第 1 行から見ていって，最初に 0 でない成分を a_1 とし，a_1 が表れる行を第 r_1 行とする。第 r_1 行と第 1 行を入れ替えると，$(1, s_1)$ 成分が a_1 となる。この $(1, s_1)$ 成分に着目して第 s_1 列を掃き出す。そうして得られた行列の $(1, s_1)$ 成分を a_1' とする。その後第 1 行を $\dfrac{1}{a_1'}$ 倍する。こうして得られた行列を A_1 とする。従って A_1 の第 s_1 列は基本ベクトル $\boldsymbol{e}_1$ となる。

ステップ 2。次に行列 A_1 において，第 s_1 列より以降の列で，第 2 行以下で 0 でない成分を持つような，そういう最初の列を第 s_2 列とする。この第 s_2 列で最初に 0 でない成分を a_2 とし，a_2 が表れる行を第 r_2 行とする。第 r_2 行と第 2 行を入れ替えると，$(2, s_2)$ 成分が a_2 となる。この $(2, s_2)$ 成分に着目して第 s_2 列を掃き出す。そうして得られた行列の $(2, s_2)$ 成分を a_2' とする。その後第 2 行を $\dfrac{1}{a_2'}$ 倍する。こうして得られた行列を A_2 とする。従って A_2 の第 s_2 列は基本ベクトル $\boldsymbol{e}_2$ となる。

この操作を繰り返して，これ以上繰り返すことができなくなるまで続ける。こうして得られる行列が求める階段行列となる。

先程の (3.23), (3.24), (3.25), (3.27) の階段行列をもう一度思い出そう。これらの行列の特色は先程述べたが，さらに次のことに気づく。

$$\begin{pmatrix} 1 & 0 & 0 \\ 0 & 1 & 0 \\ 0 & 0 & 1 \end{pmatrix}, \left(\begin{array}{cc|c} 1 & 0 & -1 \\ 0 & 1 & 2 \\ \hline 0 & 0 & 0 \end{array}\right), \left(\begin{array}{cc|c} 1 & 0 & -1 \\ 0 & 1 & 2 \\ \hline 0 & 0 & 0 \end{array}\right),$$

$$\begin{pmatrix} 1 & -\frac{1}{3} & 0 & -\frac{5}{21} \\ 0 & 0 & 1 & -\frac{3}{7} \\ 0 & 0 & 0 & 0 \\ 0 & 0 & 0 & 0 \end{pmatrix}$$

最初の行列は単位行列である。また 2, 3 番目の行列は，最初の 2 行と 2 列の重なった部分だけを考えると 2×2 型の単位行列になる。(上図で縦線と横線で区切った左上の部分に注目しているわけである。) 4 番目の行列のみうまくまとめることができない。しかし第 2 列と第 3 列を入れ替えると (すなわち基本ベクトルでない列を右方向へ移動させて)，

$$\left(\begin{array}{cc|cc} 1 & 0 & -\frac{1}{3} & -\frac{5}{21} \\ 0 & 1 & 0 & -\frac{3}{7} \\ \hline 0 & 0 & 0 & 0 \\ 0 & 0 & 0 & 0 \end{array}\right)$$

となって，左上のブロックが 2×2 型の単位行列になっている。また (4.1) の階段行列において，基本ベクトル以外の第 1, 4 列を，右隣の

列との交換を繰り返し（基本ベクトルより）右側へまとめると

$$\left(\begin{array}{ccc|cc} 1 & 0 & 0 & 0 & 8 \\ 0 & 1 & 0 & 0 & 3 \\ 0 & 0 & 1 & 0 & 0 \\ \hline 0 & 0 & 0 & 0 & 0 \\ 0 & 0 & 0 & 0 & 0 \end{array}\right)$$

となり，左上のブロックが3次の単位行列になる。一般的に，与えられた行列 A に行基本変形を施し階段行列を作って，さらに列の交換も許すことにすると（すなわち基本ベクトルでない列を右方向にまとめて），

$$\left(\begin{array}{ccc|ccc} 1 & & O & a'_{1r+1} & \cdots & a'_{1n} \\ & \ddots & & \vdots & & \vdots \\ O & & 1 & a'_{rr+1} & \cdots & a'_{rn} \\ \hline & O & & & O & \end{array}\right) \qquad \cdots(4.2)$$

というかたちの（よりすっきりした）行列を作ることができるのである。このときもとの行列 A の階数 $\mathrm{rank}(A)$ は，(4.2) の零ベクトルでない行の数 r（すなわち左上のブロックの正方行列の行や列の数）である。(階段行列に列の交換を施しても，零ベクトルでない行の数は変わらない。また行列の階数の定義は，行基本変形の仕方によらないことを後に定理 12.2 で証明する。)

さて，再び拡大係数行列について考えることにする。例 3.6 の連立方程式の拡大係数行列を行基本変形により，次の階段行列に変形した。

$$\begin{pmatrix} 1 & -\frac{1}{3} & 0 & -\frac{5}{21} & -\frac{1}{21} \\ 0 & 0 & 1 & -\frac{3}{7} & \frac{5}{7} \\ 0 & 0 & 0 & 0 & 0 \\ 0 & 0 & 0 & 0 & 0 \end{pmatrix}$$

この行列は連立方程式の形で書くと,

$$x_1 - \frac{1}{3}x_2 - \frac{5}{21}x_4 = -\frac{1}{21} \qquad \cdots(4.3)$$

$$x_3 - \frac{3}{7}x_4 = \frac{5}{7} \qquad \cdots(4.4)$$

となる。さらに,列の交換で,

$$\begin{pmatrix} 1 & 0 & -\frac{1}{3} & -\frac{5}{21} & -\frac{1}{21} \\ 0 & 1 & 0 & -\frac{3}{7} & \frac{5}{7} \\ 0 & 0 & 0 & 0 & 0 \\ 0 & 0 & 0 & 0 & 0 \end{pmatrix}$$

という行列ができるが,これを連立方程式の形でそのまま書くと,

$$x_1 - \frac{1}{3}x_3 - \frac{5}{21}x_4 = -\frac{1}{21} \qquad \cdots(4.5)$$

$$x_2 - \frac{3}{7}x_4 = \frac{5}{7} \qquad \cdots(4.6)$$

となり (4.3), (4.4) とは異なってしまう。しかし (4.5), (4.6) で未知数の x_2 と x_3 を入れ替えると,(4.3), (4.4) と同じになる。これは拡大係数行列で列の交換をすると(それをもとの連立方程式で考えた場合)それにともない未知数の交換が必要であることを示している。すなわち

$$\begin{pmatrix} 1 & 0 & -\frac{1}{3} & -\frac{5}{21} \\ 0 & 1 & 0 & -\frac{3}{7} \\ 0 & 0 & 0 & 0 \\ 0 & 0 & 0 & 0 \end{pmatrix} \begin{pmatrix} x_1 \\ x_3 \\ x_2 \\ x_4 \end{pmatrix} = \begin{pmatrix} -\frac{1}{21} \\ \frac{5}{7} \\ 0 \\ 0 \end{pmatrix}$$

と未知数を交換した連立方程式を考えなければならないのである。

このことを考慮して一般化して述べると，与えられた連立方程式を行列を使って $A\boldsymbol{x} = \boldsymbol{b}$ という形に表す。ここで A を $m \times n$ 型とすれば，方程式の数が m 個で，変数の数が n 個の連立方程式となる。そして A と $\boldsymbol{b}$ を並べて，$\tilde{A} = (A, \boldsymbol{b})$ という形の拡大係数行列を作る。そして，行基本変形をほどこし，最後に列の交換をほどこす（もちろんここで拡大係数行列の最後の列と他の列を交換できない。）ことによって，

$$\left(\begin{array}{ccc|cccc} 1 & & O & a'_{1r+1} & \cdots & a'_{1n} & b'_1 \\ & \ddots & & \vdots & & \vdots & \\ O & & 1 & a'_{rr+1} & \cdots & a'_{rn} & b'_r \\ \hline & & & & & & b'_{r+1} \\ & O & & & O & & \vdots \\ & & & & & & b'_m \end{array}\right) \qquad \cdots(4.7)$$

という形（最後の 1 列を除けば (4.2) の形）の行列ができる。ここで (4.7) の行列の最後の列を除いた行列（すなわち係数行列 A に行や列の基本変形を用いて得られる階段行列）で，もし $r < m$ なら，第 $r+1$ 行以下の $m-r$ 個の行ベクトルが零ベクトルである。すると階数の定義から $r = \mathrm{rank}(A)$ である。$b'_{r+1}, \cdots, b'_m$ は必ずしも 0 とは限らないので（行列 $(A, \boldsymbol{b})$ の階数を $\mathrm{rank}(A, \boldsymbol{b})$ と書けば）$m \geq \mathrm{rank}(A, \boldsymbol{b}) \geq \mathrm{rank}(A)$ となる。

上の (4.7) を，連立方程式の形に戻して考えると，

$$
\begin{array}{llllllll}
x_1 & & & +a'_{1r+1}x_{r+1}+ & \cdots & +a'_{1n}x_n & = b'_1 \\
 & x_2 & & +a'_{2r+1}x_{r+1}+ & \cdots & +a'_{2n}x_n & = b'_2 \\
 & & \ddots & \vdots & & & \vdots \\
 & & x_r & +a'_{rr+1}x_{r+1}+ & \cdots & +a'_{rn}x_n & = b'_r \\
 & & & & & 0 & = b'_{r+1} \\
 & & & & & \vdots & \\
 & & & & & 0 & = b'_m
\end{array}
$$

となる。もし $b'_{r+1}, \cdots, b'_m$ がすべてにおいて 0 であるならば，上の連立方程式は解を持つ。なぜなら各 j $(1 \leq j \leq r)$ において，各 $x_{r+1}, \cdots, x_n$ を任意に選ぶと，

$$
x_j = b'_j - (a'_{jr+1}x_{r+1} + \cdots + a'_{jn}x_n) \qquad \cdots(4.8)
$$

によって x_j を求めることができるからである（基本変形で，列の交換を行った場合，それに伴う未知数の交換は既に正しく行われているものとする)。この $b'_{r+1}, \cdots, b'_m$ がすべて 0，という条件は再び階数の定義から，$\mathrm{rank}(A, \boldsymbol{b}) = \mathrm{rank}(A)$ と言い換えることもできる。これが連立方程式が解を持つ条件である。さらに，未知数 $x_{r+1}, \cdots, x_n$ の値は勝手に(自由に) 決めることができる。従って，この未知数の個数 $n-r$ を連立方程式の解の自由度という。よって $n - r = n - \mathrm{rank}(A) > 0$ のときはこの連立方程式は無限個の解を持つことがわかる。もし $\mathrm{rank}(A) = r = n$ であれば解の自由度がなくなり（(4.7) の最後の列を除いた行列の最初の n 行は単位行列となり，従って (4.8) 右辺の第 2 項以降はなくなり）各 j $(1 \leq j \leq r)$ について $x_j = b'_j$ とただ一組の解をもつことになる。

もし $b'_{r+1}, \cdots, b'_m$ のなかで 0 でないものが少なくとも 1 つあれば，上

の連立方程式は解を持たない。なぜならば，もし b'_k が 0 でないならば，(4.7) の行列の第 k 行の意味することは，$0 = b'_k$ だからである。(第 k 行は零ベクトルでないので）この条件は $\mathrm{rank}(A, \boldsymbol{b}) > \mathrm{rank}(A)$ と言い換えることもできる。

上の連立方程式 $A\boldsymbol{x} = \boldsymbol{b}$ で，$\boldsymbol{b} = \boldsymbol{0}$ のとき，この連立方程式は同次形であるという。このとき $\boldsymbol{x} = \boldsymbol{0}$ はこの連立方程式の解である。これを自明な解であるという。この連立方程式に行基本変形や列の交換によって得られる (4.7) の形の行列では，$b'_1 = \cdots = b'_m = 0$ であることに注意しよう。すると $\mathrm{rank}(A, \boldsymbol{b}) = \mathrm{rank}(A)$ となり，少なくとも 1 つは解を持つことはわかる。この連立方程式が自明でない解を持つためには，上の議論より解の自由度が 1 以上あることである。すなわち $n - r = n - \mathrm{rank}(A) > 0$ である。例えば変数の数より式の数が少ない連立方程式は自明でない解をもつ（$m < n$ の場合で，このとき $\mathrm{rank}(A) \leq m < n$ となる)。以上を定理としてまとめよう。

定理 4.2　$\boldsymbol{x}$ が n 次数ベクトル（すなわち未知数の数が n 個）の $A\boldsymbol{x} = \boldsymbol{b}$ という形の連立方程式が解を持つ条件は，$\mathrm{rank}(A, \boldsymbol{b}) = \mathrm{rank}(A)$ で，さらに次が成り立つ。

i. $\mathrm{rank}(A) < n$ のとき無限個の解を持つ。このとき $n - \mathrm{rank}(A)$ を解の自由度と言う。

ii. $\mathrm{rank}(A) = n$ のときただ 1 つの解を持つ。

わかりやすく言い換えると，$n - \mathrm{rank}(A)$ が，勝手に決めてよい未知数の個数で（これが解の自由度である)，これが 0 になると勝手に決められる未知数が 1 つもない，すなわち解は 1 通りに決まることになる。A が正方行列ならば，(4.7) 後の解説より，$n \geq \mathrm{rank}(A, \boldsymbol{b}) \geq \mathrm{rank}(A)$。よって上の定理より，$\mathrm{rank}(A) = n \Leftrightarrow A\boldsymbol{x} = \boldsymbol{b}$ がただ 1 つの解をもつ。

これは任意の n 次数ベクトル $\boldsymbol{b}$ において成り立つから，次が得られる。

系 4.1 A を n 次正方行列とする。このとき $\mathrm{rank}(A)=n$ となることと，$A\boldsymbol{x}=\boldsymbol{b}$ の形の連立方程式の解が常にただ 1 つあることとは同値である。

$\mathrm{rank}(A)<n$ の場合には，上の議論より（例えば）$A\boldsymbol{x}=\boldsymbol{0}$ は 2 個以上の解をもつ。また $A\boldsymbol{x}=\boldsymbol{b}$ が解をもたないような $\boldsymbol{b}$ も存在する[4.1]。よってさらに次が得られる。

系 4.2 A を n 次正方行列とする。このとき $\mathrm{rank}(A)<n$ となることと，$A\boldsymbol{x}=\boldsymbol{b}$ が 2 個以上の解をもつような $\boldsymbol{b}$ が存在することは同値である。これはまた，$A\boldsymbol{x}=\boldsymbol{b}$ が解をもたないような $\boldsymbol{b}$ が存在することとも同値である。

4.3 基本行列(B)

便宜上，行列の行基本変形を再び述べる。

定義 4.3 行列の行基本変形は次のものである。ここで $\alpha\neq 0$ で，また $i\neq j$ である。

i. 第 i 行と第 j 行を交換する。
ii. 第 i 行を α 倍する。
iii. 第 i 行に別の第 j 行の α 倍をたす。

与えられた行列 A に行基本変形をほどこして行列 B が得られたとき，

4.1 A に行基本変形を施して得られる階段行列を A' とすれば，A' には零ベクトルとなる行が存在する。従って $\boldsymbol{b}'$ を成分がすべて 1 なる n 次ベクトルとすれば，$A'\boldsymbol{x}=\boldsymbol{b}'$ は解をもたない。従って（定義 4.1 の後に述べたように）$(A',\boldsymbol{b}')$ に行基本変形を施して $(A,\boldsymbol{b})$ が得られたとすれば，$A\boldsymbol{x}=\boldsymbol{b}$ は解をもたない。

A に（行基本変形に対応した）ある種の行列を左からかけることによって同じ B が得られるということを見ていこう。ある種の行列とは次の形の基本行列と呼ばれるものである。

定義 4.4　基本行列とは次の形のものである。ここで $\alpha \neq 0$ は実数，$i \neq j$ とする。

i. 単位行列 I において第 i 行と第 j 行を交換したもの。
ii. 単位行列 I において (i,i) 成分を α に変えたもの（これは第 i 行を α 倍したものに等しい）。
iii. 単位行列 I において (i,j) 成分を α に変えたもの（これは第 i 行に第 j 行の α 倍をたしたものに等しい）。

与えられた行列 A について，A に左から定義 4.4-i の形の行列をかけることによって，定義 4.3-i が実現される。また A に左から定義 4.4-ii の形の行列をかけることによって，定義 4.3-ii が実現される。A に左から定義 4.4-iii の形の行列をかけることによって，定義 4.3-iii が実現される。A が 3 行 4 列の行列について $i=1, j=3, \alpha=5$ としてこのことを確かめよう。

$$\begin{pmatrix} 0 & 0 & 1 \\ 0 & 1 & 0 \\ 1 & 0 & 0 \end{pmatrix} \begin{pmatrix} a_{11} & a_{12} & a_{13} & a_{14} \\ a_{21} & a_{22} & a_{23} & a_{24} \\ a_{31} & a_{32} & a_{33} & a_{34} \end{pmatrix} = \begin{pmatrix} a_{31} & a_{32} & a_{33} & a_{34} \\ a_{21} & a_{22} & a_{23} & a_{24} \\ a_{11} & a_{12} & a_{13} & a_{14} \end{pmatrix}$$

このように，単位行列の第 1 行と第 3 行を交換したものを，与えられた行列に左からかけると，その行列は（もとの行列の）第 1 行と第 3 行が交換されている。

$$\begin{pmatrix} 5 & 0 & 0 \\ 0 & 1 & 0 \\ 0 & 0 & 1 \end{pmatrix} \begin{pmatrix} a_{11} & a_{12} & a_{13} & a_{14} \\ a_{21} & a_{22} & a_{23} & a_{24} \\ a_{31} & a_{32} & a_{33} & a_{34} \end{pmatrix}$$

$$
= \begin{pmatrix} 5a_{11} & 5a_{12} & 5a_{13} & 5a_{14} \\ a_{21} & a_{22} & a_{23} & a_{24} \\ a_{31} & a_{32} & a_{33} & a_{34} \end{pmatrix}
$$

このように，単位行列の第 1 行を 5 倍した（$(1,1)$ 成分を 5 に変えた）ものを，与えられた行列に左からかけると，その行列は（もとの行列の）第 1 行が 5 倍されている。

$$
\begin{pmatrix} 1 & 0 & 5 \\ 0 & 1 & 0 \\ 0 & 0 & 1 \end{pmatrix} \begin{pmatrix} a_{11} & a_{12} & a_{13} & a_{14} \\ a_{21} & a_{22} & a_{23} & a_{24} \\ a_{31} & a_{32} & a_{33} & a_{34} \end{pmatrix}
$$

$$
= \begin{pmatrix} a_{11}+5a_{31} & a_{12}+5a_{32} & a_{13}+5a_{33} & a_{14}+5a_{34} \\ a_{21} & a_{22} & a_{23} & a_{24} \\ a_{31} & a_{32} & a_{33} & a_{34} \end{pmatrix}
$$

このように，単位行列の第 1 行に第 3 行の 5 倍をたした（$(1,3)$ 成分を 5 に変えた）ものを，与えられた行列に左からかけると，その行列は（もとの行列の）第 1 行に第 3 行の 5 倍がたされている。

行の基本変形と同様に考えて，列の基本変形も定義することができる。すなわち，与えられた行列に対して，ある列を何倍かしたりまた，ある列を何倍かして別の列と加えたり（引いたり），ある列と別の列を入れ替えたり，そういう操作を施すことを，列の基本変形という。これを次のように定義しよう。

定義 4.5 行列の列基本変形は次のものである。ここで $\alpha \neq 0$ は実数で，また $i \neq j$ である。

i. 第 i 列と第 j 列を交換する。

ii. 第 i 列を α 倍する。

iii. 第 i 列に別の第 j 列の α 倍をたす。

与えられた行列 A に列基本変形をほどこして行列 B が得られたとき，A に（列基本変形に対応した）基本行列を今度は右からかけることによって同じ B が得られるということを見ていこう。便宜上基本行列を次に再び書くが，同じ定義を，表現の仕方を変えて定義していることに注意しよう。

定義 4.6　基本行列とは次の形のものである。

i. 単位行列 I において第 i 列と第 j 列を交換したもの（これは第 i 行と第 j 行を交換したものに等しい)。

ii. 単位行列 I において (i,i) 成分を α に変えたもの（これは第 i 列を α 倍したものに等しい)。

iii. 単位行列 I において (j,i) 成分を α に変えたもの（これは第 i 列に第 j 列の α 倍をたしたものに等しい)。(先程の定義では (i,j) 成分になっていた)

与えられた行列 A について，A に右から定義 4.6-i の形の行列をかけることによって，定義 4.5-i が実現される。また A に右から定義 4.6-ii の形の行列をかけることによって，定義 4.5-ii が実現される。A に右から定義 4.6-iii の形の行列をかけることによって，定義 4.5-iii が実現される。ここで定義 4.4-iii と定義 4.6-iii とでは注目している成分が，(i,j) 成分と (j,i) 成分で i と j が逆になっていることに再び注意しよう。A が 3 行 4 列の行列で $i=1, j=3, \alpha=5$ としてこれを確かめよう。

$$\begin{pmatrix} a_{11} & a_{12} & a_{13} & a_{14} \\ a_{21} & a_{22} & a_{23} & a_{24} \\ a_{31} & a_{32} & a_{33} & a_{34} \end{pmatrix} \begin{pmatrix} 0 & 0 & 1 & 0 \\ 0 & 1 & 0 & 0 \\ 1 & 0 & 0 & 0 \\ 0 & 0 & 0 & 1 \end{pmatrix} = \begin{pmatrix} a_{13} & a_{12} & a_{11} & a_{14} \\ a_{23} & a_{22} & a_{21} & a_{24} \\ a_{33} & a_{32} & a_{31} & a_{34} \end{pmatrix}$$

このように単位行列の第 1 列と第 3 列を交換したものを，与えられた行列に右からかけると，その行列は（もとの行列の）第 1 列と第 3 列が交換されている。

$$\begin{pmatrix} a_{11} & a_{12} & a_{13} & a_{14} \\ a_{21} & a_{22} & a_{23} & a_{24} \\ a_{31} & a_{32} & a_{33} & a_{34} \end{pmatrix} \begin{pmatrix} 5 & 0 & 0 & 0 \\ 0 & 1 & 0 & 0 \\ 0 & 0 & 1 & 0 \\ 0 & 0 & 0 & 1 \end{pmatrix} = \begin{pmatrix} 5a_{11} & a_{12} & a_{13} & a_{14} \\ 5a_{21} & a_{22} & a_{23} & a_{24} \\ 5a_{31} & a_{32} & a_{33} & a_{34} \end{pmatrix}$$

このように単位行列の第 1 列を 5 倍した（$(1,1)$ 成分を 5 に変えた）ものを，与えられた行列に右からかけると，その行列は（もとの行列の）第 1 列が 5 倍されている。

$$\begin{pmatrix} a_{11} & a_{12} & a_{13} & a_{14} \\ a_{21} & a_{22} & a_{23} & a_{24} \\ a_{31} & a_{32} & a_{33} & a_{34} \end{pmatrix} \begin{pmatrix} 1 & 0 & 0 & 0 \\ 0 & 1 & 0 & 0 \\ 5 & 0 & 1 & 0 \\ 0 & 0 & 0 & 1 \end{pmatrix} = \begin{pmatrix} a_{11}+5a_{13} & a_{12} & a_{13} & a_{14} \\ a_{21}+5a_{23} & a_{22} & a_{23} & a_{24} \\ a_{31}+5a_{33} & a_{32} & a_{33} & a_{34} \end{pmatrix}$$

このように，単位行列の第 1 列に第 3 列の 5 倍をたした（$(3,1)$ 成分を 5 に変えた）ものを，与えられた行列に右からかけると，その行列は（もとの行列の）第 1 列に第 3 列の 5 倍がたされている。

4.4 正則行列とその性質(A)(C)

正方行列 A において，$XA = AX = I$ となる行列 X が存在するとき，A を正則行列という。そして X を A の逆行列といい A^{-1} と書く。A に対して，このような X はただ 1 つしか存在しない。なぜならば，もしある Y が存在して，$XA = AX = I$，また，$YA = AY = I$ となったとすると，$X = XI = XAY = (XA)Y = IY = Y$ となり，$X = Y$ となってしまうからである。

A, B を正則行列とすると，AB も正則行列になる。実際，

$(B^{-1}A^{-1})(AB) = B^{-1}IB = I$, $(AB)(B^{-1}A^{-1}) = AIA^{-1} = I$ となり，AB の逆行列は $B^{-1}A^{-1}$ となる。

A を n 次の正則行列とすると，A のどの行ベクトルも零ベクトルにならないことがわかる。なぜならもし A の第 i 行が零ベクトルとすると，B を n 次の任意の正方行列として，AB を計算すると，AB の第 i 行が零ベクトルとなり，単位行列にはなり得ないからである。同様に，A のどの列ベクトルも零ベクトルにならないことがわかる。なぜならもし A の第 i 列が零ベクトルとすると，B を n 次の任意の正方行列として，BA を計算すると，BA の第 i 列が零ベクトルとなり，単位行列にはなり得ないからである。以上をまとめておく。

定理 4.3　i.　A, B を正則行列とすると，AB も正則行列になる。

ii.　A を正則行列とすると，A のどの行ベクトルも列ベクトルも，零ベクトルにならない。

さて，前節の基本行列を X としよう。X は定義 4.4-i, ii, iii のどれかの形をしている。X が i の形であれば，X は単位行列の第 i 行と第 j 行が交換された行列である。さらにこの行列に同じ X を左からかけると（定義 4.4 の後の議論より）再び i 行と j 行が交換され，元の単位行列になる。つまり $XX = I$ である。したがって X は正則行列であり，X の逆行列は X である。次に X が ii の形であれば，X は単位行列の第 i 行を α 倍した行列である。さらにこの行列 X に ii の同じ形の行列で α を $\dfrac{1}{\alpha}$ に変えたものを X' とする。この X' を左からかけると（定義 4.4 の後の議論より）X の第 i 行が $\dfrac{1}{\alpha}$ 倍された行列ができ，これは元の単位行列になる。つまり $X'X = I$ である。同様に，X' は単位行列の第 i

行を $\dfrac{1}{\alpha}$ 倍された行列である。さらにこの行列 X' に X を左からかけると，今度は X' の第 i 行が α 倍された行列ができ，これは元の単位行列になる。つまり $XX' = I$ である。したがって X は正則行列であり，X の逆行列は基本行列 X' である。X が iii の形であれば，X は単位行列の第 i 行に第 j 行の α 倍を加えて得られる行列である。さらにこの行列 X に iii の同じ形の行列で α を $-\alpha$ に変えたものを X' とする。この X' を左からかけると（定義 4.4 の後の議論より）X の第 i 行に第 j 行の $-\alpha$ 倍を加えて得られる行列ができ，これは元の単位行列になる。つまり $X'X = I$ である。同様に，X' は単位行列の第 i 行に第 j 行の $-\alpha$ 倍を加えて得られる行列である。さらにこの行列 X' に X を左からかけると，今度は X' の第 i 行に第 j 行の α 倍を加えて得られる行列ができ，これは元の単位行列になる。つまり $XX' = I$ である。したがって X は正則行列であり，X の逆行列は基本行列 X' である。このように基本行列は正則で，その逆行列も基本行列であることがわかった。

よって X_i $(1 \leq i \leq n)$ を基本行列とすると，その逆行列 X_i^{-1} も基本行列である。このとき，基本行列の積で表せる行列 $X_1X_2\cdots X_{n-1}X_n$ は正則であり，その逆行列は $X_n^{-1}X_{n-1}^{-1}\cdots X_2^{-1}X_1^{-1}$ でやはり基本行列の積である（実際，定理 4.3-i の証明を一般化して考えて，$X_1X_2\cdots X_{n-1}X_n \cdot X_n^{-1}X_{n-1}^{-1}\cdots X_2^{-1}X_1^{-1} = X_n^{-1}X_{n-1}^{-1}\cdots X_2^{-1}X_1^{-1} \cdot X_1X_2\cdots X_{n-1}X_n = I$）。

行列 A が与えられたとして，A に行基本変形を何回かほどこして，階段行列 B を作ることができた。まず，A にある行基本変形をほどこして A_1 になったとする。この行基本変形に対応する基本行列を X_1 とすると，$X_1A = A_1$ となる。次にこの A_1 に行基本変形をほどこして A_2 になったとする。この行基本変形に対応する基本行列を X_2 とすると，

$X_2X_1A = X_2A_1 = A_2$ となる。以下同様に行基本変形を何回か（n 回としよう）ほどこした結果得られた階段行列が $A_n = B$ となったとすると，

$$X_n \cdots X_1 A = X_n \cdots X_2 A_1 = X_n \cdots X_3 A_2 = \cdots = X_n A_{n-1} = A_n = B \qquad \cdots(4.9)$$

となる。そこで $X_n \cdots X_1 = X$ とおくと，$XA = B$ となる。ここで，(i) A から（基本変形をほどこして）得られる階段行列 B が単位行列，としよう。このとき $XA = I$ より，X は基本行列の積の形だから，前述の議論より正則であり，X^{-1}（これも基本行列の積で表せる）を左からかけて $A = X^{-1}$。よって，(ii) A は基本行列の積として表される。まとめると (i)⇒(ii) が成り立つ。次に，(ii) を仮定すると，再び前述の議論より，(iii) A は正則，となる。すなわち (ii)⇒(iii) が成り立つ。最後に (iii) を仮定すると，定理 4.3-i より，$XA = B$ も正則となる。階段行列 B が正則だから，定理 4.3-ii よりどの行ベクトルも零ベクトルではない。これは（(4.1) の後に述べたことより）B が単位行列になることを意味している。(あるいは次のように議論しても良い。$A\boldsymbol{x} = \boldsymbol{b}$ の形の任意の方程式はただ 1 つの解 $\boldsymbol{x} = A^{-1}\boldsymbol{b}$ を持つから，系 4.1 より（A を n 次正方行列として）$\mathrm{rank}(A) = n$。これは（(4.1) の後の記述から）B は単位行列ということである。）よって (i) が成り立つことがわかった。すなわち (iii)⇒(i)。以上より，(i),$\cdots$,(iii) が同値であることがわかった。以上より，系 4.1 を考え合わせて，次の定理を得る。

定理 4.4　n 次正方行列 A が正則行列であることは，次のそれぞれのことと同値である。

i.　A から（行基本変形をほどこして）得られる階段行列は単位行列

になる。

ii. A は基本行列の積として表せる。

iii. A の階数が n である。

iv. $A\boldsymbol{x} = \boldsymbol{b}$ という形の連立方程式は常にただ 1 つの解を持つ。

正方行列 A において，n 個の未知数を持つ同次形連立方程式 $A\boldsymbol{x} = \boldsymbol{0}$ が自明でない（従って 2 つ以上の）解を持つためには（定理 4.2 より）$\mathrm{rank}(A) < n$，これは A が正則でないことと同値である。

A が正則ならば，$I = {}^t(AA^{-1}) = {}^t(A^{-1}){}^tA$，また，$I = {}^t(A^{-1}A) = {}^tA\,{}^t(A^{-1})$。これより，${}^tA$ は正則で，逆行列は ${}^t(A^{-1})$ であることがわかる。とくに A が対称行列のとき，${}^tA = A$ であり，$A^{-1} = ({}^tA)^{-1} = {}^t(A^{-1})$。よって ${}^t(A^{-1}) = A^{-1}$ となり，A^{-1} も対称行列となる。

4.5 逆行列の計算法(A)

次に A が正則であるとき，A の逆行列を求める方法を考えよう。まず A と，同じ型の単位行列 I を並べて書く。

$$A, \qquad I$$

A に掃き出し法によって，行基本変形を順次ほどこしていき単位行列に変形するが，このとき同時に同じ操作を I の方にもほどこしてやる。すると A は I に変わり，I がある行列 X に変わったとする。このとき X が A の逆行列になる（次節で証明する）。したがって上式を 1 つの行列のように $(A,\ I)$ とかいて，掃き出し法をこの行列に対して（まとめて）やればよい。そうすると $(I,\ X)$ という行列ができあがるのである。この右半分の X が逆行列である（後の節で例をあげて説明する）。

4.6 逆行列の求め方(C)

次に A が正則であるとき，A の逆行列が上の方法で求まることを証明しよう。定理 4.4 より，A に行基本変形をほどこして得られる階段行列は単位行列となる。そこで，まず A と，同じ型の単位行列 I を並べて書く。

$$A, \qquad I \qquad \cdots(4.10)$$

A に掃き出し法によって，行基本変形を順次ほどこしていくことは，それぞれ対応する基本行列 $X_1, X_2, \cdots$ を A に左からかけていくことに相当し，これと同じ操作を I の方にもほどこしてやる。すると

$$X_n \cdots X_1 A, \qquad X_n \cdots X_1 I$$

となり，左側の行列が単位行列となれば，

$$I, \qquad X_n \cdots X_1$$

となる。右側の行列を X とすれば，$XA = I$。A の逆行列を右からかけてやれば $X = A^{-1}$ となる。

したがって (4.10) を 1 つの行列のように $(A,\ I)$ とかいて，掃き出し法をこの行列に対して（まとめて）やればよい。そうすると $(I,\ X)$ という行列ができ，X が A の逆行列となる。

4.7 幾つかの練習(A)

幾つか練習しよう。(3.20) の後の流れ図にある行基本変形になぞらえて

$$\begin{pmatrix} 9 & 2 \\ -3 & 4 \end{pmatrix}$$

の逆行列を求めよう。

$$\begin{pmatrix} 9 & 2 & 1 & 0 \\ -3 & 4 & 0 & 1 \end{pmatrix} \xrightarrow[]{\substack{\text{第 2 行を} \\ \text{3 倍する}}} \begin{pmatrix} 9 & 2 & 1 & 0 \\ -9 & 12 & 0 & 3 \end{pmatrix} \xrightarrow[\text{(第 1 列の掃き出し)}]{\text{第 2 行に第 1 行を足す}}$$

$$\begin{pmatrix} 9 & 2 & 1 & 0 \\ 0 & 14 & 1 & 3 \end{pmatrix} \xrightarrow[]{\substack{\text{第 2 行を} \\ \text{14 で割る}}} \begin{pmatrix} 9 & 2 & 1 & 0 \\ 0 & 1 & \frac{1}{14} & \frac{3}{14} \end{pmatrix} \xrightarrow[\text{(第 2 列の掃き出し)}]{\substack{\text{第 1 行に第 2 行の} \\ -2 \text{ 倍を足す}}}$$

$$\begin{pmatrix} 9 & 0 & \frac{6}{7} & -\frac{3}{7} \\ 0 & 1 & \frac{1}{14} & \frac{3}{14} \end{pmatrix} \xrightarrow[]{\text{第 1 行を 9 で割る}} \begin{pmatrix} 1 & 0 & \frac{2}{21} & -\frac{1}{21} \\ 0 & 1 & \frac{1}{14} & \frac{3}{14} \end{pmatrix}$$

よって逆行列は,

$$\begin{pmatrix} \frac{2}{21} & -\frac{1}{21} \\ \frac{1}{14} & \frac{3}{14} \end{pmatrix}$$

である。もちろん上の変形は次のようにしてもよい（各自やりやすい方法でやれば良い)。

$$\begin{pmatrix} 9 & 2 & 1 & 0 \\ -3 & 4 & 0 & 1 \end{pmatrix} \xrightarrow[]{\substack{\text{第 1 行を} \\ \text{9 で割る}}} \begin{pmatrix} 1 & \frac{2}{9} & \frac{1}{9} & 0 \\ -3 & 4 & 0 & 1 \end{pmatrix} \xrightarrow[\text{(第 1 列の掃き出し)}]{\substack{\text{第 2 行に第 1 行の} \\ \text{3 倍を足す}}}$$

$$\begin{pmatrix} 1 & \frac{2}{9} & \frac{1}{9} & 0 \\ 0 & \frac{14}{3} & \frac{1}{3} & 1 \end{pmatrix} \xrightarrow[]{\substack{\text{第 2 行を} \\ \frac{3}{14} \text{ 倍する}}} \begin{pmatrix} 1 & \frac{2}{9} & \frac{1}{9} & 0 \\ 0 & 1 & \frac{1}{14} & \frac{3}{14} \end{pmatrix} \xrightarrow[\text{(第 2 列の掃き出し)}]{\substack{\text{第 1 行に第 2 行の} \\ -\frac{2}{9} \text{ 倍を足す}}}$$

$$\begin{pmatrix} 1 & 0 & \frac{2}{21} & -\frac{1}{21} \\ 0 & 1 & \frac{1}{14} & \frac{3}{14} \end{pmatrix}$$

次に行列

$$\begin{pmatrix} 1 & 1 & 1 \\ 1 & 2 & 3 \\ 1 & 3 & 3 \end{pmatrix}$$

の逆行列を求めよう。

$$\begin{pmatrix} 1 & 1 & 1 & 1 & 0 & 0 \\ 1 & 2 & 3 & 0 & 1 & 0 \\ 1 & 3 & 3 & 0 & 0 & 1 \end{pmatrix} \xrightarrow[\text{-1 倍を足す}]{\text{第 2 行に第 1 行の}} \begin{pmatrix} 1 & 1 & 1 & 1 & 0 & 0 \\ 0 & 1 & 2 & -1 & 1 & 0 \\ 1 & 3 & 3 & 0 & 0 & 1 \end{pmatrix} \xrightarrow[\text{(第 1 列の掃き出し)}]{\text{第 3 行に第 1 行の -1 倍を足す}}$$

$$\begin{pmatrix} 1 & 1 & 1 & 1 & 0 & 0 \\ 0 & 1 & 2 & -1 & 1 & 0 \\ 0 & 2 & 2 & -1 & 0 & 1 \end{pmatrix} \xrightarrow[\text{-1 倍を足す}]{\text{第 1 行に第 2 行の}} \begin{pmatrix} 1 & 0 & -1 & 2 & -1 & 0 \\ 0 & 1 & 2 & -1 & 1 & 0 \\ 0 & 2 & 2 & -1 & 0 & 1 \end{pmatrix} \xrightarrow[\text{(第 2 列の掃き出し)}]{\text{第 3 行に第 2 行の -2 倍を足す}}$$

$$\begin{pmatrix} 1 & 0 & -1 & 2 & -1 & 0 \\ 0 & 1 & 2 & -1 & 1 & 0 \\ 0 & 0 & -2 & 1 & -2 & 1 \end{pmatrix} \xrightarrow{\text{第 3 行を -2 で割る}}$$

$$\begin{pmatrix} 1 & 0 & -1 & 2 & -1 & 0 \\ 0 & 1 & 2 & -1 & 1 & 0 \\ 0 & 0 & 1 & -\frac{1}{2} & 1 & -\frac{1}{2} \end{pmatrix} \xrightarrow[\text{-2 倍を足す}]{\text{第 2 行に第 3 行の}}$$

$$\begin{pmatrix} 1 & 0 & -1 & 2 & -1 & 0 \\ 0 & 1 & 0 & 0 & -1 & 1 \\ 0 & 0 & 1 & -\frac{1}{2} & 1 & -\frac{1}{2} \end{pmatrix} \xrightarrow[\text{(第 3 列の掃き出し)}]{\text{第 1 行に第 3 行を足す}} \begin{pmatrix} 1 & 0 & 0 & \frac{3}{2} & 0 & -\frac{1}{2} \\ 0 & 1 & 0 & 0 & -1 & 1 \\ 0 & 0 & 1 & -\frac{1}{2} & 1 & -\frac{1}{2} \end{pmatrix}$$

よって逆行列は，次のようになる。

$$\begin{pmatrix} \frac{3}{2} & 0 & -\frac{1}{2} \\ 0 & -1 & 1 \\ -\frac{1}{2} & 1 & -\frac{1}{2} \end{pmatrix}$$

5 置　換

《目標＆ポイント》　行列式を定義するにあたって，必要な準備として，置換について解説する。
《キーワード》　置換，互換，巡回置換，偶置換，奇置換，置換の符号

5.1 置換とは(A)

数字が書いてあるカードが，例えば 1 から 3 まで，3 枚あるとしよう。それらが今，左から小さい順に $(1,2,3)$ と並べられているとしよう。この 3 枚のカードを並べ替えることを考えよう。並べ替える方法は，

$$(1,2,3),(1,3,2),(2,1,3),(2,3,1),(3,1,2),(3,2,1) \qquad \cdots(5.1)$$

と 6 通りある。これらの並べ替えを次のように書こう。

$$\begin{pmatrix} 1 & 2 & 3 \\ 1 & 2 & 3 \end{pmatrix}, \begin{pmatrix} 1 & 2 & 3 \\ 1 & 3 & 2 \end{pmatrix}, \begin{pmatrix} 1 & 2 & 3 \\ 2 & 1 & 3 \end{pmatrix},$$
$$\begin{pmatrix} 1 & 2 & 3 \\ 2 & 3 & 1 \end{pmatrix}, \begin{pmatrix} 1 & 2 & 3 \\ 3 & 1 & 2 \end{pmatrix}, \begin{pmatrix} 1 & 2 & 3 \\ 3 & 2 & 1 \end{pmatrix} \qquad \cdots(5.2)$$

例えば最後の

$$\begin{pmatrix} 1 & 2 & 3 \\ 3 & 2 & 1 \end{pmatrix}$$

は，1 は 3 に置き換わり，2 は 2 に置き換わり，3 は 1 に置き換わる，と

解釈する。このような並べ替えを置換という。置換では括弧の下段の行は，$1,2,3$ を並べ替えたもので，もちろん重複は許されていない。ここで，置換

$$\begin{pmatrix} 1 & 2 & 3 \\ 3 & 2 & 1 \end{pmatrix} \text{と} \begin{pmatrix} 2 & 3 & 1 \\ 2 & 1 & 3 \end{pmatrix}$$

とは同じものと考える。どちらも，1 は 3 に置き換わり，2 は 2 に置き換わり，3 は 1 に置き換わっているからである。以上をまとめると上記置換の表記で，列を並び替えても置換としては同じである。

(5.1) の任意の 1 つを (a_1, a_2, a_3) と書けば，この置換は，

$$\begin{pmatrix} 1 & 2 & 3 \\ a_1 & a_2 & a_3 \end{pmatrix}$$

と書ける。一般には，1 から n までの n 個の数字があったとき，それらの並べ替え

$$\begin{pmatrix} 1 & 2 & \cdots & n \\ a_1 & a_2 & \cdots & a_n \end{pmatrix}$$

を置換という。ここで $a_1, \cdots, a_n$ は 1 から n までのいずれかの数であり，全て互いに異なる。この置換により，$1 \leq k \leq n$ なる各 k は，a_k に置き換えられる。n 個の数 $1, 2, \cdots, n$ の置換全体の集合を S_n で表す。例えば S_3 の全ての要素を書き並べると (5.2) となる。置換を σ や τ で表すことにしよう。そして置換 σ により j は k に置き換えられるとき，これを $\sigma(j) = k$ と表す。例えば置換

$$\sigma = \begin{pmatrix} 1 & 2 & 3 & 4 & 5 \\ 3 & 5 & 4 & 1 & 2 \end{pmatrix}$$

において，$\sigma(1) = 3$，$\sigma(2) = 5$ となる。

1 から n までの数字で，2 つの数字だけを並べ替えて（入れ替えて），

残りの数字は並べ替えない（そのままにしておく），そういう置換を，とくに**互換**という。例えば $n=5$ の場合，2 と 5 を入れ替えて，残りの数字はそのままにしておく互換は

$$\begin{pmatrix} 1 & 2 & 3 & 4 & 5 \\ 1 & 5 & 3 & 4 & 2 \end{pmatrix} \qquad \cdots(5.3)$$

と書き表されるが，これを $(2,5)$ と単純に書くこともある。もちろん $(5,2)$ と書いても同じことである。つまり 2 は 5 に置き換わり，5 は 2 に置き換わり，その他の数はそのまま変わらない。

次に置換

$$\begin{pmatrix} 1 & 2 & 3 & 4 & 5 \\ 3 & 2 & 5 & 4 & 1 \end{pmatrix} \qquad \cdots(5.4)$$

について考えよう。この置換は 1 は 3 に変わり，3 は 5 に変わり，5 は 1 に変わっている。2 と 4 は変わらない。この置換の特色は，1 と 3 と 5 はこの順番で変わっていき，最後の 5 は最初の 1 に戻っている，ということである。そして残りの 2 と 4 は置換により変化しない。このような置換を**巡回置換**という。この巡回置換を，簡単に $(1,3,5)$ と書くこともある。もちろん $(3,5,1)$ や $(5,1,3)$ と書いても同じことである。つまり各数は，左から順に，その右隣の数に置き換わり，そして右端の数は最初の数に置き換わる，ということである。その他の数は変わらない。この例では巡回する数の個数が 3 個である。このように考えると互換は，巡回する数の個数が 2 個の巡回置換とみられる。(5.3) や (5.4) の表記よりもそれぞれ $(2,5)$, $(1,3,5)$ と書いた方が（置換の様子が）分かりやすいので，今後はこのような書き方をよく使う。さて，以上の定義をまとめよう。

定義 5.1　1 から n までの数字の置換 σ が次の性質を満たすとき，巡回

置換といい，$(a_1, a_2, \cdots, a_k)$ と書く。

i. $2 \leq k \leq n$ なる，互いに異なる k 個の数 $a_1, \cdots, a_k$ が存在して，

$$\sigma(a_1) = a_2, \sigma(a_2) = a_3, \cdots, \sigma(a_{k-1}) = a_k, \sigma(a_k) = a_1$$

ii. $a_1, \cdots, a_k$ 以外の $1 \leq b \leq n$ なる数 b については，$\sigma(b) = b$

$k = 2$ のとき，とくに互換という。また任意の j において $\sigma(j) = j$ なる置換 σ を恒等置換と呼び，ι で表す。

次に，置換を繰り返し行うことを考えよう。例えば置換 σ

$$\sigma = \begin{pmatrix} 1 & 2 & 3 & 4 & 5 \\ 3 & 2 & 5 & 4 & 1 \end{pmatrix}$$

の後に引き続き，置換 τ

$$\tau = \begin{pmatrix} 1 & 2 & 3 & 4 & 5 \\ 4 & 1 & 2 & 5 & 3 \end{pmatrix}$$

を行う置換を τ と σ との積といい $\tau\sigma$ と書く。(σ と τ との順番に気をつけよう。右の置換 σ を先に行い次に左の置換 τ を行うことを示している。つまり $\tau\sigma(k) = \tau(\sigma(k))$ である。) 例えば，1 は σ により 3 に変わり，さらに 3 は置換 τ により 2 に変わる。よって 1 は置換 $\tau\sigma$ により 2 に変わる；$\tau\sigma(1) = \tau(\sigma(1)) = \tau(3) = 2$。この様子を，

$$1 \xrightarrow{\sigma\text{ により}} 3 \xrightarrow{\tau\text{ により}} 2$$

と書こう。他の数 $2, \cdots, 5$ についても同様に考えて置換

$$\tau\sigma = \begin{pmatrix} 1 & 2 & 3 & 4 & 5 \\ 2 & 1 & 3 & 5 & 4 \end{pmatrix}$$

が得られる。今度は置換 $\sigma\tau$ を計算すると，

$$\sigma\tau = \begin{pmatrix} 1 & 2 & 3 & 4 & 5 \\ 4 & 3 & 2 & 1 & 5 \end{pmatrix}$$

となる（例えば 1 は τ により 4 に変わり，さらに 4 は置換 σ により 4 に変わる。よって 1 は置換 $\sigma\tau$ により 4 に変わる；$\sigma\tau(1) = \sigma(\tau(1)) = \sigma(4) = 4$)。したがって $\tau\sigma \neq \sigma\tau$ である。一般に置換の積に関して，交換法則は成り立たない。

3 つ以上の置換の積についても同様に定義できる。例えば，

$$\sigma = \begin{pmatrix} 1 & 2 & 3 & 4 & 5 \\ 3 & 2 & 5 & 4 & 1 \end{pmatrix}$$

$$\tau = \begin{pmatrix} 1 & 2 & 3 & 4 & 5 \\ 4 & 1 & 2 & 5 & 3 \end{pmatrix}$$

$$\nu = \begin{pmatrix} 1 & 2 & 3 & 4 & 5 \\ 5 & 4 & 1 & 3 & 2 \end{pmatrix}$$

の積 $\nu\tau\sigma$ は，右端の置換 σ を最初に行い，順次その左となりの置換を行っていくのである。すなわち $\nu\tau\sigma$ は $\nu(\tau\sigma)$ を意味する。よって

$$\nu\tau\sigma = \nu(\tau\sigma) = \nu \begin{pmatrix} 1 & 2 & 3 & 4 & 5 \\ 2 & 1 & 3 & 5 & 4 \end{pmatrix}$$

$$= \begin{pmatrix} 1 & 2 & 3 & 4 & 5 \\ 4 & 5 & 1 & 2 & 3 \end{pmatrix}$$

となる。置換の積に関して，結合法則が成り立つ。例えば

$$(\nu\tau)\sigma = \begin{pmatrix} 1 & 2 & 3 & 4 & 5 \\ 3 & 5 & 4 & 2 & 1 \end{pmatrix} \sigma$$

$$= \begin{pmatrix} 1 & 2 & 3 & 4 & 5 \\ 4 & 5 & 1 & 2 & 3 \end{pmatrix}$$

となり，$\nu\tau\sigma = \nu(\tau\sigma) = (\nu\tau)\sigma$ が成り立つ。

練習 5.1 次の置換

$$\sigma = \begin{pmatrix} 1 & 2 & 3 & 4 & 5 \\ 5 & 4 & 1 & 3 & 2 \end{pmatrix}$$

$$\tau = \begin{pmatrix} 1 & 2 & 3 & 4 & 5 \\ 3 & 2 & 5 & 4 & 1 \end{pmatrix}$$

$$\nu = \begin{pmatrix} 1 & 2 & 3 & 4 & 5 \\ 4 & 1 & 2 & 5 & 3 \end{pmatrix}$$

において $\nu\tau$, $(\nu\tau)\sigma$, $\tau\sigma$, $\nu(\tau\sigma)$ を計算せよ。

一般に次の定理が成り立つ。

定理 5.1 置換の積について結合法則が成り立つ。

[証明] 一般に n 個の数 $1, \cdots, n$ の置換 σ, ν, τ が与えられているとする。σ を

$$\begin{pmatrix} 1 & 2 & \cdots & n \\ a_1 & a_2 & \cdots & a_n \end{pmatrix}$$

と書こう。次に τ を後の計算のしやすさを考えて,

$$\begin{pmatrix} a_1 & a_2 & \cdots & a_n \\ b_1 & b_2 & \cdots & b_n \end{pmatrix}$$

と書き（1 行目を数の小さい順には並べていない）さらに, ν を

$$\begin{pmatrix} b_1 & b_2 & \cdots & b_n \\ c_1 & c_2 & \cdots & c_n \end{pmatrix}$$

と書こう。すると, $\nu(\tau\sigma)$ は,

$$\begin{pmatrix} b_1 & b_2 & \cdots & b_n \\ c_1 & c_2 & \cdots & c_n \end{pmatrix}\begin{pmatrix} 1 & 2 & \cdots & n \\ b_1 & b_2 & \cdots & b_n \end{pmatrix} = \begin{pmatrix} 1 & 2 & \cdots & n \\ c_1 & c_2 & \cdots & c_n \end{pmatrix}$$

また，$(\nu\tau)\sigma$ は，

$$\begin{pmatrix} a_1 & a_2 & \cdots & a_n \\ c_1 & c_2 & \cdots & c_n \end{pmatrix}\begin{pmatrix} 1 & 2 & \cdots & n \\ a_1 & a_2 & \cdots & a_n \end{pmatrix} = \begin{pmatrix} 1 & 2 & \cdots & n \\ c_1 & c_2 & \cdots & c_n \end{pmatrix}$$

よって $\tau(\nu\sigma) = (\tau\nu)\sigma$，結合法則が成り立つ。

次に例えば置換

$$\sigma = \begin{pmatrix} 1 & 2 & 3 & 4 & 5 \\ 3 & 4 & 5 & 2 & 1 \end{pmatrix}$$

の上の行と下の行を入れ替えた置換を**逆置換**といい，σ^{-1} で表す。すなわち，

$$\sigma^{-1} = \begin{pmatrix} 3 & 4 & 5 & 2 & 1 \\ 1 & 2 & 3 & 4 & 5 \end{pmatrix}$$

である。また σ^{-1} の逆置換 $(\sigma^{-1})^{-1}$ は，σ^{-1} の上の行と下の行を（もう一度）入れ替えるから，$(\sigma^{-1})^{-1} = \sigma$ となる。また上の σ と σ^{-1} を順次計算すれば，$\sigma^{-1}\sigma = \iota$ となることがわかる。この式は任意の置換 σ においても成り立つ。また互換

$$\nu = \begin{pmatrix} 1 & 2 & 3 & 4 & 5 \\ 3 & 2 & 1 & 4 & 5 \end{pmatrix} = (1, 3)$$

の逆置換は

$$\nu^{-1} = \begin{pmatrix} 3 & 2 & 1 & 4 & 5 \\ 1 & 2 & 3 & 4 & 5 \end{pmatrix} = (3, 1)$$

だから $\nu^{-1} = \nu$ である。これも任意の互換 ν について成り立つ。

例えば S_3 の要素について考えよう。これらを全部書き並べて，

$$\sigma_1 = \begin{pmatrix} 1 & 2 & 3 \\ 1 & 2 & 3 \end{pmatrix}, \ \sigma_2 = \begin{pmatrix} 1 & 2 & 3 \\ 1 & 3 & 2 \end{pmatrix}, \ \sigma_3 = \begin{pmatrix} 1 & 2 & 3 \\ 2 & 1 & 3 \end{pmatrix},$$

$$\sigma_4 = \begin{pmatrix} 1 & 2 & 3 \\ 2 & 3 & 1 \end{pmatrix}, \ \sigma_5 = \begin{pmatrix} 1 & 2 & 3 \\ 3 & 1 & 2 \end{pmatrix}, \ \sigma_6 = \begin{pmatrix} 1 & 2 & 3 \\ 3 & 2 & 1 \end{pmatrix} \quad \cdots(5.5)$$

と名前を付けると，

$$\begin{matrix} \sigma_1^{-1} = \sigma_1 & \sigma_2^{-1} = \sigma_2 & \sigma_3^{-1} = \sigma_3 \\ \sigma_4^{-1} = \sigma_5 & \sigma_5^{-1} = \sigma_4 & \sigma_6^{-1} = \sigma_6 \end{matrix} \quad \cdots(5.6)$$

以上の議論をまとめて定義として書こう。

定義 5.2 置換

$$\sigma = \begin{pmatrix} 1 & 2 & \cdots & n \\ a_1 & a_2 & \cdots & a_n \end{pmatrix}$$

に対し，置換

$$\begin{pmatrix} a_1 & a_2 & \cdots & a_n \\ 1 & 2 & \cdots & n \end{pmatrix}$$

を σ の**逆置換**といい，σ^{-1} で表す。すなわち，$\sigma(k) = a_k$ のとき，$\sigma^{-1}(a_k) = k$ である。

すると $\sigma^{-1}(\sigma(k)) = \sigma^{-1}(a_k) = k$ であるから，$\sigma^{-1}\sigma = \iota$ が成り立つ。σ が互換の場合は，これを $\sigma = (a, b)$ と書けば，$\sigma^{-1} = (b, a) = (a, b)$ であるから，$\sigma^{-1} = \sigma$ である。

さて次の置換を考えよう。

$$\sigma = \begin{pmatrix} 1 & 2 & 3 & 4 & 5 & 6 & 7 & 8 \\ 3 & 6 & 5 & 4 & 8 & 2 & 7 & 1 \end{pmatrix}$$

この置換でまず数字，たとえば 1 に注目し，1 は σ により 3 に移る。この 3 はさらに σ により 5 に移る。この 5 はさらに σ により 8 に移る。さらにこの 8 はさらに σ により最初の数字 1 に戻った。これは置換 σ

の内部に $(1,3,5,8)$ の巡回置換（これを τ としよう）を部分として含むことを示している。次に $1,3,5,8$ 以外の数字，たとえば 2 に注目し，2 は σ により 6 に移る。この 6 はさらに σ により最初の数字 2 に戻った。これは置換 σ の内部に $(2,6)$ の巡回置換（この場合は互換，これを ν としよう）を部分として含むことを示している。上のどの 2 つの巡回置換にも含まれない数 4 と 7 は σ により変わらない，$\sigma(4)=4$, $\sigma(7)=7$ である。このように任意の数字 a から始めて，順次置換 σ を繰り返して行い，a の動く値を見ていくと，必ずまた元の数字 a に戻る。そして今度はこの巡回置換以外の任意の数 a' から始めて，順次置換 σ を繰り返して行い，a' の動く値を見ていくと，必ずまた元の数字 a' に戻る。

このように考えると上の σ を，2 つの巡回置換 τ,ν に分けて，これら巡回置換の積 $\tau\nu$ として σ を表すことができる。その理由は次の通り。$\sigma(2)=6,\sigma(6)=2$ であるがこれを，最初に置換 ν で実現して後の置換 τ では値を変えない；

$$2 \xrightarrow{\nu=(2,6)\text{ により}} 6 \xrightarrow{\tau=(1,3,5,8)\text{ により}} 6$$

$$6 \xrightarrow{\nu=(2,6)\text{ により}} 2 \xrightarrow{\tau=(1,3,5,8)\text{ により}} 2$$

とみるのである。今度は，$\sigma(1)=3,\sigma(3)=5,\sigma(5)=8,\sigma(8)=1$ であるがこれを，最初に置換 ν では変化させず，後の置換 τ で実現する；

$$1 \xrightarrow{\nu=(2,6)\text{ により}} 1 \xrightarrow{\tau=(1,3,5,8)\text{ により}} 3$$

$$3 \xrightarrow{\nu=(2,6)\text{ により}} 3 \xrightarrow{\tau=(1,3,5,8)\text{ により}} 5$$

$$5 \xrightarrow{\nu=(2,6)\text{ により}} 5 \xrightarrow{\tau=(1,3,5,8)\text{ により}} 8$$

$$8 \xrightarrow{\nu=(2,6)\text{ により}} 8 \xrightarrow{\tau=(1,3,5,8)\text{ により}} 1$$

とみるのである。最後に $\sigma(4)=4, \sigma(7)=7$ と値が変化しないがこれは，$\nu=(2,6)$ でも $\tau=(1,3,5,8)$ でも変化しない。以上より，$\sigma=\tau\nu=(1,3,5,8)(2,6)$ となる。また（上の計算から分かるように）巡回置換 $\tau=(1,3,5,8)$ と $\nu=(2,6)$ をみると同じ数字が表れず，よって互いの置換に影響を及ぼさない（一方の置換で値が変われば他方の置換では値は変わらない），よって $\tau\nu=\nu\tau$ が成り立つ。例えば，

$$1 \xrightarrow{\nu=(2,6)\text{ により}} 1 \xrightarrow{\tau=(1,3,5,8)\text{ により}} 3$$

$$1 \xrightarrow{\tau=(1,3,5,8)\text{ により}} 3 \xrightarrow{\nu=(2,6)\text{ により}} 3$$

で $\nu(\tau(1))=\tau(\nu(1))=3$ である。同様に，

$$2 \xrightarrow{\nu=(2,6)\text{ により}} 6 \xrightarrow{\tau=(1,3,5,8)\text{ により}} 6$$

$$2 \xrightarrow{\tau=(1,3,5,8)\text{ により}} 2 \xrightarrow{\nu=(2,6)\text{ により}} 6$$

で $\nu(\tau(2))=\tau(\nu(2))=6$ である。一般に，任意の置換は，幾つかの巡回置換の積（そして積の順番は変えてもよい）として表される。

次に 1 から 6 までの数において，2 つの互換

$$\sigma=(1,3),\ \nu=(1,5)$$

において，積 $\nu\sigma=(1,5)(1,3)$ を計算してみよう。

$$1 \xrightarrow{(1,3)\text{ により}} 3 \xrightarrow{(1,5)\text{ により}} 3$$

$$3 \xrightarrow{(1,3)\text{ により}} 1 \xrightarrow{(1,5)\text{ により}} 5$$

$$5 \xrightarrow{(1,3)\text{ により}} 5 \xrightarrow{(1,5)\text{ により}} 1$$

そして $1,3,5$ 以外の数，すなわち $2,4,6$ は置換 $\nu\sigma$ によって動かな

い。これは巡回置換 $(1,3,5)$ を表す，すなわち

$$(1,3,5) = (1,5)(1,3)$$

となる（$(1,5)(1,3) \neq (1,3)(1,5)$ に注意，例えば 1 に対する左辺と右辺の値はそれぞれ 3, 5 である）。一般に巡回置換 (a_1, a_2, a_3) は

$$(a_1, a_2, a_3) = (a_1, a_3)(a_1, a_2)$$

と 2 個の互換の積となる（左辺では a_2, a_3 の順に書かれているが，右辺では a_3, a_2 の順に書かれることに注意）。

上の $\sigma = (1,3), \nu = (1,5)$ にさらに，互換 $\tau = (1,4)$ との積 $\tau\nu\sigma = (1,4)(1,5)(1,3)$ を計算しよう。

$$1 \xrightarrow{(1,3)\text{ により}} 3 \xrightarrow{(1,5)\text{ により}} 3 \xrightarrow{(1,4)\text{ により}} 3$$

$$3 \xrightarrow{(1,3)\text{ により}} 1 \xrightarrow{(1,5)\text{ により}} 5 \xrightarrow{(1,4)\text{ により}} 5$$

$$5 \xrightarrow{(1,3)\text{ により}} 5 \xrightarrow{(1,5)\text{ により}} 1 \xrightarrow{(1,4)\text{ により}} 4$$

$$4 \xrightarrow{(1,3)\text{ により}} 4 \xrightarrow{(1,5)\text{ により}} 4 \xrightarrow{(1,4)\text{ により}} 1$$

そして 1, 3, 5, 4 以外の数，すなわち 2, 6 は置換 $\tau\nu\sigma$ によって動かない。これは巡回置換 $(1,3,5,4)$ を表す，すなわち

$$(1,3,5,4) = (1,4)(1,3,5) = (1,4)(1,5)(1,3)$$

となるのである。一般に，4 個の数からなる巡回置換 (a_1, a_2, a_3, a_4) は

$$(a_1, a_2, a_3, a_4) = (a_1, a_4)(a_1, a_2, a_3) = (a_1, a_4)(a_1, a_3)(a_1, a_2) \qquad \cdots (5.7)$$

と 3 個の互換の積となる（左辺では a_2, a_3, a_4 の順に書かれてるが，右辺では a_4, a_3, a_2 の順に書かれることに注意）。一般に k 個の数からなる

巡回置換 $(a_1, a_2, \cdots, a_k)$ は

$$(a_1, a_2, \cdots, a_k) = (a_1, a_k)(a_1, a_2, \cdots, a_{k-1})$$
$$= (a_1, a_k)(a_1, a_{k-1}) \cdots (a_1, a_3)(a_1, a_2)$$

と $k-1$ 個の互換の積となる（証明は次節を参照）。以上をまとめて次の定理の形に述べる。

定理 5.2 i. 任意の置換は幾つかの巡回置換の積として表される。

ii. 任意の巡回置換 $(a_1, a_2, \cdots, a_k)$ は $k-1$ 個の互換の積として表される。

iii. （上の 2 つのことより）任意の置換は，幾つかの互換の積として表すことができる。

5.2 一般の場合(B)

前節に述べたように，

$$(a_1, a_k)(a_1, a_2, \cdots, a_{k-1}) = (a_1, a_2, \cdots, a_k)$$

となる。これは $1 \leq i \leq k-2$ において

$$a_i \xrightarrow{(a_1, a_2, \cdots, a_{k-1})\text{ により}} a_{i+1} \xrightarrow{(a_1, a_k)\text{ により}} a_{i+1}$$
$$a_{k-1} \xrightarrow{(a_1, a_2, \cdots, a_{k-1})\text{ により}} a_1 \xrightarrow{(a_1, a_k)\text{ により}} a_k$$
$$a_k \xrightarrow{(a_1, a_2, \cdots, a_{k-1})\text{ により}} a_k \xrightarrow{(a_1, a_k)\text{ により}} a_1$$

だからである。このように考えると，

$$(a_1, a_k)(a_1, a_{k-1}) \cdots (a_1, a_5)(a_1, a_4)(a_1, a_3)(a_1, a_2)$$

$$
\begin{aligned}
&= (a_1, a_k)(a_1, a_{k-1}) \cdots (a_1, a_5)(a_1, a_4)(a_1, a_2, a_3) \\
&= (a_1, a_k)(a_1, a_{k-1}) \cdots (a_1, a_5)(a_1, a_2, a_3, a_4) \\
&= (a_1, a_k)(a_1, a_{k-1}) \cdots (a_1, a_2, a_3, a_4, a_5) \\
&\ \ \vdots \\
&= (a_1, a_k)(a_1, \cdots, a_{k-1}) \\
&= (a_1, a_2, \cdots, a_k)
\end{aligned}
$$

となる。よって任意の巡回置換 $(a_1, a_2, \cdots, a_k)$ は，$k-1$ 個の互換の積として表されることがわかる。これで定理 5.2-ii が証明された。

置換 σ を互換の積として $\sigma = (i_1, j_1)(i_2, j_2) \cdots (i_k, j_k)$ として表した場合，各互換の逆置換は定義 5.2 の後の説明より，それ自身であるから，

$$
\begin{aligned}
&(i_1, j_1)(i_2, j_2) \cdots \\
&\quad (i_{k-2}, j_{k-2})(i_{k-1}, j_{k-1})(i_k, j_k)(i_k, j_k)(i_{k-1}, j_{k-1})(i_{k-2}, j_{k-2}) \cdots \\
&\quad (i_2, j_2)(i_1, j_1) \\
&= (i_1, j_1)(i_2, j_2) \cdots \\
&\quad (i_{k-2}, j_{k-2})(i_{k-1}, j_{k-1})\iota(i_{k-1}, j_{k-1})(i_{k-2}, j_{k-2}) \cdots \\
&\quad (i_2, j_2)(i_1, j_1) \\
&= (i_1, j_1)(i_2, j_2) \cdots (i_{k-2}, j_{k-2})\iota(i_{k-2}, j_{k-2}) \cdots (i_2, j_2)(i_1, j_1) \\
&\quad \cdots \\
&= (i_1, j_1)(i_2, j_2)\iota(i_2, j_2)(i_1, j_1) \\
&= (i_1, j_1)\iota(i_1, j_1) \\
&= \iota
\end{aligned}
$$

となる。したがって $\sigma = (i_1, j_1)(i_2, j_2) \cdots (i_k, j_k)$ のとき，

$$\sigma^{-1} = (i_k, j_k) \cdots (i_2, j_2)(i_1, j_1) \qquad \cdots(5.8)$$

である。例えば，置換 $\sigma = (1,4)(1,5)(1,3)$ のとき，σ^{-1} は $(1,3)(1,5)(1,4)$ と表すことができる。

コメント 5.1　S_n の要素 σ に対し，その逆置換 σ^{-1} を対応させる写像を f としよう。すなわち $f(\sigma) = \sigma^{-1}$ である。任意に ν が与えられたとき，$(\nu^{-1})^{-1} = \nu$ であるから $f(\nu^{-1}) = \nu$ となる。したがって f は S_n の上への写像である。また，$f(\sigma_1) = f(\sigma_2)$ ならば $\sigma_1^{-1} = \sigma_2^{-1}$ となり $\sigma_1 = \sigma_2$ である。よって f は全単射となる。したがって σ が S_n のすべての要素をとれば，σ^{-1} も S_n のすべての要素を重複なくとる。

S_n の要素 τ をとり固定する。σ に対し，置換 $\sigma\tau$ を対応させる写像を g としよう。すなわち $g(\sigma) = \sigma\tau$ である。任意に ν が与えられたとき，$\nu\tau^{-1}\tau = \nu$ であるから $g(\nu\tau^{-1}) = \nu$ となる。したがって g は S_n の上への写像である。また，$g(\sigma_1) = g(\sigma_2)$ ならば $\sigma_1\tau = \sigma_2\tau$ となり両辺に右から τ^{-1} をかけて $\sigma_1 = \sigma_2$ である。よって g は全単射となる。したがって σ が S_n のすべての要素をとれば，$\sigma\tau$ も S_n のすべての要素を重複なくとる。

5.3　置換の符号(A)

さてここで注意することがある。定理 5.2-ii において，任意の巡回置換 $(a_1, a_2, \cdots, a_k)$ は $k-1$ 個の互換の積として表される，ということを証明したが，これは必ず $k-1$ 個の互換の積として 1 通りの表し方で表される，という意味ではない。例えば，置換

$$\sigma = \begin{pmatrix} 1 & 2 & 3 \\ 3 & 2 & 1 \end{pmatrix} = (1,3)$$

について考えよう。この置換はまた

$$(1,2)(2,3)(1,2) = \begin{pmatrix} 1 & 2 & 3 \\ 2 & 1 & 3 \end{pmatrix}\begin{pmatrix} 1 & 2 & 3 \\ 1 & 3 & 2 \end{pmatrix}\begin{pmatrix} 1 & 2 & 3 \\ 2 & 1 & 3 \end{pmatrix} = \begin{pmatrix} 1 & 2 & 3 \\ 3 & 2 & 1 \end{pmatrix} = (1,3)$$

となって $\sigma = (1,2)(2,3)(1,2)$ とも表すことができる。また巡回置換 $(1,2,3,4)$ は，(5.7) より，$(1,2,3,4) = (1,4)(1,3)(1,2)$ であるし，$(1,2,3,4) = (2,3,4,1)$ より $(2,3,4,1) = (2,1)(2,4)(2,3)$ とも表せる。

このように与えられた置換を互換の積として表す方法は 1 通りに決まるわけではない。しかし与えられた置換を，互換の積として表すとき，使われる互換の個数が奇数になるか偶数になるかは，この置換によってどちらか一方に決まり，互換の積としての表し方によらないことが知られている（上の例の場合は奇数である）。なお証明は次節を参照のこと。

したがって偶数個の互換の積として表されるような置換を**偶置換**と呼び，また，奇数個の互換の積として表されるような置換を**奇置換**と呼ぶことにする。そして次の定義をする。

定義 5.3　置換 σ の符号（**sign**）を次のように定義する。

$$\mathrm{sign}(\sigma) = \begin{cases} 1 & \sigma\text{が偶置換のとき} \\ -1 & \sigma\text{が奇置換のとき} \end{cases} \qquad \cdots(5.9)$$

この定義によると置換

$$\sigma_1 = \begin{pmatrix} 1 & 2 \\ 1 & 2 \end{pmatrix},\quad \sigma_2 = \begin{pmatrix} 1 & 2 \\ 2 & 1 \end{pmatrix} \qquad \cdots(5.10)$$

の符号は，

$$\text{sign}(\sigma_1) = 1,\ \text{sign}(\sigma_2) = -1 \qquad \cdots(5.11)$$

である。

次に，S_3 の要素については，(5.5) の記法を用いると，

$$\begin{aligned}
&\text{sign}(\sigma_1) = 1, & &\text{sign}(\sigma_2) = \text{sign}((2,3)) = -1,\\
&\text{sign}(\sigma_3) = \text{sign}((1,2)) = -1, & &\text{sign}(\sigma_4) = \text{sign}((1,2,3)) = 1,\\
&\text{sign}(\sigma_5) = \text{sign}((1,3,2)) = 1, & &\text{sign}(\sigma_6) = \text{sign}((1,3)) = -1
\end{aligned} \qquad \cdots(5.12)$$

である。幾つか練習しよう。

$$\sigma = \begin{pmatrix} 1 & 2 & 3 & 4 & 5 \\ 5 & 4 & 1 & 3 & 2 \end{pmatrix}$$

は巡回置換 $(1,5,2,4,3)$ であるから，これを互換の積として書く場合定理 5.2-ii より $5-1=4$ 個の互換の積として書ける。したがって $\text{sign}(\sigma) = 1$。また，

$$\nu = \begin{pmatrix} 1 & 2 & 3 & 4 & 5 & 6 \\ 3 & 6 & 5 & 4 & 1 & 2 \end{pmatrix}$$

の符号は，ν を巡回置換の積として書くと $(1,3,5)(2,6)$ となり，これを互換の積として書くと，$(3-1)+1=3$ 個の互換の積として書ける。したがって $\text{sign}(\nu) = -1$。σ を互換の積として表したときに (5.8) を考えれば一般に，

$$\text{sign}(\sigma) = \text{sign}(\sigma^{-1}) \qquad \cdots(5.13)$$

となる。さらに $\nu = \sigma(i,j)$ であれば（$\sigma(i,j)$ は，(i,j) と σ との積を表している），$\text{sign}(\nu) = -\text{sign}(\sigma)$ である。

練習 5.2　次の置換の符号を求めよ。

$$\tau = \begin{pmatrix} 1 & 2 & 3 & 4 & 5 \\ 3 & 2 & 5 & 4 & 1 \end{pmatrix}, \ \nu = \begin{pmatrix} 1 & 2 & 3 & 4 & 5 & 6 \\ 4 & 6 & 2 & 1 & 5 & 3 \end{pmatrix}$$

5.4 証　明(C)

置換を互換の積の形にするときに必要となる互換の数に関する定理を述べる前に，準備としていつものように具体例をあげる。例えば6個の変数 $x_1, x_2, x_3, x_4, x_5, x_6$ がこの順に一列に並べられているとき，差積と呼ばれる式を次のように定義する。

$$\begin{aligned} & f(x_1, x_2, x_3, x_4, x_5, x_6) \\ & = (x_1 - x_2)(x_1 - x_3)(x_1 - x_4)(x_1 - x_5)(x_1 - x_6) \\ & \qquad (x_2 - x_3)(x_2 - x_4)(x_2 - x_5)(x_2 - x_6) \\ & \qquad (x_3 - x_4)(x_3 - x_5)(x_3 - x_6) \\ & \qquad (x_4 - x_5)(x_4 - x_6) \\ & \qquad (x_5 - x_6) \end{aligned} \qquad \cdots(5.14)$$

すなわち各変数 x_i において，x_i から，それより（f に表れる）右の方の変数を引き算して，それらを全てかけたものである。言い換えると，異なる（すなわち $i \neq j$ なる）x_i と x_j との差，すなわち（x_j が x_i の右にあれば）$x_i - x_j$ あるいは（そうでないなら）$x_j - x_i$ という因数，これら全てをかけたものである。上記の場合は，添字の小さい方から大きい方の差をとっている。したがって例えば，

$$\begin{aligned} & f(x_1, x_5, x_3, x_4, x_2, x_6) \\ & = (x_1 - x_5)(x_1 - x_3)(x_1 - x_4)(x_1 - x_2)(x_1 - x_6) \\ & \qquad (x_5 - x_3)(x_5 - x_4)(x_5 - x_2)(x_5 - x_6) \\ & \qquad (x_3 - x_4)(x_3 - x_2)(x_3 - x_6) \\ & \qquad (x_4 - x_2)(x_4 - x_6) \\ & \qquad (x_2 - x_6) \end{aligned} \qquad \cdots(5.15)$$

となる。この場合，異なる x_i と x_j との差，すなわち $x_i - x_j$ あるいは $x_j - x_i$ という因数，これら全てをかけたものであることには違いないが，必ずしも添字の小さい方から大きい方の差をとっているわけではない。よって (5.14) と (5.15) のどちらにおいても，異なる x_i と x_j との差，すなわち $x_i - x_j$ あるいは $x_j - x_i$ という因数，が表れている。ただ正負の符号が逆になっているかどうかが問題である。このことから (5.14) と (5.15) の値の絶対値は等しい，すなわち，

$$|f(x_1, x_2, \cdots, x_5, x_6)| = |f^\sigma(x_1, x_2, \cdots, x_5, x_6)|$$

ここで，1 から 6 までの 6 個の数の置換 σ が与えられているとする。式 (5.14) で，x_i を $x_{\sigma(i)}$ で置き換えて得られるものを f^σ で表す。つまり

$$f^\sigma(x_1, x_2, x_3, x_4, x_5, x_6) = f(x_{\sigma(1)}, x_{\sigma(2)}, x_{\sigma(3)}, x_{\sigma(4)}, x_{\sigma(5)}, x_{\sigma(6)})$$

である。とくに例えば互換 $\sigma = (2, 5)$ に対して，f^σ の値と f を見比べよう。

$$\begin{aligned} f^\sigma(x_1, x_2, x_3, x_4, x_5, x_6) &= f(x_{\sigma(1)}, x_{\sigma(2)}, x_{\sigma(3)}, x_{\sigma(4)}, x_{\sigma(5)}, x_{\sigma(6)}) \\ &= f(x_1, x_5, x_3, x_4, x_2, x_6) \end{aligned}$$

で，これは (5.15) である。(5.14) と (5.15) との違いは，$\sigma(2) = 5$, $\sigma(5) = 2$ であるから，(5.14) において x_5 と x_2 を互いに置き換えたものが (5.15) になっている。さて互換 $(2, 5)$ の 5 と 2 の間には $3, 4$ があり，$\sigma(3) = 3$, $\sigma(4) = 4$ である。ここで例えば 3 を選ぼう。すると，

f における因数 $(x_2 - x_3)$ と $(x_3 - x_5)$ の部分は，それぞれ

f^σ では $x_{\sigma(2)} - x_{\sigma(3)} = x_5 - x_3$ と $x_{\sigma(3)} - x_{\sigma(5)} = x_3 - x_2$

で 2 カ所，正負の符号が逆転している。4 を選んでも同様である；

f における因数 $(x_2 - x_4)$ と $(x_4 - x_5)$ の部分は，それぞれ
f^σ では $x_{\sigma(2)} - x_{\sigma(4)} = x_5 - x_4$ と $x_{\sigma(4)} - x_{\sigma(5)} = x_4 - x_2$

で 2 カ所，正負の符号が逆転している。そして

f における因数 $(x_2 - x_5)$ は，f^σ においては $x_{\sigma(2)} - x_{\sigma(5)} = x_5 - x_2$

と正負が逆転している。以上より正負が逆転している因数を全部選び出すと，f における次の

$$\begin{aligned}(x_2 - x_3), (x_2 - x_4), (x_2 - x_5),\\ (x_3 - x_5),\\ (x_4 - x_5)\end{aligned}$$

の部分は f^σ においては

$$\begin{aligned}(x_5 - x_3), (x_5 - x_4), (x_5 - x_2),\\ (x_3 - x_2),\\ (x_4 - x_2)\end{aligned}$$

と変化している。すなわち x の添字の大きい方の数から添字の小さい方の数が引かれている。そしてその個数は全部で $2 \cdot 2 + 1 = 5$ 個（あるいは上の各行をみて $(5-2)+1+1=5$ 個）である。つまり f と f^σ を比べると，正負の符号が逆転している因数が 5 個で奇数個である。したがって f^σ と f は正負の符号が逆転している，すなわち $f^\sigma = -f$ である。以上を参考にして次の定理の証明をする。

定理 5.3 置換を互換の積として表す方法は1通りに決まるわけではない。しかし与えられた置換を，互換の積として表すとき，使われる互換の個数が奇数になるか偶数になるかは，この置換によってどちらか一方に決まり，互換の積としての表し方によらない。

[証明] まず n 個の文字 $x_1, x_2, \cdots, x_{n-1}, x_n$ がこの順に一列に並べられているとき，これらの差積を次のように定義する。

$$
\begin{aligned}
&f(x_1, x_2, \cdots, x_{n-1}, x_n) \\
&= (x_1 - x_2)(x_1 - x_3)(x_1 - x_4)\cdots(x_1 - x_{n-1})(x_1 - x_n) \\
&\qquad (x_2 - x_3)(x_2 - x_4)\cdots(x_2 - x_{n-1})(x_2 - x_n) \\
&\qquad\qquad \cdots \\
&\qquad\qquad (x_{n-2} - x_{n-1})(x_{n-2} - x_n) \\
&\qquad\qquad\qquad (x_{n-1} - x_n)
\end{aligned}
\qquad \cdots(5.16)
$$

次に1から n までの n 個の数の置換 σ が与えられているとする。上の式で置換 σ に対して，x_i を $x_{\sigma(i)}$ で置き換えて得られるものを f^σ で表す。つまり

$$
\begin{aligned}
&f^\sigma(x_1, x_2, \cdots, x_{n-1}, x_n) \\
&= f(x_{\sigma(1)}, x_{\sigma(2)}, \cdots, x_{\sigma(n-1)}, x_{\sigma(n)}) \\
&= (x_{\sigma(1)} - x_{\sigma(2)})(x_{\sigma(1)} - x_{\sigma(3)})(x_{\sigma(1)} - x_{\sigma(4)})\cdots \\
&\qquad (x_{\sigma(1)} - x_{\sigma(n-1)})(x_{\sigma(1)} - x_{\sigma(n)}) \\
&\quad (x_{\sigma(2)} - x_{\sigma(3)})(x_{\sigma(2)} - x_{\sigma(4)})\cdots \\
&\qquad (x_{\sigma(2)} - x_{\sigma(n-1)})(x_{\sigma(2)} - x_{\sigma(n)}) \\
&\qquad\qquad \cdots \\
&\quad (x_{\sigma(n-2)} - x_{\sigma(n-1)})(x_{\sigma(n-2)} - x_{\sigma(n)}) \\
&\qquad\qquad (x_{\sigma(n-1)} - x_{\sigma(n)})
\end{aligned}
\qquad \cdots(5.17)
$$

である。ここで $i<j$ なる任意の i,j において，(5.16) における x_i-x_j という因数は，(5.17) においては $x_{\sigma(i)}-x_{\sigma(j)}$ という因数に置き換わっている。また，$i\neq j$ なる任意の i,j において，x_i と x_j との差，すなわち x_i-x_j あるいは x_j-x_i という因数が，(5.16) と (5.17) のどちらにおいても表れている。ただ正負の符号が逆になっているかどうかが違いである。このことから (5.16) と (5.17) の式の値の絶対値は等しい，すなわち

$$|f(x_1,x_2,\cdots,x_{n-1},x_n)|=|f^{\sigma}(x_1,x_2,\cdots,x_{n-1},x_n)|$$

である。次に $i<j$ なる i,j において，$x_{\sigma(i)}$ と $x_{\sigma(j)}$ との差について考えよう。(5.17) においては，$x_{\sigma(i)}-x_{\sigma(j)}$ という因数で表されている。(5.16) においては，もし $\sigma(i)<\sigma(j)$ なら，$x_{\sigma(i)}-x_{\sigma(j)}$ という因数で表されており (5.17) の因数と正負の符号が等しい。ところがもし $\sigma(i)>\sigma(j)$ なら，$x_{\sigma(j)}-x_{\sigma(i)}$ という因数で表されており，(5.17) の因数と正負の符号が逆転している。

さて，とくに $i<j$ として，互換 $\sigma=(i,j)$ に対して，f^{σ} の値と f を見比べよう。$k<l$ に対し，$\sigma(k)>\sigma(l)$ であるとする。すると，f において $x_{\sigma(l)}-x_{\sigma(k)}$ という因数と，f^{σ} における $x_{\sigma(k)}-x_{\sigma(l)}$ という因数を対応させて見比べると，正負の符号が逆転している。このような因数はどれだけあるだろうか。$i<k<j$ なる任意の k（$j-i-1$ 個ある）において，$\sigma(k)=k$ だから，

f における因数 (x_i-x_k) と (x_k-x_j) の部分は，それぞれ

f^{σ} では $x_{\sigma(i)}-x_{\sigma(k)}=x_j-x_k$ と $x_{\sigma(k)}-x_{\sigma(j)}=x_k-x_i$

で各 k で 2 カ所，正負の符号が逆転している（上記全部で $2(j-i-1)$ 個)。そして

$$f \text{ の因数 } x_i - x_j \text{ は，} f^\sigma \text{ では } x_{\sigma(i)} - x_{\sigma(j)} = x_j - x_i$$

と正負が逆転している。このような因数を全部選び出すと，f における次の，

$$\begin{aligned}(x_i - x_{i+1}), \cdots, (x_i - x_{j-1})(x_i - x_j),\\(x_{i+1} - x_j),\\(x_{i+2} - x_j),\\\cdots\\(x_{j-1} - x_j)\end{aligned}$$

の部分は f^σ においては

$$\begin{aligned}(x_j - x_{i+1}), \cdots, (x_j - x_{j-1})(x_j - x_i),\\(x_{i+1} - x_i),\\(x_{i+2} - x_i),\\\cdots\\(x_{j-1} - x_i)\end{aligned}$$

と置き換えられている。その個数は全部で $2(j-i-1)+1$ 個（あるいは上の最初の行と残りの行を見て $(j-i)+(j-i-1) = 2(j-i)-1$ 個）で奇数である。したがって f^σ と f は正負の符号が逆転している，すなわち $f^\sigma = -f$ である。

さて一般の置換 σ が与えられたとしよう。σ を互換の積として表したとし，その互換の個数を h としよう。すると上で見たように1回の互換で符号が逆になるので，$f^\sigma = (-1)^h f$ となる。この式を見ると，置換 σ を互換の積として表したとき，必要な互換の個数 h が奇数か偶数かは，この置換 σ によって必ず確定し，その表し方によらないことがわかる。

6　行列式

《目標＆ポイント》　二次や三次の正方行列の行列式の定義，求め方からはじめ，一般の場合について解説する。
《キーワード》　行列式，クラメルの方法，サラスの方法

6.1　行列式の定義—2次の場合(A)

まず次の連立方程式を解いてみよう。

$$a_{11}x_1 + a_{12}x_2 = b_1 \qquad \cdots(6.1)$$

$$a_{21}x_1 + a_{22}x_2 = b_2 \qquad \cdots(6.2)$$

(6.1) を a_{22} 倍し，(6.2) を a_{12} 倍すると，

$$a_{11}a_{22}x_1 + a_{12}a_{22}x_2 = b_1a_{22}$$

$$a_{12}a_{21}x_1 + a_{12}a_{22}x_2 = b_2a_{12}$$

そして上式から下式を引いて x_2 を消去すると，

$$a_{11}a_{22}x_1 - a_{12}a_{21}x_1 = b_1a_{22} - b_2a_{12}$$

よって，$a_{11}a_{22} - a_{12}a_{21} \neq 0$ ならば，

$$x_1 = \frac{b_1a_{22} - b_2a_{12}}{a_{11}a_{22} - a_{12}a_{21}} \qquad \cdots(6.3)$$

となる。x_2 についても同様に解くと，(6.1) を a_{21} 倍し，(6.2) を a_{11} 倍すると，

$$a_{11}a_{21}x_1 + a_{12}a_{21}x_2 = b_1a_{21}$$

$$a_{11}a_{21}x_1 + a_{11}a_{22}x_2 = b_2a_{11}$$

そして下式から上式を引くと，

$$a_{11}a_{22}x_2 - a_{12}a_{21}x_2 = b_2a_{11} - b_1a_{21}$$

よって，$a_{11}a_{22} - a_{12}a_{21} \neq 0$ ならば，

$$x_2 = \frac{b_2a_{11} - b_1a_{21}}{a_{11}a_{22} - a_{12}a_{21}} \qquad \cdots (6.4)$$

となる。

連立方程式 (6.1), (6.2) は行列を用いて表すと，

$$\begin{pmatrix} a_{11} & a_{12} \\ a_{21} & a_{22} \end{pmatrix} \begin{pmatrix} x_1 \\ x_2 \end{pmatrix} = \begin{pmatrix} b_1 \\ b_2 \end{pmatrix}$$

ここで

$$A = \begin{pmatrix} a_{11} & a_{12} \\ a_{21} & a_{22} \end{pmatrix}, \quad \boldsymbol{b} = \begin{pmatrix} b_1 \\ b_2 \end{pmatrix}$$

とおく。A の行列式と呼ばれるものを，

$$\begin{vmatrix} a_{11} & a_{12} \\ a_{21} & a_{22} \end{vmatrix} = a_{11}a_{22} - a_{12}a_{21}$$

で定義することにする。一般に行列 A の行列式を上式左辺の形，あるいは $|A|$，$\det(A)$ で表す。上式の覚え方は，行列 A の左上から右下への対角線に沿った積 $a_{11}a_{22}$ から，右上から左下への対角線に沿った積 $a_{12}a_{21}$ を引いたもの，と覚えるとよいだろう。

すると (6.3), (6.4) を行列式を用いて表すことができ，

$$x_1 = \frac{\begin{vmatrix} b_1 & a_{12} \\ b_2 & a_{22} \end{vmatrix}}{\begin{vmatrix} a_{11} & a_{12} \\ a_{21} & a_{22} \end{vmatrix}}, \quad x_2 = \frac{\begin{vmatrix} a_{11} & b_1 \\ a_{21} & b_2 \end{vmatrix}}{\begin{vmatrix} a_{11} & a_{12} \\ a_{21} & a_{22} \end{vmatrix}}$$

となる。この式を見ると，x_1, x_2 の値の分母は係数行列 A の行列式である。また x_1 の値の分子は A の第 1 列を $\boldsymbol{b}$ で置き換えて得られる行列の行列式である。同様に x_2 の値の分子は A の第 2 列を $\boldsymbol{b}$ で置き換えて得られる行列の行列式である。これをクラメルの公式という。

クラメルの公式を使って次の連立方程式を解いてみよう。

$$x_1 + x_2 = 3$$
$$x_1 + 2x_2 = 4$$

$$x_1 = \frac{\begin{vmatrix} 3 & 1 \\ 4 & 2 \end{vmatrix}}{\begin{vmatrix} 1 & 1 \\ 1 & 2 \end{vmatrix}} = \frac{3 \cdot 2 - 1 \cdot 4}{1 \cdot 2 - 1 \cdot 1} = 2, \quad x_2 = \frac{\begin{vmatrix} 1 & 3 \\ 1 & 4 \end{vmatrix}}{\begin{vmatrix} 1 & 1 \\ 1 & 2 \end{vmatrix}} = \frac{1 \cdot 4 - 3 \cdot 1}{1 \cdot 2 - 1 \cdot 1} = 1$$

となる。

6.2 行列式の定義—3 次の場合(A)

3 次の正方行列

$$A = \begin{pmatrix} a_{11} & a_{12} & a_{13} \\ a_{21} & a_{22} & a_{23} \\ a_{31} & a_{32} & a_{33} \end{pmatrix}$$

の行列式 $\mathbf{det}(\boldsymbol{A})$ を

$$\det(A) = a_{11}a_{22}a_{33} + a_{12}a_{23}a_{31} + a_{13}a_{21}a_{32} \\ - a_{11}a_{23}a_{32} - a_{12}a_{21}a_{33} - a_{13}a_{22}a_{31}$$

で定義する。この式は次の図のように覚えるとよい。

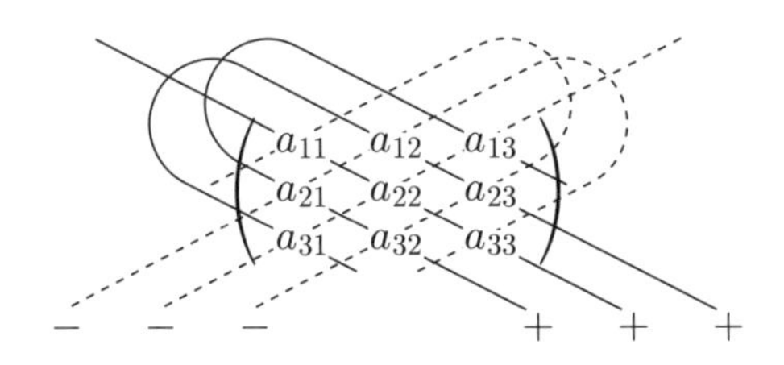

左上と右下を結ぶ（3 本の）各線に沿った成分の積の符号はプラスで，右上と左下を結ぶ（3 本の）各線に沿った成分の積の符号はマイナスで，これら 6 つの値をたし合わせたものが行列式の値である。この方法による 3 次の行列の行列式の計算方法をサラスの方法という。（更なる解説については次節を参照。）

1 つ練習してみよう。行列

$$A = \begin{pmatrix} 1 & 1 & 1 \\ 1 & 2 & 3 \\ 1 & 3 & 3 \end{pmatrix}$$

の行列式を求めてみよう。

$$\begin{aligned} \det(A) &= a_{11}a_{22}a_{33} + a_{12}a_{23}a_{31} + a_{13}a_{21}a_{32} \\ &\quad - a_{11}a_{23}a_{32} - a_{12}a_{21}a_{33} - a_{13}a_{22}a_{31} \\ &= 1 \cdot 2 \cdot 3 + 1 \cdot 3 \cdot 1 + 1 \cdot 1 \cdot 3 \\ &\quad - 1 \cdot 3 \cdot 3 - 1 \cdot 1 \cdot 3 - 1 \cdot 2 \cdot 1 = -2 \end{aligned}$$

練習 6.1　次の行列の行列式を求めよ。

$$\begin{pmatrix} 2 & 3 & 4 \\ 3 & 3 & 3 \\ 1 & 2 & 3 \end{pmatrix}$$

6.3　2次と3次の行列式について(B)

2次の行列式

$$|A| = \begin{vmatrix} a_{11} & a_{12} \\ a_{21} & a_{22} \end{vmatrix} = a_{11}a_{22} - a_{12}a_{21}$$

を (5.10) の置換 σ_1, σ_2 を使って書き換えることを考えよう。(5.11) より，

$$\begin{aligned} &\sigma_1(1) = 1 \quad \sigma_1(2) = 2 \quad \mathrm{sign}(\sigma_1) = 1 \\ &\sigma_2(1) = 2 \quad \sigma_2(2) = 1 \quad \mathrm{sign}(\sigma_2) = -1 \end{aligned}$$

で，S_2 は σ_1，σ_2 2つの要素からなるから，

$$\begin{aligned} a_{11}a_{22} - a_{12}a_{21} &= \mathrm{sign}(\sigma_1)a_{1\sigma_1(1)}a_{2\sigma_1(2)} + \mathrm{sign}(\sigma_2)a_{1\sigma_2(1)}a_{2\sigma_2(2)} \\ &= \sum_{\sigma \in S_2} \mathrm{sign}(\sigma)a_{1\sigma(1)}a_{2\sigma(2)} \qquad \cdots(6.5) \end{aligned}$$

と書くことができる。この式を次のように見ることにしよう。まず上式は2つの項 $a_{11}a_{22}(= a_{1\sigma_1(1)}a_{2\sigma_1(2)})$ と $a_{12}a_{21}(= a_{1\sigma_2(1)}a_{2\sigma_2(2)})$ から成り立っている。最初の項 $a_{11}a_{22}$ は，もとの行列 A の1行目の成分 a_{11} と2行目の成分 a_{22} がこの順番でかけてある。そして $a_{11} = a_{1\sigma_1(1)}$ は，1行目の成分のうち1列目（$\sigma_1(1)$ 列目といってもよい）の成分であり，また $a_{22} = a_{2\sigma_1(2)}$ は，2行目の成分のうち2列目（$\sigma_1(2)$ 列目といってもよい）の成分である。2番目の項 $a_{12}a_{21}$ もやはり，行列 A の

1行目の成分 a_{12} と2行目の成分 a_{21} がこの順番でかけてある。そして $a_{12} = a_{1\sigma_2(1)}$ は，1行目の成分のうち今度は2列目（$\sigma_2(1)$ 列目といってもよい）の成分であり，また $a_{21} = a_{2\sigma_2(2)}$ は，2行目の成分のうち今度は1列目（$\sigma_2(2)$ 列目といってもよい）の成分である。したがって $\sigma_1(1)$ や $\sigma_2(1)$ は，1行目からどの成分を選ぶかを示していると言える。同様に $\sigma_1(2)$ や $\sigma_2(2)$ も，2行目からどの成分を選ぶかを示していると言える。あとは使われている置換に応じて，各項に $\mathrm{sign}(\sigma_1)$ や $\mathrm{sign}(\sigma_2)$ が付いている。従って (6.5) は，各項で（A の）行の順番に因子を並べて表されている，ということができる。

なぜこのような書き方や見方をするのかというと，3次の正方行列

$$A = \begin{pmatrix} a_{11} & a_{12} & a_{13} \\ a_{21} & a_{22} & a_{23} \\ a_{31} & a_{32} & a_{33} \end{pmatrix}$$

の行列式も (6.5) と同様に定義できるからである。すなわち上の行列 A の行列式 $\det(A)$ を

$$\sum_{\sigma \in S_3} \mathrm{sign}(\sigma) a_{1\sigma(1)} a_{2\sigma(2)} a_{3\sigma(3)}$$

で定義するのである。これを計算すると，(5.5), (5.12) を使って

$$\begin{aligned}
\det(A) &= \sum_{\sigma \in S_3} \mathrm{sign}(\sigma) a_{1\sigma(1)} a_{2\sigma(2)} a_{3\sigma(3)} \qquad \cdots (6.6) \\
&= \mathrm{sign}(\sigma_1) a_{1\sigma_1(1)} a_{2\sigma_1(2)} a_{3\sigma_1(3)} + \mathrm{sign}(\sigma_2) a_{1\sigma_2(1)} a_{2\sigma_2(2)} a_{3\sigma_2(3)} \\
&\quad + \mathrm{sign}(\sigma_3) a_{1\sigma_3(1)} a_{2\sigma_3(2)} a_{3\sigma_3(3)} + \mathrm{sign}(\sigma_4) a_{1\sigma_4(1)} a_{2\sigma_4(2)} a_{3\sigma_4(3)} \\
&\quad + \mathrm{sign}(\sigma_5) a_{1\sigma_5(1)} a_{2\sigma_5(2)} a_{3\sigma_5(3)} + \mathrm{sign}(\sigma_6) a_{1\sigma_6(1)} a_{2\sigma_6(2)} a_{3\sigma_6(3)} \\
&= a_{11} a_{22} a_{33} - a_{11} a_{23} a_{32} - a_{12} a_{21} a_{33}
\end{aligned}$$

$$+a_{12}a_{23}a_{31}+a_{13}a_{21}a_{32}-a_{13}a_{22}a_{31} \qquad \cdots(6.7)$$

となる。この式の見方も先程の 2 次の場合と同様である。例えば (6.7) の 2 番目の項

$$-a_{11}a_{23}a_{32} \ (= \mathrm{sign}(\sigma_2)a_{1\sigma_2(1)}a_{2\sigma_2(2)}a_{3\sigma_2(3)})$$

は，もとの行列 A の 1 行目の成分 a_{11} と 2 行目の成分 a_{23} と 3 行目の成分 a_{32} がこの順番でかけてある。そして $a_{11}=a_{1\sigma_2(1)}$ は，1 行目の成分のうち 1 列目（$\sigma_2(1)$ 列目）の成分であり，また，$a_{23}=a_{2\sigma_2(2)}$ は，2 行目の成分のうち 3 列目（$\sigma_2(2)$ 列目）の成分である。さらに $a_{32}=a_{3\sigma_2(3)}$ は，3 行目の成分のうち 2 列目（$\sigma_2(3)$ 列目）の成分である。$\sigma_2(1)$ は，1 行目からどの成分を選ぶかを示していると言える。同様に $\sigma_2(2)$ や $\sigma_2(3)$ もそれぞれ，2 行目や 3 行目からどの成分を選ぶかを示していると言える。あとは使われている置換に応じて，その項に符号 $\mathrm{sign}(\sigma_2)=-1$ が付いているのである。この値を全ての S_3 の置換について計算しそれらの和をとっている。それが行列式の値である。(6.6) をまとめて言い直すと次のようになる。σ を S_3 の任意の置換として，1 行目からは $\sigma(1)$ 列目の成分 $a_{1\sigma(1)}$ を選び，2 行目からは $\sigma(2)$ 列目の成分 $a_{2\sigma(2)}$ を選び，そして 3 行目からは $\sigma(3)$ 列目の成分 $a_{3\sigma(3)}$ を選び，それらの積をとり，符号 $\mathrm{sign}(\sigma)$ をつける。これを全ての S_3 の要素についてたし合わせたものが，3 次の行列式である。従って (6.6) は，各項で（A の）行の順番に因子を並べていると言える。ここで置換の性質上，(6.7) のどの項を 1 つとっても，その項のどの 2 つの因子も，行列の同じ行にもなければ，同じ列にもないことに注意しよう。例えば最初の項をとってきて，各因子

$$a_{11}, a_{22}, a_{33} \qquad \cdots(6.8)$$

をみてみよう。行列 A の（例えば）第 2 行には成分，a_{21}, a_{22}, a_{23} があるが，(6.8) の中では a_{22} のみが 2 行目から選ばれている。また，行列 A の（例えば）第 3 列には成分，a_{13}, a_{23}, a_{33} があるが，(6.8) の中では，a_{33} のみが選ばれている。さて上式 (6.7) の正の項と負の項をそれぞれまとめると，

$$\det(A) = a_{11}a_{22}a_{33} + a_{12}a_{23}a_{31} + a_{13}a_{21}a_{32} \\ - a_{11}a_{23}a_{32} - a_{12}a_{21}a_{33} - a_{13}a_{22}a_{31}$$

と，6.2 節最初に述べたサラスの方法が得られる。

6.4　行列式の定義―一般の場合（B）

2 次と 3 次の場合の行列式の求め方を一般化して n 次の正方行列 $A = (a_{ij})$ について A の行列式 $|A| = \det(A)$ を

$$\sum_{\sigma \in S_n} \mathrm{sign}(\sigma) a_{1\sigma(1)} a_{2\sigma(2)} \cdots a_{n\sigma(n)} \qquad \cdots (6.9)$$

で定義する（とくに 1 次の正方行列 $A = (a)$ の行列式は a となる）。この式の見方は，置換 σ が与えられたとき，行列の 1 行目からは $\sigma(1)$ 列目の成分 $a_{1\sigma(1)}$ を選び，2 行目からは $\sigma(2)$ 列目の成分 $a_{2\sigma(2)}$ を選んで，そうしていって，n 行目からは $\sigma(n)$ 列目の成分 $a_{n\sigma(n)}$ を選ぶ。それらを掛け合わせて，それに σ の符号をつける。これが 1 つの項 $\mathrm{sign}(\sigma) a_{1\sigma(1)} a_{2\sigma(2)} \cdots a_{n\sigma(n)}$ となる。そして S_n の全ての要素 σ について，それらの総和をとるのである。上式における項を 1 つとって（すなわちある置換 σ をとり固定して）その項の各因子

$$a_{1\sigma(1)}, a_{2\sigma(2)}, \cdots, a_{n\sigma(n)} \qquad \cdots (6.10)$$

を見ると（A の）行の順番に因子がならんでいる。ここで置換の性質上，

どの 2 つの因子も，行列の同じ行にもなければ，同じ列にもないことに注意しよう。例えば，行列 A の第 2 行には成分，$a_{21}, a_{22}, \cdots, a_{2n}$ があるが，(6.10) の中では $a_{2\sigma(2)}$ のみが選ばれている。また，行列 A の第 2 列には成分，$a_{12}, a_{22}, \cdots, a_{n2}$ があるが，(6.10) の中では，$\sigma(k) = 2$ となる k はただ 1 つ存在しその k において，$a_{k\sigma(k)}$ のみが選ばれている。このような一般の場合，行列式を計算するのに，3 次の場合のサラスの方法のような簡便な計算方法はない。

6.5 行列式の定義について(B)(C)

さて 2 次の正方行列 $A = (a_{ij})$ の行列式は (6.5) の形，すなわち各項で（A の）行の順番に因子を並べている。これを列の順番に因子を並べた形に書き直してみよう。すなわち

$$
\begin{aligned}
&\sum_{\sigma \in S_2} \mathrm{sign}(\sigma) a_{1\sigma(1)} a_{2\sigma(2)} && \cdots (6.11)\\
&= a_{11}a_{22} - a_{12}a_{21} \quad \text{各因子列の順番に並べ換えて}\\
&= a_{11}a_{22} - a_{21}a_{12}\\
&= \mathrm{sign}(\sigma_1) a_{\sigma_1(1)1} a_{\sigma_1(2)2} + \mathrm{sign}(\sigma_2) a_{\sigma_2(1)1} a_{\sigma_2(2)2}\\
&= \sum_{\sigma \in S_2} \mathrm{sign}(\sigma) a_{\sigma(1)1} a_{\sigma(2)2} && \cdots (6.12)
\end{aligned}
$$

となる。上の最後の 3 つの式をみると，2 つの項 $a_{11}a_{22} (= a_{\sigma_1(1)1} a_{\sigma_1(2)2})$ と $a_{21}a_{12} (= a_{\sigma_2(1)1} a_{\sigma_2(2)2})$ から成り立っている。最初の項 $a_{11}a_{22}$ は，もとの行列 A の 1 列目の成分 a_{11} と 2 列目の成分 a_{22} がこの順番でかけてある。そして $a_{11} = a_{\sigma_1(1)1}$ は，1 列目の成分のうち 1 行目（$\sigma_1(1)$ 行目といってもよい）の成分であり，また，$a_{22} = a_{\sigma_1(2)2}$ は，2 列目の成分のうち 2 行目（$\sigma_1(2)$ 行目といってもよい）の成分である。2 番目の項

$a_{21}a_{12}$ もやはり，行列 A の 1 列目の成分 a_{21} と 2 列目の成分 a_{12} がこの順番でかけてある。そして $a_{21} = a_{\sigma_2(1)1}$ は，1 列目の成分のうち今度は 2 行目（$\sigma_2(1)$ 行目といってもよい）の成分であり，また，$a_{12} = a_{\sigma_2(2)2}$ は，2 列目の成分のうち今度は 1 行目（$\sigma_2(2)$ 行目といってもよい）の成分である。したがって $\sigma_1(1)$ や $\sigma_2(1)$ は，第 1 列からどの成分を選ぶかを示していると言える。同様に $\sigma_1(2)$ や $\sigma_2(2)$ も，第 2 列からどの成分を選ぶかを示していると言える。あとは使われている置換に応じて，各項に $\mathrm{sign}(\sigma_1)$ や $\mathrm{sign}(\sigma_2)$ がかけてある。すなわち各項で，（A の）列の順番に因子を並べて表されている。

(6.11) と (6.12) が等しくなるのと同様に，3 次の正方行列

$$A = \begin{pmatrix} a_{11} & a_{12} & a_{13} \\ a_{21} & a_{22} & a_{23} \\ a_{31} & a_{32} & a_{33} \end{pmatrix}$$

の場合も

$$\det(A) = \sum_{\sigma \in S_3} \mathrm{sign}(\sigma) a_{1\sigma(1)} a_{2\sigma(2)} a_{3\sigma(3)} \qquad \cdots (6.13)$$

$$= \sum_{\sigma \in S_3} \mathrm{sign}(\sigma) a_{\sigma(1)1} a_{\sigma(2)2} a_{\sigma(3)3} \qquad \cdots (6.14)$$

が成り立つことを見てみよう。

(6.13) の任意の項は，

$$\mathrm{sign}(\sigma) a_{1\sigma(1)} a_{2\sigma(2)} a_{3\sigma(3)}$$

で表される。例えば σ が σ_4 の場合を考えよう。(5.6) より，

$$\sigma_4 = \begin{pmatrix} 1 & 2 & 3 \\ 2 & 3 & 1 \end{pmatrix},\ \sigma_4^{-1} (= \sigma_5) = \begin{pmatrix} 1 & 2 & 3 \\ 3 & 1 & 2 \end{pmatrix}$$

だから，(5.13) より $\mathrm{sign}(\sigma_4) = \mathrm{sign}(\sigma_4^{-1})(= \mathrm{sign}(\sigma_5))$ に注意すると，

$$\begin{aligned}
&\mathrm{sign}(\sigma_4)a_{1\sigma_4(1)}a_{2\sigma_4(2)}a_{3\sigma_4(3)} \\
=\ &\mathrm{sign}(\sigma_4)a_{12}a_{23}a_{31} && \text{これを列の順番に並べ換えて} \\
=\ &\mathrm{sign}(\sigma_4)a_{31}a_{12}a_{23} \\
=\ &\mathrm{sign}(\sigma_4^{-1})a_{\sigma_4^{-1}(1)1}a_{\sigma_4^{-1}(2)2}a_{\sigma_4^{-1}(3)3} \\
=\ &\mathrm{sign}(\sigma_5)a_{\sigma_5(1)1}a_{\sigma_5(2)2}a_{\sigma_5(3)3}
\end{aligned}$$

となる。((5.6), (5.13) を使って実際に計算すればわかる通り）σ_4 以外の置換についても同様に計算すると次が成り立つ。例えば上式の第 1, 4, 5 式が，(6.15), (6.16), (6.17) の各第 4 項に対応している。

$$\begin{aligned}
&\sum_{\sigma\in S_3}\mathrm{sign}(\sigma)a_{1\sigma(1)}a_{2\sigma(2)}a_{3\sigma(3)} \\
=\ &\mathrm{sign}(\sigma_1)a_{1\sigma_1(1)}a_{2\sigma_1(2)}a_{3\sigma_1(3)} + \mathrm{sign}(\sigma_2)a_{1\sigma_2(1)}a_{2\sigma_2(2)}a_{3\sigma_2(3)} \\
& && \cdots(6.15) \\
&+ \mathrm{sign}(\sigma_3)a_{1\sigma_3(1)}a_{2\sigma_3(2)}a_{3\sigma_3(3)} + \mathrm{sign}(\sigma_4)a_{1\sigma_4(1)}a_{2\sigma_4(2)}a_{3\sigma_4(3)} \\
&+ \mathrm{sign}(\sigma_5)a_{1\sigma_5(1)}a_{2\sigma_5(2)}a_{3\sigma_5(3)} + \mathrm{sign}(\sigma_6)a_{1\sigma_6(1)}a_{2\sigma_6(2)}a_{3\sigma_6(3)} \\
=\ &\mathrm{sign}(\sigma_1^{-1})a_{\sigma_1^{-1}(1)1}a_{\sigma_1^{-1}(2)2}a_{\sigma_1^{-1}(3)3} \\
&+ \mathrm{sign}(\sigma_2^{-1})a_{\sigma_2^{-1}(1)1}a_{\sigma_2^{-1}(2)2}a_{\sigma_2^{-1}(3)3} \\
&+ \mathrm{sign}(\sigma_3^{-1})a_{\sigma_3^{-1}(1)1}a_{\sigma_3^{-1}(2)2}a_{\sigma_3^{-1}(3)3} && \cdots(6.16) \\
&+ \mathrm{sign}(\sigma_4^{-1})a_{\sigma_4^{-1}(1)1}a_{\sigma_4^{-1}(2)2}a_{\sigma_4^{-1}(3)3} \\
&+ \mathrm{sign}(\sigma_5^{-1})a_{\sigma_5^{-1}(1)1}a_{\sigma_5^{-1}(2)2}a_{\sigma_5^{-1}(3)3} \\
&+ \mathrm{sign}(\sigma_6^{-1})a_{\sigma_6^{-1}(1)1}a_{\sigma_6^{-1}(2)2}a_{\sigma_6^{-1}(3)3} \\
=\ &\mathrm{sign}(\sigma_1)a_{\sigma_1(1)1}a_{\sigma_1(2)2}a_{\sigma_1(3)3} + \mathrm{sign}(\sigma_2)a_{\sigma_2(1)1}a_{\sigma_2(2)2}a_{\sigma_2(3)3}
\end{aligned}$$

$$+ \mathrm{sign}(\sigma_3)a_{\sigma_3(1)1}a_{\sigma_3(2)2}a_{\sigma_3(3)3} + \mathrm{sign}(\sigma_5)a_{\sigma_5(1)1}a_{\sigma_5(2)2}a_{\sigma_5(3)3}$$

$$+ \mathrm{sign}(\sigma_4)a_{\sigma_4(1)1}a_{\sigma_4(2)2}a_{\sigma_4(3)3} \quad \cdots(6.17)$$

$$+ \mathrm{sign}(\sigma_6)a_{\sigma_6(1)1}a_{\sigma_6(2)2}a_{\sigma_6(3)3}$$

$$= \sum_{\sigma \in S_3} \mathrm{sign}(\sigma)a_{\sigma(1)1}a_{\sigma(2)2}a_{\sigma(3)3} \quad \cdots(6.18)$$

よって (6.13) と (6.14) は等しい。

このことをもう少し一般的に議論しよう。σ を S_3 の任意の要素とする。ここで $\sigma(i) = j$ とすると，逆置換の定義より $\sigma^{-1}(j) = i$ であるから，

$$\sigma_{ij} = a_{i\sigma(i)} = a_{\sigma^{-1}(j)j}$$

となる。ここで, 置換 $\sigma(i)$ において i が 1 から 3 まで変わると, $j(= \sigma(i))$ も全体では 1 から 3 までの全ての値を重複なくとる。すると上式左辺で $i = 1, 2, 3$ とした

$$a_{1\sigma(1)},\ a_{2\sigma(2)},\ a_{3\sigma(3)}$$

と，上式右辺で $j = 1, 2, 3$ とした

$$a_{\sigma^{-1}(1)1},\ a_{\sigma^{-1}(2)2},\ a_{\sigma^{-1}(3)3}$$

とを比べると，並べる順番こそ違うが，全体としては等しくなる。(すなわち上の 2 つを集合としてみれば等しい。) すると，(5.13) より $\mathrm{sign}(\sigma) = \mathrm{sign}(\sigma^{-1})$ に注意すると，

$$\mathrm{sign}(\sigma)a_{1\sigma(1)}a_{2\sigma(2)}a_{3\sigma(3)} = \mathrm{sign}(\sigma^{-1})a_{\sigma^{-1}(1)1}a_{\sigma^{-1}(2)2}a_{\sigma^{-1}(3)3}$$

となる（よって (6.15) から (6.16) が得られる)。したがって

$$\det(A) = \sum_{\sigma \in S_3} \mathrm{sign}(\sigma)a_{1\sigma(1)}a_{2\sigma(2)}a_{3\sigma(3)}$$

$$= \sum_{\sigma \in S_3} \text{sign}(\sigma^{-1}) a_{\sigma^{-1}(1)1} a_{\sigma^{-1}(2)2} a_{\sigma^{-1}(3)3}$$

上式最後の右辺の式は，置換 σ が S_3 の要素をくまなくとったときの（σ^{-1} に関する項の）総和であるが，このとき（コメント 5.1 より）σ^{-1} も S_3 のすべての要素を重複なくとるから（(6.16), (6.17) 参照），よって（(6.18) にあるように），上式最後の右辺の各項で σ^{-1} を σ に置き換えた総和を考えても同じことである。よって，

$$\det(A) = \sum_{\sigma \in S_3} \text{sign}(\sigma) a_{\sigma(1)1} a_{\sigma(2)2} a_{\sigma(3)3}$$

となり (6.13) と (6.14) が等しいことがわかる。

6.6 行列式の表し方(A)

以上をまとめると 3 次正方行列 A の行列式は次の 2 通りの形にも表されることがわかる。ここで S_3 は $1, 2, 3$ の置換の集合を表す。

$$\det(A) = \sum_{\sigma \in S_3} \text{sign}(\sigma) a_{1\sigma(1)} a_{2\sigma(2)} a_{3\sigma(3)} \qquad \cdots(6.19)$$

$$= \sum_{\sigma \in S_3} \text{sign}(\sigma) a_{\sigma(1)1} a_{\sigma(2)2} a_{\sigma(3)3} \qquad \cdots(6.20)$$

(6.19) は，置換 σ が与えられたとき，行列 A の 1 行目からは成分 $a_{1\sigma(1)}$ を選び，2 行目からは成分 $a_{2\sigma(2)}$ を選んで，3 行目からは成分 $a_{3\sigma(3)}$ を選ぶ。それらを掛け合わせて，それに σ の符号をつける。そして σ を S_3 の全ての要素をとるように動かしていって，それらの総和をとるのである。その意味で (6.19) は，各項（A の）行の順番に因子がならんでいる，ということができる。ここで A のある行（第 i 行）が $\mathbf{0}$ の場合は，任意の置換 σ で $a_{i\sigma(i)} = 0$ だから，(6.19) の各項すべて 0 となり，従って $\det(A) = 0$ となる。

次に (6.20) をまとめると，置換 σ が与えられたとき，行列 A の 1 列目からは成分 $a_{\sigma(1)1}$ を選び，2 列目からは成分 $a_{\sigma(2)2}$ を選んで，3 列目からは成分 $a_{\sigma(3)3}$ を選ぶ。それらを掛け合わせて，それに σ の符号をつける。そして σ を S_3 の全ての要素をとるように動かしていって，それらの総和をとるのである。その意味で (6.20) は，各項（A の）列の順番に因子がならんでいる，ということができる。ここで A のある列（第 j 列）が $\mathbf{0}$ の場合は，任意の置換 σ で $a_{\sigma(j)j} = 0$ だから，(6.20) の各項はすべて 0 となり，従って $\det(A) = 0$ となる。上の性質を使うと，A と転置行列 ${}^tA$ の行列式は等しいことがわかる。まず，2 次の正方行列 A とその転置行列 ${}^tA$

$$A = \begin{pmatrix} a_{11} & a_{12} \\ a_{21} & a_{22} \end{pmatrix}, \ {}^tA = \begin{pmatrix} a_{11} & a_{21} \\ a_{12} & a_{22} \end{pmatrix}$$

において行列式を求めると，

$$\det(A) = a_{11}a_{22} - a_{12}a_{21}, \quad \det({}^tA) = a_{11}a_{22} - a_{21}a_{12}$$

となり等しい。3 次の正方行列の場合は，

$$A = \begin{pmatrix} a_{11} & a_{12} & a_{13} \\ a_{21} & a_{22} & a_{23} \\ a_{31} & a_{32} & a_{33} \end{pmatrix}, \ {}^tA = \begin{pmatrix} b_{11} & b_{12} & b_{13} \\ b_{21} & b_{22} & b_{23} \\ b_{31} & b_{32} & b_{33} \end{pmatrix}$$

とすると，

$${}^tA = \begin{pmatrix} b_{11} & b_{12} & b_{13} \\ b_{21} & b_{22} & b_{23} \\ b_{31} & b_{32} & b_{33} \end{pmatrix} = \begin{pmatrix} a_{11} & a_{21} & a_{31} \\ a_{12} & a_{22} & a_{32} \\ a_{13} & a_{23} & a_{33} \end{pmatrix}$$

という関係がある。すなわち，$1 \leq i, j \leq 3$ とすれば，$b_{ij} = a_{ji}$ である (2.4 節参照)。このとき，${}^tA$ の行列式を定義式 (6.19) にしたがって書

くと,

$$\det({}^tA) = \sum_{\sigma \in S_3} \mathrm{sign}(\sigma) b_{1\sigma(1)} b_{2\sigma(2)} b_{3\sigma(3)}$$

ここで $b_{ij} = a_{ji}$ であるから，これで書き換えると,

$$\sum_{\sigma \in S_3} \mathrm{sign}(\sigma) a_{\sigma(1)1} a_{\sigma(2)2} a_{\sigma(3)3}$$

となるがこれは $\det(A)$ を (6.20) の形で表したものであるから，$\det({}^tA) = \det(A)$。

6.7　一般の場合(C)

以上の考え方を一般の場合にあてはめよう。n 次の正方行列 $A = (a_{ij})$ の行列式の定義は (6.9) によると,

$$\sum_{\sigma \in S_n} \mathrm{sign}(\sigma) a_{1\sigma(1)} a_{2\sigma(2)} \cdots a_{n\sigma(n)} \qquad \cdots(6.21)$$

である。ここで上の総和の一般項,

$$\mathrm{sign}(\sigma) a_{1\sigma(1)} a_{2\sigma(2)} \cdots a_{n\sigma(n)} \qquad \cdots(6.22)$$

について考えよう。各 $a_{i\sigma(i)}$ は行列 A の i 行目の成分であるから，上の各因子は（A の）行の番号順に並んでいると見ることができる。すなわち $a_{1\sigma(1)}$ は 1 行目の成分であり，$a_{2\sigma(2)}$ は 2 行目の成分，$\cdots$，そして $a_{n\sigma(n)}$ は n 行目の成分である。

これを列の番号順に並べ替えることを考えよう。$\sigma(i) = j$ とすると，$\sigma^{-1}(j) = i$ であるから,

$$\sigma_{ij} = a_{i\sigma(i)} = a_{\sigma^{-1}(j)j}$$

となる。ここで置換 σ において i が 1 から n まで変わると，$j(= \sigma(i))$

も全体では1から n までの全ての値を重複なくとる。すると上式左辺で $i = 1, 2, \cdots, n$ とした,

$$a_{1\sigma(1)},\ a_{2\sigma(2)},\ \cdots,\ a_{n\sigma(n)}$$

と，上式右辺で $j = 1, 2, \cdots, n$ とした,

$$a_{\sigma^{-1}(1)1},\ a_{\sigma^{-1}(2)2},\ \cdots,\ a_{\sigma^{-1}(n)n}$$

とを比べると，並べる順番こそ違うが，全体としては等しくなる。(すなわち上の2つを集合としてみれば等しい。) すると，(5.13) より $\mathrm{sign}(\sigma) = \mathrm{sign}(\sigma^{-1})$ に注意すると,

$$\mathrm{sign}(\sigma)a_{1\sigma(1)}a_{2\sigma(2)}\cdots a_{n\sigma(n)} = \mathrm{sign}(\sigma^{-1})a_{\sigma^{-1}(1)1}a_{\sigma^{-1}(2)2}\cdots a_{\sigma^{-1}(n)n}$$

となる。したがって

$$\begin{aligned}\det(A) &= \sum_{\sigma\in S_n}\mathrm{sign}(\sigma)a_{1\sigma(1)}a_{2\sigma(2)}\cdots a_{n\sigma(n)}\\ &= \sum_{\sigma\in S_n}\mathrm{sign}(\sigma^{-1})a_{\sigma^{-1}(1)1}a_{\sigma^{-1}(2)2}\cdots a_{\sigma^{-1}(n)n}\end{aligned}$$

この式は，置換 σ が S_n の要素をくまなくとったときの (σ^{-1} に関する項の) 総和であるが，このとき (コメント5.1より) σ^{-1} も S_n のすべての要素を重複なくとるから，上式の各項で σ^{-1} を σ に置き換えた総和を考えても同じことである。よって

$$\det(A) = \sum_{\sigma\in S_n}\mathrm{sign}(\sigma)a_{1\sigma(1)}a_{2\sigma(2)}\cdots a_{n\sigma(n)} \qquad \cdots(6.23)$$

$$= \sum_{\sigma\in S_n}\mathrm{sign}(\sigma)a_{\sigma(1)1}a_{\sigma(2)2}\cdots a_{\sigma(n)n} \qquad \cdots(6.24)$$

3次の場合同様，A のある行 (第 i 行) が $\mathbf{0}$ の場合は，任意の置換 σ

で $a_{i\sigma(i)} = 0$ だから，(6.23) の各項すべて 0 となり，従って $\det(A) = 0$ となる。また A のある列（第 j 列）が $\mathbf{0}$ の場合は，任意の置換 σ で $a_{\sigma(j)j} = 0$ だから，(6.24) の各項すべて 0 となり，従って $\det(A) = 0$ となる。

今後は行列式の計算をするにあたって，上式 (6.23) と (6.24) のどちらの式を使うかはいちいち断らないこともある。この性質を使うと（3 次の場合同様）一般に次が成り立つ。

定理 6.1 n 次正方行列 $A = (a_{ij})$ において，A と転置行列 ${}^tA$ の行列式は等しい。

[証明] 転置行列 ${}^tA$ の (i, j) 成分を b_{ij} とおき，${}^tA$ の行列式を定義式 (6.23) にしたがって書くと，

$$\det({}^tA) = \sum_{\sigma \in S_n} \mathrm{sign}(\sigma) b_{1\sigma(1)} b_{2\sigma(2)} \cdots b_{n\sigma(n)}$$

ここで $b_{ij} = a_{ji}$ であるから，これで書き換えると，

$$\sum_{\sigma \in S_n} \mathrm{sign}(\sigma) a_{\sigma(1)1} a_{\sigma(2)2} \cdots a_{\sigma(n)n}$$

となるが，これは A の行列式を (6.24) で表したものである。

6.8 計　算(A)

与えられた行列の成分で 0 のものがあれば，その行列式を (6.19) と (6.20) を使って計算するとき，0 の成分を含む項は 0 となり計算が簡単になることがある。幾つかの練習をしよう。

$$\det(A) = \begin{vmatrix} a_{11} & a_{12} & a_{13} \\ 0 & a_{22} & a_{23} \\ 0 & a_{32} & a_{33} \end{vmatrix}$$

を計算してみよう。(6.20) にしたがって計算すると,

$$\sum_{\sigma\in S_3}\operatorname{sign}(\sigma)a_{\sigma(1)1}a_{\sigma(2)2}a_{\sigma(3)3}$$

ここで σ が $\sigma(1)=2,3$ のときは $a_{\sigma(1)1}=0$ であるから，このような σ を含む項は 0 になる。したがって $\sigma(1)=1$ となる σ のみ（すなわち (5.5) の σ_1, σ_2）を考えればよい。すると，次のようになる。

$$\begin{aligned}&\operatorname{sign}(\sigma_1)a_{\sigma_1(1)1}a_{\sigma_1(2)2}a_{\sigma_1(3)3}+\operatorname{sign}(\sigma_2)a_{\sigma_2(1)1}a_{\sigma_2(2)2}a_{\sigma_2(3)3}\\&=a_{11}a_{22}a_{33}-a_{11}a_{32}a_{23}=a_{11}(a_{22}a_{33}-a_{23}a_{32})=a_{11}\begin{vmatrix}a_{22}&a_{23}\\a_{32}&a_{33}\end{vmatrix}\end{aligned}$$

6.9　成分に 0 を含む行列の行列式(B)

一般に次が成り立つ。

定理 6.2

$$\begin{vmatrix}a_{11}&a_{12}&\cdots&a_{1n}\\0&a_{22}&\cdots&a_{2n}\\\vdots&\vdots&&\vdots\\0&a_{n2}&\cdots&a_{nn}\end{vmatrix}=a_{11}\begin{vmatrix}a_{22}&\cdots&a_{2n}\\\vdots&&\vdots\\a_{n2}&\cdots&a_{nn}\end{vmatrix}$$

[証明]　定義 (6.24) にしたがって計算すると，上式の左辺は,

$$\sum_{\sigma\in S_n}\operatorname{sign}(\sigma)a_{\sigma(1)1}a_{\sigma(2)2}\cdots a_{\sigma(n)n}$$

ここで $a_{\sigma(1)1}$ は $\sigma(1)$ が 1 以外のときは全て 0 になるから，結局 $\sigma(1)=1$ となる σ のみを考えればよい。すると上式は $a_{\sigma(1)1}=a_{11}$ だから

$$a_{11} \sum_{\sigma \in S_n, \sigma(1)=1} \mathrm{sign}(\sigma) a_{\sigma(2)2} \cdots a_{\sigma(n)n} \qquad \cdots (6.25)$$

となる。ここで $\sigma(1) = 1$ のときこの置換は,

$$\begin{pmatrix} 1 & 2 & \cdots & n \\ 1 & \sigma(2) & \cdots & \sigma(n) \end{pmatrix}$$

となるので $\sigma(1) = 1$ の部分を省くと, $2, \cdots, n$ からなる $n-1$ 個の数の置換

$$\begin{pmatrix} 2 & \cdots & n \\ \sigma(2) & \cdots & \sigma(n) \end{pmatrix}$$

が得られる。そこでこの定理の証明の間だけ S_{n-1} を $2, \cdots, n$ の $n-1$ 個の数の置換全体の集合として, (6.25) を書き換えると,

$$a_{11} \sum_{\sigma \in S_{n-1}} \mathrm{sign}(\sigma) a_{\sigma(2)2} \cdots a_{\sigma(n)n} = a_{11} \begin{vmatrix} a_{22} & \cdots & a_{2n} \\ \vdots & & \vdots \\ a_{n2} & \cdots & a_{nn} \end{vmatrix}$$

となる。

〈補足〉　通常行列 $A = (a_{ij})$ の行列式は (6.23) や (6.24) で表されるが, 成分 a_{ij} の添字 i, j は 1 以上の数を動く。しかし行列

$$B = \begin{pmatrix} a_{22} & \cdots & a_{2n} \\ \vdots & & \vdots \\ a_{n2} & \cdots & a_{nn} \end{pmatrix}$$

のように添字が 2 以上を動くときに, この行列の行列式を求めるときは, $2, \cdots, n$ の $n-1$ 個の数の置換の集合を S_{n-1} として, S_{n-1} の要素 σ を考えて,

$$\det(B) = \sum_{\sigma \in S_{n-1}} \mathrm{sign}(\sigma) a_{\sigma(2)2} \cdots a_{\sigma(n)n}$$

としたのである。

練習 6.2 上の証明にならって，次を証明せよ。

$$\begin{vmatrix} a_{11} & \cdots & a_{1\,n-1} & 0 \\ \vdots & & \vdots & \vdots \\ a_{n-1\,1} & \cdots & a_{n-1\,n-1} & 0 \\ a_{n1} & \cdots & a_{n\,n-1} & a_{nn} \end{vmatrix} = a_{nn} \begin{vmatrix} a_{11} & \cdots & a_{1\,n-1} \\ \vdots & & \vdots \\ a_{n-1\,1} & \cdots & a_{n-1\,n-1} \end{vmatrix},$$

$$\begin{vmatrix} a_{11} & 0 & \cdots & 0 \\ a_{21} & a_{22} & \cdots & a_{2n} \\ \vdots & \vdots & & \vdots \\ a_{n1} & a_{n2} & \cdots & a_{nn} \end{vmatrix} = a_{11} \begin{vmatrix} a_{22} & \cdots & a_{2n} \\ \vdots & & \vdots \\ a_{n2} & \cdots & a_{nn} \end{vmatrix}$$

6.10 三角行列(A)(B)

次の行列式は，定理 6.2 を使うと，

$$\begin{vmatrix} a_{11} & a_{12} & a_{13} \\ 0 & a_{22} & a_{23} \\ 0 & 0 & a_{33} \end{vmatrix} = a_{11} \begin{vmatrix} a_{22} & a_{23} \\ 0 & a_{33} \end{vmatrix} = a_{11}a_{22}a_{33}$$

となる。同様に，定理 6.2 を繰り返し使うと，

$$\begin{vmatrix} a_{11} & a_{12} & a_{13} & a_{14} \\ 0 & a_{22} & a_{23} & a_{24} \\ 0 & 0 & a_{33} & a_{34} \\ 0 & 0 & 0 & a_{44} \end{vmatrix} = a_{11} \begin{vmatrix} a_{22} & a_{23} & a_{24} \\ 0 & a_{33} & a_{34} \\ 0 & 0 & a_{44} \end{vmatrix} = a_{11}a_{22} \begin{vmatrix} a_{33} & a_{34} \\ 0 & a_{44} \end{vmatrix}$$

$$= a_{11}a_{22}a_{33}a_{44}$$

となる。これを一般化する。

$$A = \begin{pmatrix} a_{11} & a_{12} & a_{13} & \cdots & a_{1\,n-1} & a_{1n} \\ 0 & a_{22} & a_{23} & \cdots & a_{2\,n-1} & a_{2n} \\ 0 & 0 & a_{33} & \cdots & a_{3\,n-1} & a_{3n} \\ \vdots & \vdots & \vdots & \ddots & \vdots & \vdots \\ 0 & 0 & 0 & \cdots & a_{n-1n-1} & a_{n-1\,n} \\ 0 & 0 & 0 & \cdots & 0 & a_{nn} \end{pmatrix}$$

という形の行列を上三角行列という。この行列の行列式は上と同様に，定理 6.2 を繰り返し使うと，$a_{11}a_{22}\cdots a_{n-1n-1}a_{nn}$ となる（特に単位行列の行列式は 1 である）。このことを今までの議論のまとめとして，別に証明しよう。定義 (6.24) によると

$$\det(A) = \sum_{\sigma \in S_n} \mathrm{sign}(\sigma) a_{\sigma(1)1} a_{\sigma(2)2} \cdots a_{\sigma(n)n} \qquad \cdots (6.26)$$

であるが，行列 A の第 1 列の成分は a_{11} 以外は全て 0 であるから，上の各項の因数 $a_{\sigma(1)1}$ は $\sigma(1) = 1$ 以外のときは全て 0 になる。したがって置換 σ は $\sigma(1) = 1$ を満たすものだけ考えればよい。同様に，A の第 2 列の成分は a_{12}, a_{22} 以外は全て 0 であるから，上式の各項の因数 $a_{\sigma(2)2}$ は $\sigma(2) = 1, 2$ 以外のときは全て 0 になる。しかし今，$\sigma(1) = 1$ であるものだけ考えるのであるから（置換の定義上）$\sigma(2) = 2$ を満たすものだけ考えればよい。以下同様におのおのの i について $\sigma(i) = i$ のものだけ考えればよい。ということは置換 σ は恒等置換 ι のみ考えればよいことになる。よって上三角行列の行列式は

$$\det(A) = \mathrm{sign}(\iota) a_{\iota(1)1} a_{\iota(2)2} \cdots a_{\iota(n)n} = a_{11} a_{22} \cdots a_{nn} \qquad \cdots (6.27)$$

である。とくに，対角成分以外の成分が 0 の行列，すなわち

$$\begin{pmatrix} a_{11} & 0 & 0 & \cdots & 0 & 0 \\ 0 & a_{22} & 0 & \cdots & 0 & 0 \\ 0 & 0 & a_{33} & \cdots & 0 & 0 \\ \vdots & \vdots & \vdots & \ddots & \vdots & \vdots \\ 0 & 0 & 0 & \cdots & a_{n-1n-1} & 0 \\ 0 & 0 & 0 & \cdots & 0 & a_{nn} \end{pmatrix}$$

という形の行列を対角行列というが，この行列式の値も同じである。

$$\begin{pmatrix} a_{11} & 0 & 0 & \cdots & 0 & 0 \\ a_{21} & a_{22} & 0 & \cdots & 0 & 0 \\ a_{31} & a_{32} & a_{33} & \cdots & 0 & 0 \\ \vdots & \vdots & \vdots & \ddots & \vdots & \vdots \\ a_{n-1\,1} & a_{n-1\,2} & a_{n-1\,3} & \cdots & a_{n-1n-1} & 0 \\ a_{n1} & a_{n2} & a_{n3} & \cdots & a_{n\,n-1} & a_{nn} \end{pmatrix}$$

の形の行列を下三角行列というが，この行列の行列式も上と同様に $a_{11}a_{22}\cdots a_{nn}$ である。このように上（下）三角行列の行列式は簡単に求まる。

7 行列式の性質

《目標&ポイント》 前回で定義した行列式のもつ種々の性質について学び，また行列式の特色づけを行う。

《キーワード》 多重線型性，交代性，積の行列式

7.1 2次と3次の場合(B)(C)

2次の正方行列

$$A = \begin{pmatrix} a_{11} & a_{12} \\ a_{21} & a_{22} \end{pmatrix}$$

の行列式は

$$|A| = \begin{vmatrix} a_{11} & a_{12} \\ a_{21} & a_{22} \end{vmatrix} = a_{11}a_{22} - a_{12}a_{21}$$

となった。A において，第1列を α 倍した行列

$$A' = \begin{pmatrix} \alpha a_{11} & a_{12} \\ \alpha a_{21} & a_{22} \end{pmatrix}$$

の行列式は

$$|A'| = \begin{vmatrix} \alpha a_{11} & a_{12} \\ \alpha a_{21} & a_{22} \end{vmatrix} = \alpha(a_{11}a_{22} - a_{12}a_{21})$$

となり $|A'| = \alpha|A|$ となる。また

$$A' = \begin{pmatrix} \alpha a_{11} + \beta b_{11} & a_{12} \\ \alpha a_{21} + \beta b_{21} & a_{22} \end{pmatrix}$$

の行列式は

$$|A'| = \begin{vmatrix} \alpha a_{11} + \beta b_{11} & a_{12} \\ \alpha a_{21} + \beta b_{21} & a_{22} \end{vmatrix} = (\alpha a_{11} + \beta b_{11})a_{22} - a_{12}(\alpha a_{21} + \beta b_{21})$$
$$= \alpha(a_{11}a_{22} - a_{12}a_{21}) + \beta(b_{11}a_{22} - a_{12}b_{21})$$
$$= \alpha \begin{vmatrix} a_{11} & a_{12} \\ a_{21} & a_{22} \end{vmatrix} + \beta \begin{vmatrix} b_{11} & a_{12} \\ b_{21} & a_{22} \end{vmatrix}$$

となる。次に，A において第 1 列と第 2 列を入れ替えて得られる行列を A' とすると，

$$A = \begin{pmatrix} a_{11} & a_{12} \\ a_{21} & a_{22} \end{pmatrix}, \quad A' = \begin{pmatrix} a_{12} & a_{11} \\ a_{22} & a_{21} \end{pmatrix}$$

すると，

$$\begin{vmatrix} a_{12} & a_{11} \\ a_{22} & a_{21} \end{vmatrix} = a_{12}a_{21} - a_{11}a_{22} = -(a_{11}a_{22} - a_{12}a_{21})$$

となり $|A'| = -|A|$ となる。

3 次の場合について見てみよう。3 次の行列 A において，例えば第 1 列を α 倍して得られる行列を A' とする。この 2 つの行列を見やすいように次のように並べて書こう。

$$A = \begin{pmatrix} a_{11} & a_{12} & a_{13} \\ a_{21} & a_{22} & a_{23} \\ a_{31} & a_{32} & a_{33} \end{pmatrix}, \ A' = \begin{pmatrix} \alpha a_{11} & a_{12} & a_{13} \\ \alpha a_{21} & a_{22} & a_{23} \\ \alpha a_{31} & a_{32} & a_{33} \end{pmatrix}$$

A の行列式は (6.20) より，

$$\det(A) = \sum_{\sigma \in S_3} \mathrm{sign}(\sigma) a_{\sigma(1)1} a_{\sigma(2)2} a_{\sigma(3)3}$$

となる。一方 A' は，$1 \leq i \leq 3$ として，A の第 1 列の a_{i1} の形の成分が A' では αa_{i1} に変わっている。したがって上式で a_{i1} の形の成分を αa_{i1} にかえると，$\det(A')$ が求まる。よって

$$\begin{aligned} \det(A') &= \sum_{\sigma \in S_3} \mathrm{sign}(\sigma) \alpha a_{\sigma(1)1} a_{\sigma(2)2} a_{\sigma(3)3} \qquad \cdots (7.1) \\ &= \alpha \sum_{\sigma \in S_3} \mathrm{sign}(\sigma) a_{\sigma(1)1} a_{\sigma(2)2} a_{\sigma(3)3} = \alpha \det(A) \end{aligned}$$

である。このように行列 A のある列を α 倍して得られる行列の行列式は，元の行列 A の行列式の α 倍となる。また，

$$\begin{aligned} &\begin{vmatrix} \alpha a_{11} + \beta b_{11} & a_{12} & a_{13} \\ \alpha a_{21} + \beta b_{21} & a_{22} & a_{23} \\ \alpha a_{31} + \beta b_{31} & a_{32} & a_{33} \end{vmatrix} \\ &= \sum_{\sigma \in S_3} \mathrm{sign}(\sigma)(\alpha a_{\sigma(1)1} + \beta b_{\sigma(1)1}) a_{\sigma(2)2} a_{\sigma(3)3} \\ &= \sum_{\sigma \in S_3} \mathrm{sign}(\sigma) \alpha a_{\sigma(1)1} a_{\sigma(2)2} a_{\sigma(3)3} + \sum_{\sigma \in S_3} \mathrm{sign}(\sigma) \beta b_{\sigma(1)1} a_{\sigma(2)2} a_{\sigma(3)3} \\ &= \alpha \sum_{\sigma \in S_3} \mathrm{sign}(\sigma) a_{\sigma(1)1} a_{\sigma(2)2} a_{\sigma(3)3} + \beta \sum_{\sigma \in S_3} \mathrm{sign}(\sigma) b_{\sigma(1)1} a_{\sigma(2)2} a_{\sigma(3)3} \\ &= \alpha \begin{vmatrix} a_{11} & a_{12} & a_{13} \\ a_{21} & a_{22} & a_{23} \\ a_{31} & a_{32} & a_{33} \end{vmatrix} + \beta \begin{vmatrix} b_{11} & a_{12} & a_{13} \\ b_{21} & a_{22} & a_{23} \\ b_{31} & a_{32} & a_{33} \end{vmatrix} \end{aligned}$$

となり

$$\begin{vmatrix} \alpha a_{11} + \beta b_{11} & a_{12} & a_{13} \\ \alpha a_{21} + \beta b_{21} & a_{22} & a_{23} \\ \alpha a_{31} + \beta b_{31} & a_{32} & a_{33} \end{vmatrix} = \alpha \begin{vmatrix} a_{11} & a_{12} & a_{13} \\ a_{21} & a_{22} & a_{23} \\ a_{31} & a_{32} & a_{33} \end{vmatrix} + \beta \begin{vmatrix} b_{11} & a_{12} & a_{13} \\ b_{21} & a_{22} & a_{23} \\ b_{31} & a_{32} & a_{33} \end{vmatrix}$$

が成り立つことがわかる。これを行列式の列に関する**多重線型性**という。

次に 3 次の行列 A において，例えば第 1 列と第 2 列を入れ替えて得られる行列を A' とする。この 2 つの行列を見やすいように次のように並べて書こう。

$$A = \begin{pmatrix} a_{11} & a_{12} & a_{13} \\ a_{21} & a_{22} & a_{23} \\ a_{31} & a_{32} & a_{33} \end{pmatrix}, \quad A' = \begin{pmatrix} a_{12} & a_{11} & a_{13} \\ a_{22} & a_{21} & a_{23} \\ a_{32} & a_{31} & a_{33} \end{pmatrix}$$

A の行列式は (6.20) より，

$$\begin{aligned} \det(A) &= \sum_{\sigma \in S_3} \mathrm{sign}(\sigma) a_{\sigma(1)1} a_{\sigma(2)2} a_{\sigma(3)3} \\ &= a_{11}a_{22}a_{33} - a_{11}a_{32}a_{23} - a_{21}a_{12}a_{33} \\ &\quad + a_{21}a_{32}a_{13} + a_{31}a_{12}a_{23} - a_{31}a_{22}a_{13} \end{aligned}$$

となる。一方 A' は，$1 \leq i, j \leq 3$ として，A の第 1 列の a_{i1} の形の成分が A' では a_{i2} にかわり，A の第 2 列の a_{j2} の形の成分が A' では a_{j1} にかわっている。したがって上式で a_{i1} の形の成分を a_{i2} にかえ，a_{j2} の形の成分を a_{j1} にかえると，$\det(A')$ が求まる。よって

$$\begin{aligned} \det(A') &= \sum_{\sigma \in S_3} \mathrm{sign}(\sigma) a_{\sigma(1)2} a_{\sigma(2)1} a_{\sigma(3)3} \qquad \cdots (7.2) \\ &= a_{12}a_{21}a_{33} - a_{12}a_{31}a_{23} - a_{22}a_{11}a_{33} \\ &\quad + a_{22}a_{31}a_{13} + a_{32}a_{11}a_{23} - a_{32}a_{21}a_{13} \\ &= -\left(a_{11}a_{22}a_{33} - a_{11}a_{32}a_{23} - a_{21}a_{12}a_{33}\right. \\ &\qquad \left. + a_{21}a_{32}a_{13} + a_{31}a_{12}a_{23} - a_{31}a_{22}a_{13}\right) \end{aligned}$$

となり，やはり $\det(A') = -\det(A)$ となる。このことは，どの 2 つの列

を入れ替えても同じように成り立つ。このように行列 A のある列と別の列を入れ替えて得られる行列の行列式は，元の行列 A の行列式の -1 倍となる。このことを別の角度で見ていこう。(7.2) をみると，$a_{\sigma(1)2}$ と $a_{\sigma(2)1}$ は添字の部分がそろっていない（つまり，$a_{\sigma(i)i}$ という形になっていない)。これは A' が行列 A の第 1 列と第 2 列を交換して得られることに依存している。そこで置換 σ と互換 $(1,2)$ との積 $\sigma(1,2)$ を ν とすると，

$$\nu(1)=\sigma(2),\ \nu(2)=\sigma(1),\ \nu(3)=\sigma(3)$$

となる。この ν を使うと，$\mathrm{sign}(\nu)=-\mathrm{sign}(\sigma)$ を考慮して（ν は σ に互換をもう 1 つかけてあるから，ν の符号は σ の符号とは逆になる)，

$$\begin{aligned}\det(A') &= \sum_{\sigma\in S_3}\mathrm{sign}(\sigma)a_{\sigma(1)2}a_{\sigma(2)1}a_{\sigma(3)3}\\ &= \sum_{\sigma\in S_3}\mathrm{sign}(\sigma)a_{\sigma(2)1}a_{\sigma(1)2}a_{\sigma(3)3}\\ &= \sum_{\sigma\in S_3}(-\mathrm{sign}(\nu))a_{\nu(1)1}a_{\nu(2)2}a_{\nu(3)3}\end{aligned}$$

ここで $\sigma(1,2)=\nu$ だから σ が S_3 の全ての置換を動くと（コメント 5.1 より）全体として ν も S_3 の全ての置換を重複なく動く。よって上の最後の式で $\sigma\in S_3$ を $\nu\in S_3$ と書き換えてもよい。よって上式は

$$\begin{aligned}&= \sum_{\nu\in S_3}(-\mathrm{sign}(\nu))a_{\nu(1)1}a_{\nu(2)2}a_{\nu(3)3}\\ &= -\det(A)\end{aligned}$$

となり，$\det(A')=-\det(A)$ となる。

以上の議論から一般に，行列 A において，第 i 列と第 j 列を入れ替えて得られる行列を A' とすると，上の議論で互換 $(1,2)$ を (i,j) に置き換

えて同様に考えれば，やはり同じ結果が得られることがわかる。

とくに行列 A のある列を，別の列で置き換えて得られる行列の行列式は 0 である。なぜならば，行列 A の，第 i 列を第 j 列で置き換えて得られる行列を A' としよう。A' は，第 i 列と第 j 列が等しく，これらを入れ替えても行列は変わらない。しかし上の事柄によると，2 つの列を入れ替えると，行列式は -1 倍になる。したがって A' の行列式は 0 でなければならない。

7.2　列に関する幾つかの性質(A)

n 次正方行列 $A = (a_{ij})$ において，各 i $(1 \leq i \leq n)$ において，第 i 列を列ベクトル $\boldsymbol{a}_i$ と書こう。従って $\boldsymbol{a}_i$ の j 番目の成分は a_{ji} となる。そして A を列ベクトルが横に並んだものとみて，$A = (\boldsymbol{a}_1, \boldsymbol{a}_2, \cdots, \boldsymbol{a}_n)$ と表そう。そして $\det(A)$ を $\det(\boldsymbol{a}_1, \boldsymbol{a}_2, \cdots, \boldsymbol{a}_n)$ と書こう。このとき，次のことが成り立つ（証明は次節を参照）。

定理 7.1　i.　正方行列 A のある列を α 倍して得られる行列の行列式は，もとの行列 A の行列式の α 倍になる。これを 3 次の場合一例そして，n 次の場合に視覚的に書けば，

$$\begin{vmatrix} a_{11} & \alpha a_{12} & a_{13} \\ a_{21} & \alpha a_{22} & a_{23} \\ a_{31} & \alpha a_{32} & a_{33} \end{vmatrix} = \alpha \begin{vmatrix} a_{11} & a_{12} & a_{13} \\ a_{21} & a_{22} & a_{23} \\ a_{31} & a_{32} & a_{33} \end{vmatrix},$$

$$\det(\boldsymbol{a}_1, \cdots, \alpha\boldsymbol{a}_i, \cdots, \boldsymbol{a}_n) = \alpha \det(\boldsymbol{a}_1, \cdots, \boldsymbol{a}_i, \cdots, \boldsymbol{a}_n)$$

ii.　行列式は列に関して次の多重線型性を満たす。

$$\begin{vmatrix} a_{11} & \alpha a_{12} + \beta b_{12} & a_{13} \\ a_{21} & \alpha a_{22} + \beta b_{22} & a_{23} \\ a_{31} & \alpha a_{32} + \beta b_{32} & a_{33} \end{vmatrix}$$

$$= \alpha \begin{vmatrix} a_{11} & a_{12} & a_{13} \\ a_{21} & a_{22} & a_{23} \\ a_{31} & a_{32} & a_{33} \end{vmatrix} + \beta \begin{vmatrix} a_{11} & b_{12} & a_{13} \\ a_{21} & b_{22} & a_{23} \\ a_{31} & b_{32} & a_{33} \end{vmatrix},$$

$$\begin{aligned} &\det(\boldsymbol{a}_1, \boldsymbol{a}_2, \cdots, \alpha \boldsymbol{a}_i + \beta \boldsymbol{b}_i, \cdots, \boldsymbol{a}_n) \\ &= \alpha \det(\boldsymbol{a}_1, \boldsymbol{a}_2, \cdots, \boldsymbol{a}_i, \cdots, \boldsymbol{a}_n) + \beta \det(\boldsymbol{a}_1, \boldsymbol{a}_2, \cdots, \boldsymbol{b}_i, \cdots, \boldsymbol{a}_n) \end{aligned}$$

iii. 正方行列 A の，2 つの列を入れ替えて得られる行列の行列式は，もとの行列 A の行列式の -1 倍になる。この性質を，行列式の列に関する交代性という。

$$\begin{vmatrix} a_{12} & a_{11} & a_{13} \\ a_{22} & a_{21} & a_{23} \\ a_{32} & a_{31} & a_{33} \end{vmatrix} = - \begin{vmatrix} a_{11} & a_{12} & a_{13} \\ a_{21} & a_{22} & a_{23} \\ a_{31} & a_{32} & a_{33} \end{vmatrix},$$

$$\begin{aligned} &\det(\boldsymbol{a}_1, \cdots, \boldsymbol{a}_j, \cdots, \boldsymbol{a}_i, \cdots, \boldsymbol{a}_n) \\ &= -\det(\boldsymbol{a}_1, \cdots, \boldsymbol{a}_i, \cdots, \boldsymbol{a}_j, \cdots, \boldsymbol{a}_n) \end{aligned}$$

iv. 正方行列 A のある列を，別の列で置き換えて得られる行列の行列式は 0 である。

$$\begin{vmatrix} a_{11} & a_{11} & a_{13} \\ a_{21} & a_{21} & a_{23} \\ a_{31} & a_{31} & a_{33} \end{vmatrix} = 0, \qquad \det(\boldsymbol{a}_1, \cdots, \boldsymbol{a}_i, \cdots, \boldsymbol{a}_i, \cdots, \boldsymbol{a}_n) = 0$$

v. 正方行列 A の，ある列を α 倍したものを別の列に加えて得られる行列の行列式は，もとの行列 A の行列式と等しい。

$$\begin{vmatrix} a_{11} + \alpha a_{12} & a_{12} & a_{13} \\ a_{21} + \alpha a_{22} & a_{22} & a_{23} \\ a_{31} + \alpha a_{32} & a_{32} & a_{33} \end{vmatrix} = \begin{vmatrix} a_{11} & a_{12} & a_{13} \\ a_{21} & a_{22} & a_{23} \\ a_{31} & a_{32} & a_{33} \end{vmatrix},$$

$$\det(\boldsymbol{a}_1, \cdots, \boldsymbol{a}_i + \alpha\boldsymbol{a}_j, \cdots, \boldsymbol{a}_j, \cdots, \boldsymbol{a}_n)$$
$$= \det(\boldsymbol{a}_1, \cdots, \boldsymbol{a}_i, \cdots, \boldsymbol{a}_j, \cdots, \boldsymbol{a}_n)$$

7.3　証　明(C)

[定理 **7.1-i** の証明]　行列 $A = (\boldsymbol{a}_1, \boldsymbol{a}_2, \cdots, \boldsymbol{a}_n)$ とし，第 i 列 $\boldsymbol{a}_i$ を α 倍して得られる行列を $A' = (\boldsymbol{a}_1, \boldsymbol{a}_2, \cdots, \alpha\boldsymbol{a}_i, \cdots, \boldsymbol{a}_n)$ と表そう。A' の行列式は (6.24) の式にしたがって書くと，

$$\sum_{\sigma \in S_n} \mathrm{sign}(\sigma) a_{\sigma(1)1} a_{\sigma(2)2} \cdots \alpha a_{\sigma(i)i} \cdots a_{\sigma(n)n}$$
$$= \alpha \sum_{\sigma \in S_n} \mathrm{sign}(\sigma) a_{\sigma(1)1} a_{\sigma(2)2} \cdots a_{\sigma(i)i} \cdots a_{\sigma(n)n}$$

となり，これは $\alpha \det(A)$ を表す。よって，$\det(A') = \alpha \det(A)$ となる。

[定理 **7.1-ii** の証明]　$\boldsymbol{b}_i = (b_{ji})$ とすると，

$$\det(\boldsymbol{a}_1, \boldsymbol{a}_2, \cdots, \alpha\boldsymbol{a}_i + \beta\boldsymbol{b}_i, \cdots, \boldsymbol{a}_n)$$
$$= \sum_{\sigma \in S_n} \mathrm{sign}(\sigma) a_{\sigma(1)1} a_{\sigma(2)2} \cdots (\alpha a_{\sigma(i)i} + \beta b_{\sigma(i)i}) \cdots a_{\sigma(n)n}$$
$$= \alpha \sum_{\sigma \in S_n} \mathrm{sign}(\sigma) a_{\sigma(1)1} a_{\sigma(2)2} \cdots a_{\sigma(i)i} \cdots a_{\sigma(n)n}$$
$$+ \beta \sum_{\sigma \in S_n} \mathrm{sign}(\sigma) a_{\sigma(1)1} a_{\sigma(2)2} \cdots b_{\sigma(i)i} \cdots a_{\sigma(n)n}$$
$$= \alpha \det(\boldsymbol{a}_1, \boldsymbol{a}_2, \cdots, \boldsymbol{a}_i, \cdots, \boldsymbol{a}_n)$$
$$+ \beta \det(\boldsymbol{a}_1, \boldsymbol{a}_2, \cdots, \boldsymbol{b}_i, \cdots, \boldsymbol{a}_n)$$

[定理 **7.1-iii** の証明]　行列 $A = (\boldsymbol{a}_1, \boldsymbol{a}_2, \cdots, \boldsymbol{a}_i, \cdots, \boldsymbol{a}_j, \cdots, \boldsymbol{a}_n)$ と

し，第 i 列 $\boldsymbol{a}_i$ と第 j 列 $\boldsymbol{a}_j$ を入れ替えて得られる行列を $A' = (\boldsymbol{a}_1, \boldsymbol{a}_2, \cdots, \boldsymbol{a}_j, \cdots, \boldsymbol{a}_i, \cdots, \boldsymbol{a}_n)$ と表そう。A' の行列式は (6.24) の式にしたがって書くと，（A' の第 i, j 列にはそれぞれ $\boldsymbol{a}_j, \boldsymbol{a}_i$ の成分が並んでいることに注意すると）

$$\sum_{\sigma \in S_n} \mathrm{sign}(\sigma) a_{\sigma(1)1} a_{\sigma(2)2} \cdots a_{\sigma(i)j} \cdots a_{\sigma(j)i} \cdots a_{\sigma(n)n}$$

となる。$a_{\sigma(i)j}$ と $a_{\sigma(j)i}$ は i と j がそろっていないので，σ と互換 $\tau = (i, j)$ との積 $\sigma\tau$ を ν とおくと，$\nu(i) = \sigma(j), \nu(j) = \sigma(i)$ で，その他の数については（σ と）値が変わらない。また，$\mathrm{sign}(\nu) = -\mathrm{sign}(\sigma)$。したがって，上式は

$$\sum_{\sigma \in S_n} (-\mathrm{sign}(\nu)) a_{\nu(1)1} a_{\nu(2)2} \cdots a_{\nu(j)j} \cdots a_{\nu(i)i} \cdots a_{\nu(n)n}$$

となる。もちろん σ が S_n の要素をくまなく動くと（コメント 5.1 より）全体として ν も S_n のすべての置換を重複なく動くから，上式は

$$\sum_{\nu \in S_n} (-\mathrm{sign}(\nu)) a_{\nu(1)1} a_{\nu(2)2} \cdots a_{\nu(i)i} \cdots a_{\nu(j)j} \cdots a_{\nu(n)n}$$

となる。この式は $-\det(A)$ を表す。よって，$\det(A') = -\det(A)$ となる。

[定理 **7.1-iv** の証明]　行列 A の第 i 列 $\boldsymbol{a}_i$ を第 j 列 $\boldsymbol{a}_j$ で置き換えて得られる行列を $A' = (\boldsymbol{a}_1, \boldsymbol{a}_2, \cdots, \boldsymbol{a}_j, \cdots, \boldsymbol{a}_j, \cdots, \boldsymbol{a}_n)$ と表そう。A' は，第 i 列と第 j 列が等しく，これらを入れ替えても行列は変わらない。しかし定理によると，2 つの列を入れ替えると，行列式は -1 倍になる。したがって A' の行列式は 0 である。

[定理 **7.1-v** の証明]　$A' = (\boldsymbol{a}_1, \boldsymbol{a}_2, \cdots, \boldsymbol{a}_i + \alpha\boldsymbol{a}_j, \cdots, \boldsymbol{a}_j, \cdots, \boldsymbol{a}_n)$ の

行列式は定理 7.1-ii を使うと，

$$\begin{aligned} &\det(A') \\ =\ &\det(\boldsymbol{a}_1, \boldsymbol{a}_2, \cdots, \boldsymbol{a}_i + \alpha \boldsymbol{a}_j, \cdots, \boldsymbol{a}_j, \cdots, \boldsymbol{a}_n) \\ =\ &\det(\boldsymbol{a}_1, \boldsymbol{a}_2, \cdots, \boldsymbol{a}_i, \cdots, \boldsymbol{a}_j, \cdots, \boldsymbol{a}_n) \\ &+ \alpha \det(\boldsymbol{a}_1, \boldsymbol{a}_2, \cdots, \boldsymbol{a}_j, \cdots, \boldsymbol{a}_j, \cdots, \boldsymbol{a}_n) \end{aligned}$$

となる。最後の式の第 2 項は定理 7.1-iv より 0 であるから，$\det(A') = \det(A)$ となる。

7.4　行に関する性質(A)

以上の行列式の性質は，列に関するもので，これを行に関するものに置き換えてもそのまま成り立つ。n 次正方行列 A において，各 i $(1 \leq i \leq n)$ において，第 i 行を行ベクトル $\boldsymbol{a}_i$ と書こう。そして A を行ベクトルが縦に並んだものとみて，

$$A = \begin{pmatrix} \boldsymbol{a}_1 \\ \boldsymbol{a}_2 \\ \vdots \\ \boldsymbol{a}_n \end{pmatrix}$$

と表そう。そして $\det(A)$ を，

$$\det \begin{pmatrix} \boldsymbol{a}_1 \\ \boldsymbol{a}_2 \\ \vdots \\ \boldsymbol{a}_n \end{pmatrix}$$

と書こう。（以下の定理の証明は (C) である。）

定理 7.2 i. 正方行列 A のある行を α 倍して得られる行列の行列式は，もとの行列 A の行列式の α 倍になる。これを 3 次の場合の 1 例そして，n 次の場合に視覚的に書けば，

$$\begin{vmatrix} a_{11} & a_{12} & a_{13} \\ \alpha a_{21} & \alpha a_{22} & \alpha a_{23} \\ a_{31} & a_{32} & a_{33} \end{vmatrix} = \alpha \begin{vmatrix} a_{11} & a_{12} & a_{13} \\ a_{21} & a_{22} & a_{23} \\ a_{31} & a_{32} & a_{33} \end{vmatrix},$$

$$\det \begin{pmatrix} \boldsymbol{a}_1 \\ \vdots \\ \alpha \boldsymbol{a}_i \\ \vdots \\ \boldsymbol{a}_n \end{pmatrix} = \alpha \det \begin{pmatrix} \boldsymbol{a}_1 \\ \vdots \\ \boldsymbol{a}_i \\ \vdots \\ \boldsymbol{a}_n \end{pmatrix}$$

ii. 行列式は行に関して次の多重線型性を満たす。

$$\begin{vmatrix} a_{11} & a_{12} & a_{13} \\ \alpha a_{21} + \beta b_{21} & \alpha a_{22} + \beta b_{22} & \alpha a_{23} + \beta b_{23} \\ a_{31} & a_{32} & a_{33} \end{vmatrix}$$

$$= \alpha \begin{vmatrix} a_{11} & a_{12} & a_{13} \\ a_{21} & a_{22} & a_{23} \\ a_{31} & a_{32} & a_{33} \end{vmatrix} + \beta \begin{vmatrix} a_{11} & a_{12} & a_{13} \\ b_{21} & b_{22} & b_{23} \\ a_{31} & a_{32} & a_{33} \end{vmatrix},$$

$$\det \begin{pmatrix} \boldsymbol{a}_1 \\ \vdots \\ \alpha \boldsymbol{a}_i + \beta \boldsymbol{b}_i \\ \vdots \\ \boldsymbol{a}_n \end{pmatrix} = \alpha \det \begin{pmatrix} \boldsymbol{a}_1 \\ \vdots \\ \boldsymbol{a}_i \\ \vdots \\ \boldsymbol{a}_n \end{pmatrix} + \beta \det \begin{pmatrix} \boldsymbol{a}_1 \\ \vdots \\ \boldsymbol{b}_i \\ \vdots \\ \boldsymbol{a}_n \end{pmatrix}$$

iii. 正方行列 A の，2 つの行を入れ替えて得られる行列の行列式は，もとの行列 A の行列式の -1 倍になる。この性質を行列式の行

に関する交代性という。

$$\begin{vmatrix} a_{21} & a_{22} & a_{23} \\ a_{11} & a_{12} & a_{13} \\ a_{31} & a_{32} & a_{33} \end{vmatrix} = -\begin{vmatrix} a_{11} & a_{12} & a_{13} \\ a_{21} & a_{22} & a_{23} \\ a_{31} & a_{32} & a_{33} \end{vmatrix},$$

$$\det\begin{pmatrix} \boldsymbol{a}_1 \\ \vdots \\ \boldsymbol{a}_j \\ \vdots \\ \boldsymbol{a}_i \\ \vdots \\ \boldsymbol{a}_n \end{pmatrix} = -\det\begin{pmatrix} \boldsymbol{a}_1 \\ \vdots \\ \boldsymbol{a}_i \\ \vdots \\ \boldsymbol{a}_j \\ \vdots \\ \boldsymbol{a}_n \end{pmatrix}$$

iv. 正方行列 A のある行を，別の行で置き換えて得られる行列の行列式は 0 である。

$$\begin{vmatrix} a_{11} & a_{12} & a_{13} \\ a_{11} & a_{12} & a_{13} \\ a_{31} & a_{32} & a_{33} \end{vmatrix} = 0, \qquad \det\begin{pmatrix} \boldsymbol{a}_1 \\ \vdots \\ \boldsymbol{a}_i \\ \vdots \\ \boldsymbol{a}_i \\ \vdots \\ \boldsymbol{a}_n \end{pmatrix} = 0$$

v. 正方行列 A の，ある行を α 倍したものを別の行に加えて得られる行列の行列式は，もとの行列 A の行列式と等しい。

$$\begin{vmatrix} a_{11} + \alpha a_{21} & a_{12} + \alpha a_{22} & a_{13} + \alpha a_{23} \\ a_{21} & a_{22} & a_{23} \\ a_{31} & a_{32} & a_{33} \end{vmatrix} = \begin{vmatrix} a_{11} & a_{12} & a_{13} \\ a_{21} & a_{22} & a_{23} \\ a_{31} & a_{32} & a_{33} \end{vmatrix},$$

$$\det\begin{pmatrix} \boldsymbol{a}_1 \\ \vdots \\ \boldsymbol{a}_i + \alpha\boldsymbol{a}_j \\ \vdots \\ \boldsymbol{a}_j \\ \vdots \\ \boldsymbol{a}_n \end{pmatrix} = \det\begin{pmatrix} \boldsymbol{a}_1 \\ \vdots \\ \boldsymbol{a}_i \\ \vdots \\ \boldsymbol{a}_j \\ \vdots \\ \boldsymbol{a}_n \end{pmatrix}$$

[定理 **7.2-i** の証明]　正方行列 A で，第 i 行を α 倍して得られる行列を A' とする。すると転置行列 ${}^tA$ で第 i 列を α 倍して得られる行列は ${}^t(A')$ となる。すると，定理 7.1-i より $\det({}^t(A')) = \alpha\det({}^tA)$。また定理 6.1 より $\det(A) = \det({}^tA)$，$\det(A') = \det({}^t(A'))$。よって $\det(A') = \alpha\det(A)$。

$$\begin{array}{ccc} A & \xrightarrow{\text{第 } i \text{ 行を } \alpha \text{ 倍する}} & A' \\ \text{転置}\big\downarrow & & \text{転置}\big\downarrow \\ {}^tA & \xrightarrow{\text{第 } i \text{ 列を } \alpha \text{ 倍する}} & {}^t(A') \end{array}$$

[定理 **7.2-ii** の証明]　定理 6.1 より正方行列 B において，$\det(B) = \det({}^tB)$ であることに注意しよう。行ベクトル $\boldsymbol{a}$ を転置すると列ベクトル ${}^t\boldsymbol{a}$ になるから，定理 7.1-ii より，

$$\begin{aligned} &\det({}^t\boldsymbol{a}_1, \cdots, {}^t\boldsymbol{a}_{i-1}, \alpha\,{}^t\boldsymbol{a}_i + \beta\,{}^t\boldsymbol{b}_i, {}^t\boldsymbol{a}_{i+1}, \cdots, {}^t\boldsymbol{a}_n) \\ &= \alpha\det({}^t\boldsymbol{a}_1, {}^t\boldsymbol{a}_2, \cdots, {}^t\boldsymbol{a}_i, \cdots, {}^t\boldsymbol{a}_n) + \beta\det({}^t\boldsymbol{a}_1, {}^t\boldsymbol{a}_2, \cdots, {}^t\boldsymbol{b}_i, \cdots, {}^t\boldsymbol{a}_n) \end{aligned}$$

上式に現れる（行列式をとる前の）左辺の行列また右辺の 2 つの行列，

これらの転置行列の行列式を考えると，ii が得られる。

[定理 7.2-iii の証明]　正方行列 A で，2 つの行第 i 行と第 j 行を入れ替えて得られる行列を A' とする。すると転置行列 ${}^tA$ で 2 つの列第 i 列と第 j 列を入れ替えて得られる行列は ${}^t(A')$ となる（(2.10) の後の説明参照）。すると，定理 7.1-iii より $\det({}^tA) = -\det({}^t(A'))$。また定理 6.1 より，$\det(A) = \det({}^tA)$，$\det(A') = \det({}^t(A'))$。よって $\det(A') = -\det(A)$。

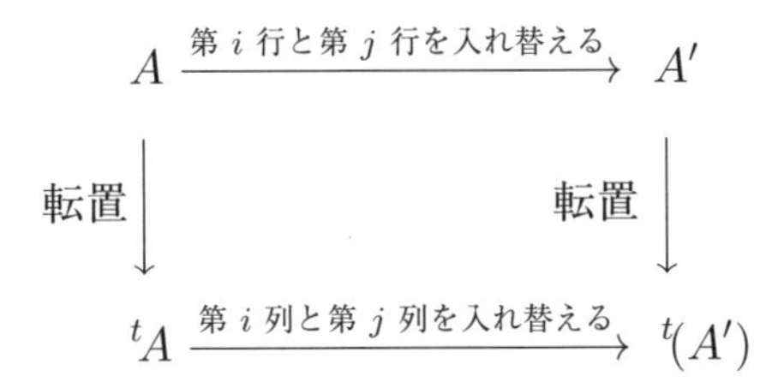

[定理 7.2-iv の証明]　iii より定理 7.1-iv と同様に証明すればよい。あるいは次のように証明してもよい。正方行列 A で，第 i 行を別の第 j 行で置き換えて得られる行列を A' とする。すると転置行列 ${}^tA$ で第 i 列を第 j 列で置き換えて得られる行列は ${}^t(A')$ となる。定理 6.1 より $\det(A') = \det({}^t(A'))$。また定理 7.1-iv より $\det({}^t(A')) = 0$。よって $\det(A') = 0$。

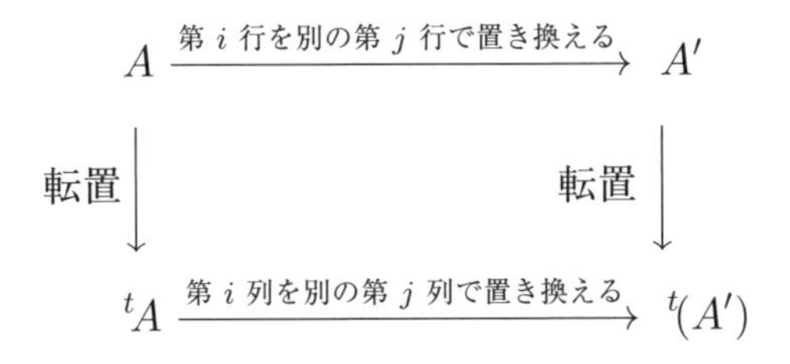

［定理 **7.2-v** の証明］　ii, iv より

$$\det\begin{pmatrix} \boldsymbol{a}_1 \\ \vdots \\ \boldsymbol{a}_i + \alpha\boldsymbol{a}_j \\ \vdots \\ \boldsymbol{a}_j \\ \vdots \\ \boldsymbol{a}_n \end{pmatrix} = \det\begin{pmatrix} \boldsymbol{a}_1 \\ \vdots \\ \boldsymbol{a}_i \\ \vdots \\ \boldsymbol{a}_j \\ \vdots \\ \boldsymbol{a}_n \end{pmatrix} + \alpha\det\begin{pmatrix} \boldsymbol{a}_1 \\ \vdots \\ \boldsymbol{a}_j \\ \vdots \\ \boldsymbol{a}_j \\ \vdots \\ \boldsymbol{a}_n \end{pmatrix} = \det\begin{pmatrix} \boldsymbol{a}_1 \\ \vdots \\ \boldsymbol{a}_i \\ \vdots \\ \boldsymbol{a}_j \\ \vdots \\ \boldsymbol{a}_n \end{pmatrix}$$

7.5　基本変形と行列式(B)(C)

例 7.1　さて例 3.3 の連立方程式の解法を思い出そう。

$$\begin{aligned} x_1 + x_2 + x_3 &= 2 \\ x_1 + 2x_2 + 3x_3 &= 2 \\ x_1 + 3x_2 + 3x_3 &= 0 \end{aligned}$$

これを係数と定数項だけを取り出して，次の拡大係数行列をつくる。

$$\begin{pmatrix} 1 & 1 & 1 & 2 \\ 1 & 2 & 3 & 2 \\ 1 & 3 & 3 & 0 \end{pmatrix}$$

この行列に，例 3.3 でみたように，行の基本変形をほどこしていって

$$\begin{pmatrix} 1 & 0 & 0 & 3 \\ 0 & 1 & 0 & -2 \\ 0 & 0 & 1 & 1 \end{pmatrix}$$

という形の階段行列を得た。ここで上の行列において，係数の部分からなる係数行列は，

$$\begin{pmatrix} 1 & 0 & 0 \\ 0 & 1 & 0 \\ 0 & 0 & 1 \end{pmatrix} \qquad \cdots(7.3)$$

であるが，これは三角行列（単位行列）であり（6.10 節より）この行列の行列式を求めるのは容易で 1 である。もとの係数行列

$$A = \begin{pmatrix} 1 & 1 & 1 \\ 1 & 2 & 3 \\ 1 & 3 & 3 \end{pmatrix} \qquad \cdots(7.4)$$

に行基本変形をほどこすことによって (7.3) の行列を求めたのである。よって行基本変形に関する行列式の性質を使うことによって，(7.3) の階段行列の行列式を簡単に求めておいて，同時にもとの (7.4) の行列 A の行列式を求めることもできる。どういうことか，上の連立方程式の解法，例 3.3 になぞらえて（必要な行変形だけ取り出して）たどっていくことにしよう。

$$\begin{vmatrix} 1 & 1 & 1 \\ 1 & 2 & 3 \\ 1 & 3 & 3 \end{vmatrix} \xrightarrow[-1\text{ 倍をたす}]{\text{第 2 行に第 1 行の}} = \begin{vmatrix} 1 & 1 & 1 \\ 0 & 1 & 2 \\ 1 & 3 & 3 \end{vmatrix} \xrightarrow[\text{(第 1 列の掃き出し)}]{\text{第 3 行に第 1 行の }-1\text{ 倍をたす}}$$

$$= \begin{vmatrix} 1 & 1 & 1 \\ 0 & 1 & 2 \\ 0 & 2 & 2 \end{vmatrix} \xrightarrow[-1\text{ 倍をたす}]{\text{第 1 行に第 2 行の}} = \begin{vmatrix} 1 & 0 & -1 \\ 0 & 1 & 2 \\ 0 & 2 & 2 \end{vmatrix} \xrightarrow[\text{(第 2 列の掃き出し)}]{\text{第 3 行に第 2 行の }-2\text{ 倍をたす}}$$

$$= \begin{vmatrix} 1 & 0 & -1 \\ 0 & 1 & 2 \\ 0 & 0 & -2 \end{vmatrix} \xrightarrow{\text{第 3 行を }-2\text{ で割る}} = -2 \begin{vmatrix} 1 & 0 & -1 \\ 0 & 1 & 2 \\ 0 & 0 & 1 \end{vmatrix} \xrightarrow[-2\text{ 倍をたす}]{\text{第 2 行に第 3 行の}}$$

$$= -2 \begin{vmatrix} 1 & 0 & -1 \\ 0 & 1 & 0 \\ 0 & 0 & 1 \end{vmatrix} \xrightarrow[\text{(第 3 列の掃き出し)}]{\text{第 1 行に第 3 行をたす}} = -2 \begin{vmatrix} 1 & 0 & 0 \\ 0 & 1 & 0 \\ 0 & 0 & 1 \end{vmatrix} = -2$$

ここで最初の式から 2 番目の式への変形では，第 2 行に第 1 行の -1 倍をたしているが，定理 7.2-v より行列式の値には変わりないことに注意しよう。同様に 2 番目の式から 5 番目の式も，行列式の値は変わらない。5 番目の式から 6 番目の式への変形では，第 3 行が $-\dfrac{1}{2}$ 倍されているから，6 番目の行列の行列式は定理 7.2-i より 5 番目の行列の行列式の $-\dfrac{1}{2}$ 倍になる。したがって，6 番目の式では -2 倍して等式が成り立つ。6 番目以降の変形については行列式の値は変わらない。最後に単位行列の行列式は 1 だから最後の等式の値は -2。従って最初の式 $\det(A)$ の値も -2 となる。

一般に定理 7.2-i, iii, v（そこでは $\alpha \neq 0$ とする）より，A に行基本変形を施して得られる行列を A' とすると，ある $k \neq 0$ が存在して $\det(A') = k\det(A)$ となる。従って $\det(A') \neq 0 \Leftrightarrow \det(A) \neq 0$。この議論を繰り返すと，$A$ に行基本変形を何回かほどこして得られる行列を A' とすると，$\det(A') \neq 0 \Leftrightarrow \det(A) \neq 0$。このことから次の定理が得られる。

定理 7.3　正方行列 A が正則であることと $\det(A) \neq 0$ であることは同値である。

[証明]　定理 4.4 より，A が正則であることと，A に行基本変形をほどこすことによって得られる階段行列が単位行列になることは同値である。もし A が正則ならば，A に行基本変形をほどこすことによって得

られる階段行列が単位行列となり，単位行列の行列式は（6.10 節より）1 だから（定理の前に述べたことから）$\det(A) \neq 0$。逆に $\det(A) \neq 0$ なら行基本変形によって得られる階段行列には零ベクトルとなる行は含まれない（もし含まれればその階段行列の行列式は（(6.24) の後の説明より）0 になり（定理の前に述べたことから）$\det(A) = 0$ となってしまう）。よって階段行列は単位行列となり（(4.1) の後の解説を見よ），A は正則である。

7.6　行列式の特色づけ（C）

n 次基本ベクトルは次のようなものであった。

$$\boldsymbol{e}_1 = \begin{pmatrix} 1 \\ 0 \\ \vdots \\ 0 \end{pmatrix},\ \boldsymbol{e}_2 = \begin{pmatrix} 0 \\ 1 \\ \vdots \\ 0 \end{pmatrix}, \cdots,\ \boldsymbol{e}_n = \begin{pmatrix} 0 \\ 0 \\ \vdots \\ 1 \end{pmatrix}$$

n 次列ベクトル

$$\boldsymbol{a}_i = \begin{pmatrix} a_{1i} \\ a_{2i} \\ \vdots \\ a_{ni} \end{pmatrix}$$

が与えられたとする。$\boldsymbol{a}_i$ は基本ベクトルを用いて次のように書ける。

$$\boldsymbol{a}_i = \begin{pmatrix} a_{1i} \\ a_{2i} \\ \vdots \\ a_{ni} \end{pmatrix} = a_{1i} \begin{pmatrix} 1 \\ 0 \\ \vdots \\ 0 \end{pmatrix} + a_{2i} \begin{pmatrix} 0 \\ 1 \\ \vdots \\ 0 \end{pmatrix} + \cdots + a_{ni} \begin{pmatrix} 0 \\ 0 \\ \vdots \\ 1 \end{pmatrix}$$

$$= a_{1i}\boldsymbol{e}_1 + a_{2i}\boldsymbol{e}_2 + \cdots + a_{ni}\boldsymbol{e}_n$$

次に n 個の n 次列ベクトル $\boldsymbol{a}_1, \boldsymbol{a}_2, \cdots, \boldsymbol{a}_n$ に関する関数 $F(\boldsymbol{a}_1, \boldsymbol{a}_2, \cdots, \boldsymbol{a}_n)$ を考える。ここで簡単のため，$\boldsymbol{a}_i$ を関数 F の第 i 列と呼ぶことにする。さて，F が次の性質をもつとする。

$$\begin{aligned}
&F(\boldsymbol{a}_1, \boldsymbol{a}_2, \cdots, \alpha\boldsymbol{a}_i + \beta\boldsymbol{a}_i', \cdots, \boldsymbol{a}_n) \\
&\quad = \alpha F(\boldsymbol{a}_1, \boldsymbol{a}_2, \cdots, \boldsymbol{a}_i, \cdots, \boldsymbol{a}_n) \\
&\qquad + \beta F(\boldsymbol{a}_1, \boldsymbol{a}_2, \cdots, \boldsymbol{a}_i', \cdots, \boldsymbol{a}_n) &\cdots(7.5) \\
&F(\boldsymbol{a}_1, \boldsymbol{a}_2, \cdots, \boldsymbol{a}_i, \cdots, \boldsymbol{a}_j, \cdots, \boldsymbol{a}_n) \\
&\quad = -F(\boldsymbol{a}_1, \boldsymbol{a}_2, \cdots, \boldsymbol{a}_j, \cdots, \boldsymbol{a}_i, \cdots, \boldsymbol{a}_n) &\cdots(7.6) \\
&F(\boldsymbol{e}_1, \boldsymbol{e}_2, \cdots, \boldsymbol{e}_n) = 1 &\cdots(7.7)
\end{aligned}$$

(7.5) をみたすとき F は**多重線型性**をもつという。(7.6) をみたすとき F は**交代性**をもつという。ここで (7.6) において $\boldsymbol{a}_i = \boldsymbol{a}_j$ の場合は，F の値は 0 になることに注意しよう。これらの式の意味を理解するために，$n = 2$ の場合に練習してみよう。

列ベクトル

$$\boldsymbol{a}_1 = \begin{pmatrix} a_{11} \\ a_{21} \end{pmatrix},\ \boldsymbol{a}_2 = \begin{pmatrix} a_{12} \\ a_{22} \end{pmatrix}$$

が与えられたとする。$\boldsymbol{a}_1, \boldsymbol{a}_2$ は 2 次基本ベクトルを用いて次のように書ける。

$$\boldsymbol{a}_1 = a_{11}\begin{pmatrix} 1 \\ 0 \end{pmatrix} + a_{21}\begin{pmatrix} 0 \\ 1 \end{pmatrix} = a_{11}\boldsymbol{e}_1 + a_{21}\boldsymbol{e}_2$$

$$\boldsymbol{a}_2 = a_{12}\begin{pmatrix} 1 \\ 0 \end{pmatrix} + a_{22}\begin{pmatrix} 0 \\ 1 \end{pmatrix} = a_{12}\boldsymbol{e}_1 + a_{22}\boldsymbol{e}_2$$

このとき，

$$F(\boldsymbol{a}_1, \boldsymbol{a}_2) = F(a_{11}\boldsymbol{e}_1 + a_{21}\boldsymbol{e}_2, a_{12}\boldsymbol{e}_1 + a_{22}\boldsymbol{e}_2) \qquad \cdots(7.8)$$

を計算しよう。多重線型性 (7.5) を使って

$$\begin{aligned} &= F(a_{11}\boldsymbol{e}_1, a_{12}\boldsymbol{e}_1 + a_{22}\boldsymbol{e}_2) + F(a_{21}\boldsymbol{e}_2, a_{12}\boldsymbol{e}_1 + a_{22}\boldsymbol{e}_2) \\ &= F(a_{11}\boldsymbol{e}_1, a_{12}\boldsymbol{e}_1) + F(a_{11}\boldsymbol{e}_1, a_{22}\boldsymbol{e}_2) \\ &\quad + F(a_{21}\boldsymbol{e}_2, a_{12}\boldsymbol{e}_1) + F(a_{21}\boldsymbol{e}_2, a_{22}\boldsymbol{e}_2) && \cdots(7.9) \\ &= a_{11}a_{12}F(\boldsymbol{e}_1, \boldsymbol{e}_1) + a_{11}a_{22}F(\boldsymbol{e}_1, \boldsymbol{e}_2) \\ &\quad + a_{21}a_{12}F(\boldsymbol{e}_2, \boldsymbol{e}_1) + a_{21}a_{22}F(\boldsymbol{e}_2, \boldsymbol{e}_2) && \cdots(7.10) \end{aligned}$$

交代性 (7.6) を使って

$$\begin{aligned} &= a_{11}a_{22}F(\boldsymbol{e}_1, \boldsymbol{e}_2) + a_{21}a_{12}F(\boldsymbol{e}_2, \boldsymbol{e}_1) && \cdots(7.11) \\ &= a_{11}a_{22}F(\boldsymbol{e}_1, \boldsymbol{e}_2) - a_{21}a_{12}F(\boldsymbol{e}_1, \boldsymbol{e}_2) \\ &= (a_{11}a_{22} - a_{12}a_{21})F(\boldsymbol{e}_1, \boldsymbol{e}_2) && \cdots(7.12) \end{aligned}$$

(7.7) を使って

$$= a_{11}a_{22} - a_{12}a_{21}$$

ここで最後の式は行列

$$(\boldsymbol{a}_1, \boldsymbol{a}_2) = \begin{pmatrix} a_{11} & a_{12} \\ a_{21} & a_{22} \end{pmatrix}$$

の行列式になっている。ここで (7.8) から (7.9) への変形について述べる。(7.8) の右辺における F の第 1 列の各項 $a_{11}\boldsymbol{e}_1$，$a_{21}\boldsymbol{e}_2$ から 1 つ選

びまた，F の第 2 列の各項 $a_{12}\boldsymbol{e}_1$，$a_{22}\boldsymbol{e}_2$ から 1 つ選ぶ。この選び方は全部で $2 \times 2 = 4$ 通りである。そしてそれぞれに対して F による値を求めてたし合わせている，このように (7.9) を見ることができる。そして a_{ij} といった係数（スカラー）部分は F の外に出せる，これが (7.10) である。これを見ると基本ベクトルにおける F の値さえわかれば，あとは (7.10) により，一般の $F(\boldsymbol{a}_1, \boldsymbol{a}_2)$ の値が求まることがわかる。これが多重線型性のもつ 1 つの意味である。

さらに $F(\boldsymbol{e}_i, \boldsymbol{e}_j)$ は $i = j$ であれば (7.6) より 0 になるから，$i \neq j$ なる $F(\boldsymbol{e}_i, \boldsymbol{e}_j)$ のみを考えればいいことになる，これが (7.11) である。すると $i \neq j$ に対して，$\sigma(1) = i$，$\sigma(2) = j$ なる置換 $\sigma \in S_2$ を対応させて考える。そうすれば $F(a_{i1}\boldsymbol{e}_i, a_{j2}\boldsymbol{e}_j)$ を $F(a_{\sigma(1)1}\boldsymbol{e}_{\sigma(1)}, a_{\sigma(2)2}\boldsymbol{e}_{\sigma(2)})$ と書くことができる。より具体的に言うと，(5.10) の記法を用いて，S_2 の要素 σ_1, σ_2 において，

$$\sigma_1 = \begin{pmatrix} 1 & 2 \\ 1 & 2 \end{pmatrix}, \ \sigma_2 = \begin{pmatrix} 1 & 2 \\ 2 & 1 \end{pmatrix}$$

とすると，

$$F(a_{11}\boldsymbol{e}_1, a_{22}\boldsymbol{e}_2) = F(a_{\sigma_1(1)1}\boldsymbol{e}_{\sigma_1(1)}, a_{\sigma_1(2)2}\boldsymbol{e}_{\sigma_1(2)})$$
$$F(a_{21}\boldsymbol{e}_2, a_{12}\boldsymbol{e}_1) = F(a_{\sigma_2(1)1}\boldsymbol{e}_{\sigma_2(1)}, a_{\sigma_2(2)2}\boldsymbol{e}_{\sigma_2(2)})$$

と書くことができる。この書き方を使うと，(5.11) より，$\mathrm{sign}(\sigma_1) = 1$，$\mathrm{sign}(\sigma_2) = -1$ であるから，

$$F(\boldsymbol{e}_{\sigma_1(1)}, \boldsymbol{e}_{\sigma_1(2)}) = F(\boldsymbol{e}_1, \boldsymbol{e}_2) = \mathrm{sign}(\sigma_1)F(\boldsymbol{e}_1, \boldsymbol{e}_2)$$
$$F(\boldsymbol{e}_{\sigma_2(1)}, \boldsymbol{e}_{\sigma_2(2)}) = F(\boldsymbol{e}_2, \boldsymbol{e}_1) = -F(\boldsymbol{e}_1, \boldsymbol{e}_2) = \mathrm{sign}(\sigma_2)F(\boldsymbol{e}_1, \boldsymbol{e}_2)$$

以上より，

$$
\begin{aligned}
F(\boldsymbol{a}_1, \boldsymbol{a}_2) &= F(a_{11}\boldsymbol{e}_1 + a_{21}\boldsymbol{e}_2, a_{12}\boldsymbol{e}_1 + a_{22}\boldsymbol{e}_2) \\
&= F(a_{11}\boldsymbol{e}_1, a_{22}\boldsymbol{e}_2) + F(a_{21}\boldsymbol{e}_2, a_{12}\boldsymbol{e}_1) \\
&= a_{\sigma_1(1)1}a_{\sigma_1(2)2}F(\boldsymbol{e}_{\sigma_1(1)}, \boldsymbol{e}_{\sigma_1(2)}) \\
&\quad + a_{\sigma_2(1)1}a_{\sigma_2(2)2}F(\boldsymbol{e}_{\sigma_2(1)}, \boldsymbol{e}_{\sigma_2(2)}) \\
&= \sum_{\sigma \in S_2} \mathrm{sign}(\sigma) a_{\sigma(1)1}a_{\sigma(2)2}F(\boldsymbol{e}_1, \boldsymbol{e}_2) \\
&= \begin{vmatrix} a_{11} & a_{12} \\ a_{21} & a_{22} \end{vmatrix} = \det(\boldsymbol{a}_1, \boldsymbol{a}_2)
\end{aligned}
$$

となる（(7.7) より $F(\boldsymbol{e}_1, \boldsymbol{e}_2) = 1$）。したがって F は行列式の値を計算する関数である。

同様に，$n = 3$ の場合も確かめよう。列ベクトル

$$
\boldsymbol{a}_1 = \begin{pmatrix} a_{11} \\ a_{21} \\ a_{31} \end{pmatrix}, \ \boldsymbol{a}_2 = \begin{pmatrix} a_{12} \\ a_{22} \\ a_{32} \end{pmatrix}, \ \boldsymbol{a}_3 = \begin{pmatrix} a_{13} \\ a_{23} \\ a_{33} \end{pmatrix}
$$

が与えられたとする。これらは 3 次基本ベクトルを用いて次のように書ける。

$$
\begin{aligned}
\boldsymbol{a}_1 &= a_{11}\boldsymbol{e}_1 + a_{21}\boldsymbol{e}_2 + a_{31}\boldsymbol{e}_3 \\
\boldsymbol{a}_2 &= a_{12}\boldsymbol{e}_1 + a_{22}\boldsymbol{e}_2 + a_{32}\boldsymbol{e}_3 \\
\boldsymbol{a}_2 &= a_{13}\boldsymbol{e}_1 + a_{23}\boldsymbol{e}_2 + a_{33}\boldsymbol{e}_3
\end{aligned}
$$

このとき，

$$
\begin{aligned}
F(\boldsymbol{a}_1, \boldsymbol{a}_2, \boldsymbol{a}_3) = F(&a_{11}\boldsymbol{e}_1 + a_{21}\boldsymbol{e}_2 + a_{31}\boldsymbol{e}_3, a_{12}\boldsymbol{e}_1 + a_{22}\boldsymbol{e}_2 + a_{32}\boldsymbol{e}_3, \\
&a_{13}\boldsymbol{e}_1 + a_{23}\boldsymbol{e}_2 + a_{33}\boldsymbol{e}_3) \qquad \cdots (7.13)
\end{aligned}
$$

ここで (7.13) の計算を書き下すのはやめにして（2 次の場合の議論から推測できるように）次のように考えよう。(7.13) の右辺における F の第 1 列の各項 $a_{11}\boldsymbol{e}_1$, $a_{21}\boldsymbol{e}_2$, $a_{31}\boldsymbol{e}_3$ から 1 つ（これを $a_{i1}\boldsymbol{e}_i$ としよう），F の第 2 列の各項 $a_{12}\boldsymbol{e}_1$, $a_{22}\boldsymbol{e}_2$, $a_{32}\boldsymbol{e}_3$ から 1 つ（これを $a_{j2}\boldsymbol{e}_j$ としよう），そして F の第 3 列の各項 $a_{13}\boldsymbol{e}_1$, $a_{23}\boldsymbol{e}_2$, $a_{33}\boldsymbol{e}_3$ から 1 つ（これを $a_{k3}\boldsymbol{e}_k$ としよう）選ぶ。この選び方は全部で $3^3 = 27$ 通りである。そしてそれぞれに対して $F(a_{i1}\boldsymbol{e}_i, a_{j2}\boldsymbol{e}_j, a_{k3}\boldsymbol{e}_k)$ の値を求めてたし合わせている，これが (7.13) の場合の計算である。そして $a_{i'j'}$ といった係数（スカラー）部分は F の外に出せる。さらに $F(\boldsymbol{e}_i, \boldsymbol{e}_j, \boldsymbol{e}_k)$ は i, j, k の中で 1 つでも同じものがあれば，(7.6) より，0 になるから，i, j, k が全て異なる $F(a_{i1}\boldsymbol{e}_i, a_{j2}\boldsymbol{e}_j, a_{k3}\boldsymbol{e}_k)$ のみを考えればいいことになる。そのような $F(a_{i1}\boldsymbol{e}_i, a_{j2}\boldsymbol{e}_j, a_{k3}\boldsymbol{e}_k)$ に対して，$\sigma(1) = i$, $\sigma(2) = j$, $\sigma(3) = k$ なる置換 σ が対応していると見ることができる。そうすれば $F(a_{i1}\boldsymbol{e}_i, a_{j2}\boldsymbol{e}_j, a_{k3}\boldsymbol{e}_k)$ を $F(a_{\sigma(1)1}\boldsymbol{e}_{\sigma(1)}, a_{\sigma(2)2}\boldsymbol{e}_{\sigma(2)}, a_{\sigma(3)3}\boldsymbol{e}_{\sigma(3)})$ と書くことができる[7.1]。この書き方を使うと，

$$F(\boldsymbol{a}_1, \boldsymbol{a}_2, \boldsymbol{a}_3) = \sum_{\sigma \in S_3} F(a_{\sigma(1)1}\boldsymbol{e}_{\sigma(1)}, a_{\sigma(2)2}\boldsymbol{e}_{\sigma(2)}, a_{\sigma(3)3}\boldsymbol{e}_{\sigma(3)})$$

7.1　これは，F の第 1 列からは成分 $a_{\sigma(1)1}$ を含んだ項 $a_{\sigma(1)1}\boldsymbol{e}_{\sigma(1)}$ を選び，F の第 2 列からは成分 $a_{\sigma(2)2}$ を含んだ項 $a_{\sigma(2)2}\boldsymbol{e}_{\sigma(2)}$ を選び，F の第 3 列からは成分 $a_{\sigma(3)3}$ を含んだ項 $a_{\sigma(3)3}\boldsymbol{e}_{\sigma(3)}$ を選んで，これらに対する F の値である。こうしてみると 6.6 節で (6.20) について述べたこととの類似性が見出される。さらに F の多重線型性により，これらの成分（スカラー）は F の前に出せば（(7.14) の一般項で示した形になり，この類似性はさらに強まる），その結果 σ によって決まる基本ベクトルの列に対する F の値 $F(\boldsymbol{e}_{\sigma(1)}, \boldsymbol{e}_{\sigma(2)}, \boldsymbol{e}_{\sigma(3)})$ をさらにかけることになる。この F の値は (7.7) の条件のもとで $\mathrm{sign}(\sigma)$ に等しくなるというのがこの後の議論である。

$$= \sum_{\sigma \in S_3} a_{\sigma(1)1} a_{\sigma(2)2} a_{\sigma(3)3} F(\boldsymbol{e}_{\sigma(1)}, \boldsymbol{e}_{\sigma(2)}, \boldsymbol{e}_{\sigma(3)}) \quad \cdots (7.14)$$

ここで $F(\boldsymbol{e}_{\sigma(1)}, \boldsymbol{e}_{\sigma(2)}, \boldsymbol{e}_{\sigma(3)})$ の値は次のようになる。$F(\boldsymbol{e}_1, \boldsymbol{e}_2, \boldsymbol{e}_3)$ から出発して（F に現れる）2 つの列ベクトルを交換するごとに，(7.6) より，F の値が -1 倍になる。この操作を n 回ほどこして，$F(\boldsymbol{e}_{\sigma(1)}, \boldsymbol{e}_{\sigma(2)}, \boldsymbol{e}_{\sigma(3)})$ が得られたならば，n が偶数ならば値は変わらず，奇数ならば値は -1 倍となる。このことは添字の置換 σ に注目すると，σ すなわち

$$\begin{pmatrix} 1 & 2 & 3 \\ \sigma(1) & \sigma(2) & \sigma(3) \end{pmatrix}$$

が偶置換か奇置換かを見ることと同じである[7.2]。すると

$$F(\boldsymbol{e}_{\sigma(1)}, \boldsymbol{e}_{\sigma(2)}, \boldsymbol{e}_{\sigma(3)}) = \mathrm{sign}(\sigma) F(\boldsymbol{e}_1, \boldsymbol{e}_2, \boldsymbol{e}_3)$$

よって (7.14) は

$$\begin{aligned} & \sum_{\sigma \in S_3} \mathrm{sign}(\sigma) a_{\sigma(1)1} a_{\sigma(2)2} a_{\sigma(3)3} F(\boldsymbol{e}_1, \boldsymbol{e}_2, \boldsymbol{e}_3) \\ = \ & \det(\boldsymbol{a}_1, \boldsymbol{a}_2, \boldsymbol{a}_3) \end{aligned}$$

となる。このことを一般化して次のことが成り立つ。

定理 7.4　n 個の n 次列ベクトル $\boldsymbol{a}_1, \boldsymbol{a}_2, \cdots, \boldsymbol{a}_n$ に関する関数 $F(\boldsymbol{a}_1, \boldsymbol{a}_2, \cdots, \boldsymbol{a}_n)$ が上の (7.5), (7.6)（多重線型性と交代性）の性質をもつとする。このとき

7.2　すなわち（F の計算で上記でいう）一回の列の交換が，（F に現れる 3 つの基本ベクトルの）添字の並びに対し互換を作用させることに対応する。従ってこの互換を n 回行って添字の並び σ すなわち $\sigma(1), \sigma(2), \sigma(3)$ が得られれば，n が偶数か奇数かは σ が偶置換か奇置換かによることになる。

$$F(\boldsymbol{a}_1, \boldsymbol{a}_2, \cdots, \boldsymbol{a}_n) = \det(\boldsymbol{a}_1, \boldsymbol{a}_2, \cdots, \boldsymbol{a}_n) F(\boldsymbol{e}_1, \boldsymbol{e}_2, \cdots, \boldsymbol{e}_n)$$

が成り立つ。さらに F が (7.7) を持てば，上式の値は $\det(\boldsymbol{a}_1, \boldsymbol{a}_2, \cdots, \boldsymbol{a}_n)$ となる。

[証明]　今節最初に述べたように，

$$\boldsymbol{a}_i = a_{1i}\boldsymbol{e}_1 + a_{2i}\boldsymbol{e}_2 + \cdots + a_{ni}\boldsymbol{e}_n = \sum_{k_i=1}^{n} a_{k_i i}\boldsymbol{e}_{k_i}$$

とおくと，

$$\begin{aligned} &F(\boldsymbol{a}_1, \boldsymbol{a}_2, \cdots, \boldsymbol{a}_n) \\ &= F(\sum_{k_1=1}^{n} a_{k_1 1}\boldsymbol{e}_{k_1}, \sum_{k_2=1}^{n} a_{k_2 2}\boldsymbol{e}_{k_2}, \cdots, \sum_{k_n=1}^{n} a_{k_n n}\boldsymbol{e}_{k_n}) \end{aligned}$$

これに多重線型性を使って

$$= \sum_{k_1=1}^{n}\sum_{k_2=1}^{n}\cdots\sum_{k_n=1}^{n} a_{k_1 1}a_{k_2 2}\cdots a_{k_n n}F(\boldsymbol{e}_{k_1}, \boldsymbol{e}_{k_2}, \cdots, \boldsymbol{e}_{k_n}) \quad \cdots (7.15)$$

この式は各 k_i が $1 \leq k_i \leq n$ なる任意の数をとったとき，すべての $k_1, k_2, \cdots, k_n$ の組について，(7.15) で示された項の値の総和を示している。ここで $\boldsymbol{e}_{k_1}, \boldsymbol{e}_{k_2}, \cdots, \boldsymbol{e}_{k_n}$ の中に同じものがあれば，F の交代性により，$F(\boldsymbol{e}_{k_1}, \boldsymbol{e}_{k_2}, \cdots, \boldsymbol{e}_{k_n})$ の値は 0 である。したがってこれらが全て異なる場合を考えればよい。すると $k_1, k_2, \cdots, k_n$ は 1 から n までの数で全て異なるから，

$$\sigma = \begin{pmatrix} 1 & 2 & \cdots & n \\ k_1 & k_2 & \cdots & k_n \end{pmatrix}$$

となる置換 σ を対応させることができる。すなわち (7.15) は

$$\sum_{\sigma \in S_n} a_{\sigma(1)1} a_{\sigma(2)2} \cdots a_{\sigma(n)n} F(\boldsymbol{e}_{\sigma(1)}, \boldsymbol{e}_{\sigma(2)}, \cdots, \boldsymbol{e}_{\sigma(n)}) \qquad \cdots(7.16)$$

となる。σ が偶置換のときは，σ が偶数個の互換の積として表される。これは，

$$F(\boldsymbol{e}_1, \boldsymbol{e}_2, \cdots, \boldsymbol{e}_n) \qquad \cdots(7.17)$$

を，

$$F(\boldsymbol{e}_{\sigma(1)}, \boldsymbol{e}_{\sigma(2)}, \cdots, \boldsymbol{e}_{\sigma(n)}) \qquad \cdots(7.18)$$

に変えるのに，2 つの列ベクトルを入れ替える操作を偶数回必要としている。したがって（F の交代性より）(7.17) と (7.18) の値は等しい。もし σ が奇置換のときは，σ が奇数個の互換の積として表される。これは，(7.17) を (7.18) に変えるのに，2 つの列ベクトルを入れ替える操作を奇数回必要としている。したがって（F の交代性より）(7.17) と (7.18) は正負の符号が逆になる。このことから，

$$F(\boldsymbol{e}_{\sigma(1)}, \boldsymbol{e}_{\sigma(2)}, \cdots, \boldsymbol{e}_{\sigma(n)}) = \mathrm{sign}(\sigma) F(\boldsymbol{e}_1, \boldsymbol{e}_2, \cdots, \boldsymbol{e}_n)$$

となる。これで (7.16) を書き直すと，

$$\begin{aligned} & F(\boldsymbol{a}_1, \boldsymbol{a}_2, \cdots, \boldsymbol{a}_n) \\ = & \sum_{\sigma \in S_n} a_{\sigma(1)1} a_{\sigma(2)2} \cdots a_{\sigma(n)n} \, \mathrm{sign}(\sigma) F(\boldsymbol{e}_1, \boldsymbol{e}_2, \cdots, \boldsymbol{e}_n) \\ = & \det(\boldsymbol{a}_1, \boldsymbol{a}_2, \cdots, \boldsymbol{a}_n) F(\boldsymbol{e}_1, \boldsymbol{e}_2, \cdots, \boldsymbol{e}_n) \end{aligned}$$

さらに (7.7) を使えば

$$= \det(\boldsymbol{a}_1, \boldsymbol{a}_2, \cdots, \boldsymbol{a}_n)$$

さて，2 つの n 次正方行列 A, B があるとき，$\det(AB) = \det(A)\det(B)$ が成り立つ。このことを 2 次の正方行列の場合に確かめよう。

$$A = \begin{pmatrix} a_{11} & a_{12} \\ a_{21} & a_{22} \end{pmatrix},\ B = \begin{pmatrix} b_{11} & b_{12} \\ b_{21} & b_{22} \end{pmatrix}$$

とすると，

$$\begin{aligned} AB &= \begin{pmatrix} a_{11} & a_{12} \\ a_{21} & a_{22} \end{pmatrix}\begin{pmatrix} b_{11} & b_{12} \\ b_{21} & b_{22} \end{pmatrix} \\ &= \begin{pmatrix} a_{11}b_{11} + a_{12}b_{21} & a_{11}b_{12} + a_{12}b_{22} \\ a_{21}b_{11} + a_{22}b_{21} & a_{21}b_{12} + a_{22}b_{22} \end{pmatrix} \end{aligned}$$

すると，

$$\begin{aligned} \det(A)\det(B) &= (a_{11}a_{22} - a_{12}a_{21})(b_{11}b_{22} - b_{12}b_{21}) \\ &= a_{11}a_{22}b_{11}b_{22} - a_{11}a_{22}b_{12}b_{21} \\ &\quad - a_{12}a_{21}b_{11}b_{22} + a_{12}a_{21}b_{12}b_{21}, \\ \det(AB) &= (a_{11}b_{11} + a_{12}b_{21})(a_{21}b_{12} + a_{22}b_{22}) \\ &\quad - (a_{11}b_{12} + a_{12}b_{22})(a_{21}b_{11} + a_{22}b_{21}) \\ &= a_{11}b_{11}a_{21}b_{12} + a_{11}b_{11}a_{22}b_{22} \\ &\quad + a_{12}b_{21}a_{21}b_{12} + a_{12}b_{21}a_{22}b_{22} \\ &\quad - a_{11}b_{12}a_{21}b_{11} - a_{11}b_{12}a_{22}b_{21} \\ &\quad - a_{12}b_{22}a_{21}b_{11} - a_{12}b_{22}a_{22}b_{21} \end{aligned}$$

第 1 項と第 5 項が打ち消し合い，第 4 項と第 8 項が打ち消し合うから

$$= a_{11}b_{11}a_{22}b_{22} + a_{12}b_{21}a_{21}b_{12}$$

$$-a_{11}b_{12}a_{22}b_{21} - a_{12}b_{22}a_{21}b_{11}$$

となり，$\det(AB) = \det(A)\det(B)$ となる。一般の場合を次に証明する。

定理 7.5　A, B を n 次正方行列とする。このとき $\det(AB) = \det(A)\det(B)$。

[証明]　行列 $A = (\boldsymbol{a}_1, \boldsymbol{a}_2, \cdots, \boldsymbol{a}_n)$ とし，行列 $B = (\boldsymbol{b}_1, \boldsymbol{b}_2, \cdots, \boldsymbol{b}_n)$ とする。すると AB は，$(A\boldsymbol{b}_1, A\boldsymbol{b}_2, \cdots, A\boldsymbol{b}_n)$ と表される。n 個の n 次列ベクトル $\boldsymbol{x}_1, \boldsymbol{x}_2, \cdots, \boldsymbol{x}_n$ の関数 F を

$$F(\boldsymbol{x}_1, \boldsymbol{x}_2, \cdots, \boldsymbol{x}_n) = \det(A\boldsymbol{x}_1, A\boldsymbol{x}_2, \cdots, A\boldsymbol{x}_n) \qquad \cdots(7.19)$$

とおく。

定理 7.1-ii, iii の行列式の多重線型性と交代性から，F は多重線型性と交代性をもつ。すなわち

$$\begin{aligned}
&F(\boldsymbol{x}_1, \boldsymbol{x}_2, \cdots, \boldsymbol{x}_i + \boldsymbol{x}'_i, \cdots, \boldsymbol{x}_n) \\
&\quad = \det(A\boldsymbol{x}_1, A\boldsymbol{x}_2, \cdots, A\boldsymbol{x}_i + A\boldsymbol{x}'_i, \cdots, A\boldsymbol{x}_n) \\
&\quad = \det(A\boldsymbol{x}_1, A\boldsymbol{x}_2, \cdots, A\boldsymbol{x}_i, \cdots, A\boldsymbol{x}_n) \\
&\qquad + \det(A\boldsymbol{x}_1, A\boldsymbol{x}_2, \cdots, A\boldsymbol{x}'_i, \cdots, A\boldsymbol{x}_n) \\
&\quad = F(\boldsymbol{x}_1, \boldsymbol{x}_2, \cdots, \boldsymbol{x}_i, \cdots, \boldsymbol{x}_n) + F(\boldsymbol{x}_1, \boldsymbol{x}_2, \cdots, \boldsymbol{x}'_i, \cdots, \boldsymbol{x}_n) \\
&F(\boldsymbol{x}_1, \boldsymbol{x}_2, \cdots, \alpha\boldsymbol{x}_i, \cdots, \boldsymbol{x}_n) \\
&\quad = \det(A\boldsymbol{x}_1, A\boldsymbol{x}_2, \cdots, \alpha A\boldsymbol{x}_i, \cdots, A\boldsymbol{x}_n) \\
&\quad = \alpha \det(A\boldsymbol{x}_1, A\boldsymbol{x}_2, \cdots, A\boldsymbol{x}_i, \cdots, A\boldsymbol{x}_n) \\
&\quad = \alpha F(\boldsymbol{x}_1, \boldsymbol{x}_2, \cdots, \boldsymbol{x}_i, \cdots, \boldsymbol{x}_n)
\end{aligned}$$

$$
\begin{aligned}
&F(\boldsymbol{x}_1, \boldsymbol{x}_2, \cdots, \boldsymbol{x}_j, \cdots, \boldsymbol{x}_i, \cdots, \boldsymbol{x}_n) \\
&\quad = \det(A\boldsymbol{x}_1, A\boldsymbol{x}_2, \cdots, A\boldsymbol{x}_j, \cdots, A\boldsymbol{x}_i, \cdots, A\boldsymbol{x}_n) \\
&\quad = -\det(A\boldsymbol{x}_1, A\boldsymbol{x}_2, \cdots, A\boldsymbol{x}_i, \cdots, A\boldsymbol{x}_j, \cdots, A\boldsymbol{x}_n) \\
&\quad = -F(\boldsymbol{x}_1, \boldsymbol{x}_2, \cdots, \boldsymbol{x}_i, \cdots, \boldsymbol{x}_j, \cdots, \boldsymbol{x}_n)
\end{aligned}
$$

よって上の定理 7.4 より，

$$
F(\boldsymbol{x}_1, \boldsymbol{x}_2, \cdots, \boldsymbol{x}_n) = F(\boldsymbol{e}_1, \boldsymbol{e}_2, \cdots, \boldsymbol{e}_n)\det(\boldsymbol{x}_1, \boldsymbol{x}_2, \cdots, \boldsymbol{x}_n) \qquad \cdots(7.20)
$$

ここで，

$$
\begin{aligned}
F(\boldsymbol{e}_1, \boldsymbol{e}_2, \cdots, \boldsymbol{e}_n) &= \det(A\boldsymbol{e}_1, A\boldsymbol{e}_2, \cdots, A\boldsymbol{e}_n) \\
&= \det(\boldsymbol{a}_1, \boldsymbol{a}_2, \cdots, \boldsymbol{a}_n) = \det(A)
\end{aligned}
$$

すると (7.20) で，$\boldsymbol{x}_1, \boldsymbol{x}_2, \cdots, \boldsymbol{x}_n$ をそれぞれ $\boldsymbol{b}_1, \boldsymbol{b}_2, \cdots, \boldsymbol{b}_n$ に置き換えると，$F(\boldsymbol{b}_1, \boldsymbol{b}_2, \cdots, \boldsymbol{b}_n)$ の値は，(7.19) より，$\det(AB)$ であることに注意して

$$
\begin{aligned}
\det(AB) &= F(\boldsymbol{b}_1, \boldsymbol{b}_2, \cdots, \boldsymbol{b}_n) \\
&= F(\boldsymbol{e}_1, \boldsymbol{e}_2, \cdots, \boldsymbol{e}_n)\det(\boldsymbol{b}_1, \boldsymbol{b}_2, \cdots, \boldsymbol{b}_n) \\
&= \det(A)\det(B)
\end{aligned}
$$

系 **7.1**　A が正則ならば，$\det(A) \neq 0$ で $\det(A^{-1}) = \dfrac{1}{\det(A)}$

[証明]　$AA^{-1} = I$ より，$\det(A)\det(A^{-1}) = \det(AA^{-1}) = \det(I) = 1$。よって $\det(A) \neq 0$ で $\det(A^{-1}) = \dfrac{1}{\det(A)}$。

8 行列式の展開

《目標＆ポイント》 行列式を列や行で展開する方法を学び，幾つかの性質を理解する。これを用い，逆行列の求め方を学び，さらに連立１次方程式の解法についても再考する。
《キーワード》 行列式の展開，逆行列，余因子行列，クラメルの公式

8.1 3次の場合(A)

再び３次の正方行列

$$A=\begin{pmatrix} a_{11} & a_{12} & a_{13} \\ a_{21} & a_{22} & a_{23} \\ a_{31} & a_{32} & a_{33} \end{pmatrix}$$

の行列式を求めることを考えよう。

第１列を次式のように３つの列ベクトルの和，

$$\begin{pmatrix} a_{11} \\ a_{21} \\ a_{31} \end{pmatrix}=\begin{pmatrix} a_{11} \\ 0 \\ 0 \end{pmatrix}+\begin{pmatrix} 0 \\ a_{21} \\ 0 \end{pmatrix}+\begin{pmatrix} 0 \\ 0 \\ a_{31} \end{pmatrix}$$

とみて，定理 7.1-ii（$\alpha=\beta=1$ とする）を使うと，

$$\begin{vmatrix} a_{11} & a_{12} & a_{13} \\ a_{21} & a_{22} & a_{23} \\ a_{31} & a_{32} & a_{33} \end{vmatrix}$$

$$= \begin{vmatrix} a_{11} & a_{12} & a_{13} \\ 0 & a_{22} & a_{23} \\ 0 & a_{32} & a_{33} \end{vmatrix} + \begin{vmatrix} 0 & a_{12} & a_{13} \\ a_{21} & a_{22} & a_{23} \\ 0 & a_{32} & a_{33} \end{vmatrix} + \begin{vmatrix} 0 & a_{12} & a_{13} \\ 0 & a_{22} & a_{23} \\ a_{31} & a_{32} & a_{33} \end{vmatrix} \quad \cdots(8.1)$$

ここで定理 6.2 をつかうと,

$$\begin{vmatrix} a_{11} & a_{12} & a_{13} \\ 0 & a_{22} & a_{23} \\ 0 & a_{32} & a_{33} \end{vmatrix} = a_{11} \begin{vmatrix} a_{22} & a_{23} \\ a_{32} & a_{33} \end{vmatrix} \quad \cdots(8.2)$$

また, (8.1) の右辺の第 2 項において, 第 1 行と第 2 行を交換すると定理 7.2-iii より, 行列式の値は定理 7.2-iii より (-1) 倍される。そして定理 6.2 を使うと次の式が成り立つ。

$$\begin{vmatrix} 0 & a_{12} & a_{13} \\ a_{21} & a_{22} & a_{23} \\ 0 & a_{32} & a_{33} \end{vmatrix} = - \begin{vmatrix} a_{21} & a_{22} & a_{23} \\ 0 & a_{12} & a_{13} \\ 0 & a_{32} & a_{33} \end{vmatrix} = -a_{21} \begin{vmatrix} a_{12} & a_{13} \\ a_{32} & a_{33} \end{vmatrix} \quad \cdots(8.3)$$

さらに (8.1) の右辺の第 3 項において, 第 3 行と第 2 行を交換し, その後第 2 行と第 1 行を交換する。すると第 3 行が第 1 行に移る。定理 7.2-iii より, 1 回の行の交換で行列式の値は (-1) 倍されるから, この 2 回の操作によって得られる行列式はもとの行列式の値に等しい。さらに定理 6.2 を使うと, 次の式が成り立つ。

$$\begin{vmatrix} 0 & a_{12} & a_{13} \\ 0 & a_{22} & a_{23} \\ a_{31} & a_{32} & a_{33} \end{vmatrix} = \begin{vmatrix} a_{31} & a_{32} & a_{33} \\ 0 & a_{12} & a_{13} \\ 0 & a_{22} & a_{23} \end{vmatrix} = a_{31} \begin{vmatrix} a_{12} & a_{13} \\ a_{22} & a_{23} \end{vmatrix} \quad \cdots(8.4)$$

となる。このように (8.2), (8.3), (8.4) を使って (8.1) を書き換えると,

$$\begin{vmatrix} a_{11} & a_{12} & a_{13} \\ a_{21} & a_{22} & a_{23} \\ a_{31} & a_{32} & a_{33} \end{vmatrix}$$

$$
\begin{aligned}
&= a_{11}\begin{vmatrix} a_{22} & a_{23} \\ a_{32} & a_{33} \end{vmatrix} - a_{21}\begin{vmatrix} a_{12} & a_{13} \\ a_{32} & a_{33} \end{vmatrix} + a_{31}\begin{vmatrix} a_{12} & a_{13} \\ a_{22} & a_{23} \end{vmatrix} \\
&= a_{11}(a_{22}a_{33} - a_{23}a_{32}) - a_{21}(a_{12}a_{33} - a_{13}a_{32}) \\
&\quad + a_{31}(a_{12}a_{23} - a_{13}a_{22}) \qquad \cdots (8.5)
\end{aligned}
$$

この式は次のようにすると覚えやすい。まず行列 A の第 1 列に注目して，その成分 a_{11}, a_{21}, a_{31} を取り出す。各項の符号は，a_{11} の項が正で，それから交互に，a_{21} の項が負で，a_{31} の項が正となっている。また各項の行列式については，a_{11} に掛け合わされている行列式は，A から a_{11} が含まれる行と列（すなわち第 1 行と第 1 列）を除いた 2 次行列

$$
\begin{pmatrix} a_{22} & a_{23} \\ a_{32} & a_{33} \end{pmatrix}
$$

の行列式になっている。同様に a_{21} に掛け合わされている行列式は，A から a_{21} が含まれる行と列（すなわち第 2 行と第 1 列）を除いた 2 次行列

$$
\begin{pmatrix} a_{12} & a_{13} \\ a_{32} & a_{33} \end{pmatrix}
$$

の行列式になっている。同様に a_{31} に掛け合わされている行列式は，A から a_{31} が含まれる行と列（すなわち第 3 行と第 1 列）を除いた 2 次行列

$$
\begin{pmatrix} a_{12} & a_{13} \\ a_{22} & a_{23} \end{pmatrix}
$$

の行列式になっている。(8.5) を行列式 $|A|$ の第 1 列による**展開**という。このように考えると，成分 a_{ij} が含まれる行と列（すなわち第 i 行と第 j 列）を除いた行列に名前を付けるのが便利で，A_{ij} と名付ける。すると上式の $\det(A)$ は

$$\det(A) = a_{11}\det(A_{11}) - a_{21}\det(A_{21}) + a_{31}\det(A_{31}) \qquad \cdots(8.6)$$

さらに $\tilde{a}_{11} = \det(A_{11})$, $\tilde{a}_{21} = -\det(A_{21})$, $\tilde{a}_{31} = \det(A_{31})$ $\cdots(8.7)$

と書くことにすれば，上式は

$$a_{11}\tilde{a}_{11} + a_{21}\tilde{a}_{21} + a_{31}\tilde{a}_{31}$$

と書ける。

ここで (8.6) の各項の正負の符号（すなわち (8.7) の $\tilde{a}_{ij}$ と $\det(A_{ij})$ との間の正負の符号）関係を考えよう。これは次の図の (i, j) 成分を見ればよい。これは，プラスとマイナスが交互に並んでいると覚えればよい。

$$\begin{pmatrix} + & - & + \\ - & + & - \\ + & - & + \end{pmatrix} \qquad \cdots(8.8)$$

(8.6) の a_{11}, a_{21}, a_{31} の各項の符号は，それぞれ (8.8) の $(1,1), (2,1), (3,1)$ 成分と同じである。上の図の (i, j) 成分の符号は式で書けば，$(-1)^{i+j}$ となる。そして一般に $\tilde{a}_{ij} = (-1)^{i+j}\det(A_{ij})$ と定義する。$\tilde{a}_{ij}$ を A の (i, j) 余因子という。

今までの列による展開と同様に行による展開もできる。

第 1 行を

$$(a_{11}, a_{12}, a_{13}) = (a_{11}, 0, 0) + (0, a_{12}, 0) + (0, 0, a_{13})$$

と見ることによって行列式の定理 7.2-ii を使うと

$$\begin{vmatrix} a_{11} & a_{12} & a_{13} \\ a_{21} & a_{22} & a_{23} \\ a_{31} & a_{32} & a_{33} \end{vmatrix}$$

$$= \begin{vmatrix} a_{11} & 0 & 0 \\ a_{21} & a_{22} & a_{23} \\ a_{31} & a_{32} & a_{33} \end{vmatrix} + \begin{vmatrix} 0 & a_{12} & 0 \\ a_{21} & a_{22} & a_{23} \\ a_{31} & a_{32} & a_{33} \end{vmatrix} + \begin{vmatrix} 0 & 0 & a_{13} \\ a_{21} & a_{22} & a_{23} \\ a_{31} & a_{32} & a_{33} \end{vmatrix} \quad \cdots (8.9)$$

ここで練習 6.2 をつかうと，

$$\begin{vmatrix} a_{11} & 0 & 0 \\ a_{21} & a_{22} & a_{23} \\ a_{31} & a_{32} & a_{33} \end{vmatrix} = a_{11} \begin{vmatrix} a_{22} & a_{23} \\ a_{32} & a_{33} \end{vmatrix} \quad \cdots (8.10)$$

また，(8.9) の右辺の第 2 項において，第 1 列と第 2 列を交換する。すると定理 7.1-iii より，行列式の値は (-1) 倍される。そして練習 6.2 を使うと次の式が成り立つ。

$$\begin{vmatrix} 0 & a_{12} & 0 \\ a_{21} & a_{22} & a_{23} \\ a_{31} & a_{32} & a_{33} \end{vmatrix} = - \begin{vmatrix} a_{12} & 0 & 0 \\ a_{22} & a_{21} & a_{23} \\ a_{32} & a_{31} & a_{33} \end{vmatrix} = -a_{12} \begin{vmatrix} a_{21} & a_{23} \\ a_{31} & a_{33} \end{vmatrix} \quad \cdots (8.11)$$

さらに (8.9) の右辺の第 3 項において，第 3 列と第 2 列を交換し，その後第 2 列と第 1 列を交換する。すると第 3 列が第 1 列に移る。定理 7.1-iii より，1 回の列の交換で行列式の値は (-1) 倍されるから，この 2 回の操作によって得られる行列式はもとの行列式の値に等しい。さらに練習 6.2 を使うと，次の式が成り立つ。

$$\begin{vmatrix} 0 & 0 & a_{13} \\ a_{21} & a_{22} & a_{23} \\ a_{31} & a_{32} & a_{33} \end{vmatrix} = \begin{vmatrix} a_{13} & 0 & 0 \\ a_{23} & a_{21} & a_{22} \\ a_{33} & a_{31} & a_{32} \end{vmatrix} = a_{13} \begin{vmatrix} a_{21} & a_{22} \\ a_{31} & a_{32} \end{vmatrix} \quad \cdots (8.12)$$

となる。このように (8.10), (8.11), (8.12) を使って (8.9) を書き換えると，

$$
\begin{vmatrix} a_{11} & a_{12} & a_{13} \\ a_{21} & a_{22} & a_{23} \\ a_{31} & a_{32} & a_{33} \end{vmatrix}
$$

$$
= a_{11}\begin{vmatrix} a_{22} & a_{23} \\ a_{32} & a_{33} \end{vmatrix} - a_{12}\begin{vmatrix} a_{21} & a_{23} \\ a_{31} & a_{33} \end{vmatrix} + a_{13}\begin{vmatrix} a_{21} & a_{22} \\ a_{31} & a_{32} \end{vmatrix} \qquad \cdots(8.13)
$$

この式は次のようにすると覚えやすい。まず行列 A の第 1 行に注目して，その成分 a_{11}, a_{12}, a_{13} を取り出す。各項の符号は，a_{11} の項が正で，それから交互に，a_{12} の項が負で，a_{13} の項が正となっている（それぞれ (8.8) の $(1,1), (1,2), (1,3)$ 成分と同じ)。また各項の行列式については，a_{11} に掛け合わされている行列式は，A から a_{11} が含まれる行と列（すなわち第 1 行と第 1 列）を除いた 2 次行列

$$
A_{11} = \begin{pmatrix} a_{22} & a_{23} \\ a_{32} & a_{33} \end{pmatrix}
$$

の行列式になっている。同様に a_{12} に掛け合わされている行列式は，A から a_{12} が含まれる行と列（すなわち第 1 行と第 2 列）を除いた 2 次行列

$$
A_{12} = \begin{pmatrix} a_{21} & a_{23} \\ a_{31} & a_{33} \end{pmatrix}
$$

の行列式になっている。同様に a_{13} に掛け合わされている行列式は，A から a_{13} が含まれる行と列（すなわち第 1 行と第 3 列）を除いた 2 次行列

$$
A_{13} = \begin{pmatrix} a_{21} & a_{22} \\ a_{31} & a_{32} \end{pmatrix}
$$

の行列式になっている。(8.13) を行列式 $|A|$ の第 1 行による展開という。すると，上式の $\det(A)$ は

$$\det(A) = a_{11}\det(A_{11}) - a_{12}\det(A_{12}) + a_{13}\det(A_{13})$$

ここで A の $(1,1)$ 余因子 $\tilde{a}_{11} = \det(A_{11})$，$(1,2)$ 余因子 $\tilde{a}_{12} = -\det(A_{12})$，$(1,3)$ 余因子 $\tilde{a}_{13} = \det(A_{13})$ を使えば，上式は

$$a_{11}\tilde{a}_{11} + a_{12}\tilde{a}_{12} + a_{13}\tilde{a}_{13}$$

と書ける。

今までの第 1 列，第 1 行による展開の式と同様に，各列各行による展開もできる。第 2 列による展開の式は，

$$\begin{aligned}\det(A) &= -a_{12}\det(A_{12}) + a_{22}\det(A_{22}) - a_{32}\det(A_{32})\\ &= a_{12}\tilde{a}_{12} + a_{22}\tilde{a}_{22} + a_{32}\tilde{a}_{32}\end{aligned}$$

と書ける（a_{12}, a_{22}, a_{32} の項の正負の符号は，それぞれ (8.8) の $(1,2), (2,2), (3,2)$ 成分と同じ）。第 3 列による展開の式も

$$\begin{aligned}\det(A) &= a_{13}\det(A_{13}) - a_{23}\det(A_{23}) + a_{33}\det(A_{33})\\ &= a_{13}\tilde{a}_{13} + a_{23}\tilde{a}_{23} + a_{33}\tilde{a}_{33}\end{aligned}$$

と書ける（a_{13}, a_{23}, a_{33} の項の正負の符号は，それぞれ (8.8) の $(1,3), (2,3), (3,3)$ 成分と同じ）。第 2 行による展開の式は，

$$\begin{aligned}\det(A) &= -a_{21}\det(A_{21}) + a_{22}\det(A_{22}) - a_{23}\det(A_{23})\\ &= a_{21}\tilde{a}_{21} + a_{22}\tilde{a}_{22} + a_{23}\tilde{a}_{23}\end{aligned}$$

と書ける（a_{21}, a_{22}, a_{23} の項の正負の符号は，それぞれ (8.8) の $(2,1), (2,2), (2,3)$ 成分と同じ）。第 3 行による展開の式も

$$\det(A) = a_{31}\det(A_{31}) - a_{32}\det(A_{32}) + a_{33}\det(A_{33})$$

$$= a_{31}\tilde{a}_{31} + a_{32}\tilde{a}_{32} + a_{33}\tilde{a}_{33}$$

と書ける（a_{31}, a_{32}, a_{33} の項の正負の符号は，それぞれ (8.8) の $(3,1), (3,2), (3,3)$ 成分と同じ）。

幾つか練習してみよう。行列 $A = \begin{pmatrix} 1 & 1 & 1 \\ 1 & 2 & 3 \\ 1 & 3 & 3 \end{pmatrix}$ の行列式を第 1 行について展開して求めると，

$$\begin{aligned} |A| &= (-1)^2 a_{11} \det(A_{11}) + (-1)^3 a_{12} \det(A_{12}) + (-1)^4 a_{13} \det(A_{13}) \\ &= a_{11}(a_{22}a_{33} - a_{23}a_{32}) - a_{12}(a_{21}a_{33} - a_{23}a_{31}) \\ &\quad + a_{13}(a_{21}a_{32} - a_{22}a_{31}) \\ &= 1(2 \cdot 3 - 3 \cdot 3) - 1(1 \cdot 3 - 3 \cdot 1) + 1(1 \cdot 3 - 2 \cdot 1) \\ &= -2 \end{aligned} \qquad \cdots(8.14)$$

次に行列 $A = \begin{pmatrix} 2 & 2 & 1 \\ 1 & 1 & 0 \\ 2 & 4 & 1 \end{pmatrix}$ の行列式を第 2 行について展開して求めると

$$\begin{aligned} |A| &= (-1)^3 a_{21} \det(A_{21}) + (-1)^4 a_{22} \det(A_{22}) + (-1)^5 a_{23} \det(A_{23}) \\ &= -a_{21}(a_{12}a_{33} - a_{13}a_{32}) + a_{22}(a_{11}a_{33} - a_{13}a_{31}) \\ &\quad - a_{23}(a_{11}a_{32} - a_{12}a_{31}) \\ &= -1(2 \cdot 1 - 1 \cdot 4) + 1(2 \cdot 1 - 1 \cdot 2) - 0(2 \cdot 4 - 2 \cdot 2) \\ &= 2 \end{aligned}$$

8.2 一般の場合(B)(C)

同様にして一般の正方行列 A

$$A = \begin{pmatrix} a_{11} & \cdots & a_{1j} & \cdots & a_{1n} \\ \vdots & & \vdots & & \vdots \\ a_{i1} & \cdots & a_{ij} & \cdots & a_{in} \\ \vdots & & \vdots & & \vdots \\ a_{n1} & \cdots & a_{nj} & \cdots & a_{nn} \end{pmatrix}$$

の行列式を各列各行で展開することを考えよう。まず，第 j 列を

$$\begin{pmatrix} a_{1j} \\ a_{2j} \\ a_{3j} \\ \vdots \\ a_{nj} \end{pmatrix} = \begin{pmatrix} a_{1j} \\ 0 \\ 0 \\ \vdots \\ 0 \end{pmatrix} + \begin{pmatrix} 0 \\ a_{2j} \\ 0 \\ \vdots \\ 0 \end{pmatrix} + \cdots + \begin{pmatrix} 0 \\ 0 \\ 0 \\ \vdots \\ a_{nj} \end{pmatrix}$$

と見ることによって定理 7.1-ii を使うと

$$\begin{aligned} &\begin{vmatrix} a_{11} & \cdots & a_{1j} & \cdots & a_{1n} \\ \vdots & & \vdots & & \vdots \\ a_{i1} & \cdots & a_{ij} & \cdots & a_{in} \\ \vdots & & \vdots & & \vdots \\ a_{n1} & \cdots & a_{nj} & \cdots & a_{nn} \end{vmatrix} \\ = &\begin{vmatrix} a_{11} & \cdots & a_{1j} & \cdots & a_{1n} \\ \vdots & & \vdots & & \vdots \\ a_{i1} & \cdots & 0 & \cdots & a_{in} \\ \vdots & & \vdots & & \vdots \\ a_{n1} & \cdots & 0 & \cdots & a_{nn} \end{vmatrix} + \cdots + \begin{vmatrix} a_{11} & \cdots & 0 & \cdots & a_{1n} \\ \vdots & & \vdots & & \vdots \\ a_{i1} & \cdots & a_{ij} & \cdots & a_{in} \\ \vdots & & \vdots & & \vdots \\ a_{n1} & \cdots & 0 & \cdots & a_{nn} \end{vmatrix} \end{aligned}$$

$$
+\cdots+\begin{vmatrix} a_{11} & \cdots & 0 & \cdots & a_{1n} \\ \vdots & & \vdots & & \vdots \\ a_{i1} & \cdots & 0 & \cdots & a_{in} \\ \vdots & & \vdots & & \vdots \\ a_{n1} & \cdots & a_{nj} & \cdots & a_{nn} \end{vmatrix} \qquad \cdots(8.15)
$$

ここで行列式

$$
\begin{vmatrix} a_{11} & \cdots & 0 & \cdots & a_{1n} \\ \vdots & & \vdots & & \vdots \\ a_{i1} & \cdots & a_{ij} & \cdots & a_{in} \\ \vdots & & \vdots & & \vdots \\ a_{n1} & \cdots & 0 & \cdots & a_{nn} \end{vmatrix}
$$

において第 i 行と第 $i-1$ 行を交換し，その後第 $i-1$ 行と第 $i-2$ 行を交換し，と繰り返し，最後に第 2 行と第 1 行を交換すると，1 回の交換で行列式の値は (-1) 倍されるから，この $i-1$ 回の繰り返しによって得られる行列式を考えると，上の式は次の式と等しくなる。

$$
(-1)^{i-1}\begin{vmatrix} a_{i1} & \cdots & a_{ij} & \cdots & a_{in} \\ a_{11} & \cdots & 0 & \cdots & a_{1n} \\ \vdots & & \vdots & & \vdots \\ a_{i-11} & \cdots & 0 & \cdots & a_{i-1n} \\ a_{i+11} & \cdots & 0 & \cdots & a_{i+1n} \\ \vdots & & \vdots & & \vdots \\ a_{n1} & \cdots & 0 & \cdots & a_{nn} \end{vmatrix}
$$

さらに上式において第 j 列と第 $j-1$ 列を交換し，その後第 $j-1$ 列と第 $j-2$ 列を交換し，と繰り返し，最後に第 2 列と第 1 列を交換すると，1 回の交換で行列式の値は (-1) 倍されるから，この $j-1$ 回の繰り返しによって得られる行列式を考えると，上の式は次の式と等しくなる。

$$(-1)^{(i-1)+(j-1)}\begin{vmatrix} a_{ij} & a_{i1} & \cdots & a_{ij-1} & a_{ij+1} & \cdots & a_{in} \\ 0 & a_{11} & \cdots & a_{1j-1} & a_{1j+1} & \cdots & a_{1n} \\ \vdots & \vdots & & \vdots & \vdots & & \vdots \\ 0 & a_{i-11} & \cdots & a_{i-1j-1} & a_{i-1j+1} & \cdots & a_{i-1n} \\ 0 & a_{i+11} & \cdots & a_{i+1j-1} & a_{i+1j+1} & \cdots & a_{i+1n} \\ \vdots & \vdots & & \vdots & \vdots & & \vdots \\ 0 & a_{n1} & \cdots & a_{nj-1} & a_{nj+1} & \cdots & a_{nn} \end{vmatrix}$$

ここで A の第 i 行，第 j 列を除いて得られる行列を A_{ij} とする。定理 6.2 を使うと上の値は，

$$\begin{aligned} &(-1)^{i+j}a_{ij}\begin{vmatrix} a_{11} & \cdots & a_{1j-1} & a_{1j+1} & \cdots & a_{1n} \\ \vdots & & \vdots & \vdots & & \vdots \\ a_{i-11} & \cdots & a_{i-1j-1} & a_{i-1j+1} & \cdots & a_{i-1n} \\ a_{i+11} & \cdots & a_{i+1j-1} & a_{i+1j+1} & \cdots & a_{i+1n} \\ \vdots & & \vdots & \vdots & & \vdots \\ a_{n1} & \cdots & a_{nj-1} & a_{nj+1} & \cdots & a_{nn} \end{vmatrix} \\ &= (-1)^{i+j}a_{ij}\det(A_{ij}) \end{aligned}$$

となり，次の式が得られる。

$$\begin{vmatrix} a_{11} & \cdots & 0 & \cdots & a_{1n} \\ \vdots & & \vdots & & \vdots \\ a_{i1} & \cdots & a_{ij} & \cdots & a_{in} \\ \vdots & & \vdots & & \vdots \\ a_{n1} & \cdots & 0 & \cdots & a_{nn} \end{vmatrix} = (-1)^{i+j}a_{ij}\det(A_{ij})$$

この式で (8.15) を書き換えると，次が得られる。

$$\begin{aligned}
&\begin{vmatrix} a_{11} & \cdots & a_{1j} & \cdots & a_{1n} \\ \vdots & & \vdots & & \vdots \\ a_{i1} & \cdots & a_{ij} & \cdots & a_{in} \\ \vdots & & \vdots & & \vdots \\ a_{n1} & \cdots & a_{nj} & \cdots & a_{nn} \end{vmatrix} \\
&= (-1)^{1+j} a_{1j} \det(A_{1j}) + (-1)^{2+j} a_{2j} \det(A_{2j}) + \cdots \\
&\quad + (-1)^{n+j} a_{nj} \det(A_{nj}) \\
&= \sum_{i=1}^{n} (-1)^{i+j} a_{ij} \det(A_{ij})
\end{aligned}$$

この式を A の第 j 列に関する行列式の展開という。ここで $(-1)^{i+j} \det(A_{ij})$ を A の $\boldsymbol{(i, j)}$ **余因子**といい $\tilde{a}_{ij}$ で表す。すると，上式は次のようになる。

$$\det(A) = a_{1j}\tilde{a}_{1j} + a_{2j}\tilde{a}_{2j} + \cdots + a_{nj}\tilde{a}_{nj} = \sum_{i=1}^{n} a_{ij}\tilde{a}_{ij}$$

同様に考えて，第 i 行に関する行列式の展開も得られる。あるいは（定理 6.1 より $\det(A) = \det({}^t\!A)$ であるから）転置行列の性質を使っても導くことができる。まず 3 次の正方行列 $A = (a_{ij})$ の場合について考えてみよう。A の転置行列 ${}^t\!A$ の行列式を（(8.5) を使って）第 1 列について展開すると，

$$\begin{vmatrix} a_{11} & a_{21} & a_{31} \\ a_{12} & a_{22} & a_{32} \\ a_{13} & a_{23} & a_{33} \end{vmatrix} = a_{11}\begin{vmatrix} a_{22} & a_{32} \\ a_{23} & a_{33} \end{vmatrix} - a_{12}\begin{vmatrix} a_{21} & a_{31} \\ a_{23} & a_{33} \end{vmatrix} + a_{13}\begin{vmatrix} a_{21} & a_{31} \\ a_{22} & a_{32} \end{vmatrix}$$

$$(= a_{11} \det(({}^t\!A)_{11}) - a_{12} \det(({}^t\!A)_{21}) + a_{13} \det(({}^t\!A)_{31}))$$

$$= a_{11}\begin{vmatrix} a_{22} & a_{23} \\ a_{32} & a_{33} \end{vmatrix} - a_{12}\begin{vmatrix} a_{21} & a_{23} \\ a_{31} & a_{33} \end{vmatrix} + a_{13}\begin{vmatrix} a_{21} & a_{22} \\ a_{31} & a_{32} \end{vmatrix}$$

$$= \begin{vmatrix} a_{11} & a_{12} & a_{13} \\ a_{21} & a_{22} & a_{23} \\ a_{31} & a_{32} & a_{33} \end{vmatrix} = a_{11}\det(A_{11}) - a_{12}\det(A_{12}) + a_{13}\det(A_{13})$$

よって A の第 1 行に関する行列式の展開が得られた。これを参考に，$A = (a_{ij})$ が n 次正方行列の場合は次のように考えよう。まず A の第 i 行（第 j 列）は ${}^tA$ では第 i 列（第 j 行）となる。すると A より第 i 行と第 j 列を除いた行列 A_{ij} を転置すると，${}^tA$ から第 i 列と第 j 行を除いた行列 $({}^tA)_{ji}$ となる。従って ${}^t(A_{ij}) = ({}^tA)_{ji}$，よって $\det({}^t(A_{ij})) = \det(({}^tA)_{ji})$。すると，第 i 列に関する ${}^tA$ の行列式の展開を考えると，${}^tA$ の (j, i) 成分は a_{ij} だから，

$$\det(A) = \det({}^tA) = \sum_{j=1}^{n}(-1)^{i+j}a_{ij}\det(({}^tA)_{ji})$$
$$= \sum_{j=1}^{n}(-1)^{i+j}a_{ij}\det({}^t(A_{ij})) = \sum_{j=1}^{n}(-1)^{i+j}a_{ij}\det(A_{ij})$$

よって A の第 i 行に関する行列式の展開式が得られた。以上を定理として書こう。

定理 8.1　n 次正方行列 $A = (a_{ij})$ において，

i. 第 j 列に関する行列式の展開は次のようになる。

$$\begin{vmatrix} a_{11} & \cdots & a_{1j} & \cdots & a_{1n} \\ \vdots & & \vdots & & \vdots \\ a_{i1} & \cdots & a_{ij} & \cdots & a_{in} \\ \vdots & & \vdots & & \vdots \\ a_{n1} & \cdots & a_{nj} & \cdots & a_{nn} \end{vmatrix} = \sum_{i=1}^{n}(-1)^{i+j}a_{ij}\det(A_{ij})$$

$$= \sum_{i=1}^{n} a_{ij}\tilde{a}_{ij} \qquad \cdots(8.16)$$

ii. 第 i 行に関する行列式の展開は次のようになる。

$$\begin{vmatrix} a_{11} & \cdots & a_{1j} & \cdots & a_{1n} \\ \vdots & & \vdots & & \vdots \\ a_{i1} & \cdots & a_{ij} & \cdots & a_{in} \\ \vdots & & \vdots & & \vdots \\ a_{n1} & \cdots & a_{nj} & \cdots & a_{nn} \end{vmatrix} = \sum_{j=1}^{n} (-1)^{i+j} a_{ij} \det(A_{ij})$$

$$= \sum_{j=1}^{n} a_{ij}\tilde{a}_{ij} \qquad \cdots(8.17)$$

8.3 逆行列を求める準備(B)

3 次の正方行列 $A = (a_{ij})$ の第 1 列を列ベクトル $\boldsymbol{b} = (b_i)$ で置き換えて得られる行列を A' とし，次のように書こう。

$$A = \begin{pmatrix} a_{11} & a_{12} & a_{13} \\ a_{21} & a_{22} & a_{23} \\ a_{31} & a_{32} & a_{33} \end{pmatrix}, \ \boldsymbol{b} = \begin{pmatrix} b_1 \\ b_2 \\ b_3 \end{pmatrix}, \ A' = \begin{pmatrix} b_1 & a_{12} & a_{13} \\ b_2 & a_{22} & a_{23} \\ b_3 & a_{32} & a_{33} \end{pmatrix}$$

行列 A' の行列式を第 1 列に関して展開すると，

$$|A'| = b_1\tilde{a'}_{11} + b_2\tilde{a'}_{21} + b_3\tilde{a'}_{31}$$

となる。ここで $\tilde{a'}_{ki}$ は行列 A' の (k, i) 余因子とする。A と A' の成分は第 1 列以外は全て等しいので，各々の k $(1 \leq k \leq 3)$ で，A における $(k, 1)$ 余因子 $\tilde{a}_{k1}$ と，A' における $(k, 1)$ 余因子 $\tilde{a'}_{k1}$ は（ともに第 1 列（と第 k 行）が除かれた行列について考えているので）等しい。よって $\tilde{a}_{k1} = \tilde{a'}_{k1}$ となり，上式より（もとの行列 A の第 1 列の各成分の余因

子 $\tilde{a}_{k1}$ を用いて）

$$|A'| = b_1\tilde{a}_{11} + b_2\tilde{a}_{21} + b_3\tilde{a}_{31}$$

となり，これは A の第 1 列を $\boldsymbol{b}$ で置き換えた行列 A' の第 1 列に関する展開となる。以上の考察より一般に次の命題を得る。

命題 8.1　n 次正方行列 $A = (a_{ij})$ と n 次数ベクトル $\boldsymbol{b} = (b_i)$ において，A の第 i 列を $\boldsymbol{b}$ で置き換えて得られる行列 A' の行列式は（もとの行列 A の第 i 列の各成分の余因子 $\tilde{a}_{ki}$ を用いて）

$$\begin{vmatrix} a_{11} & \cdots & b_1 & \cdots & a_{1n} \\ a_{21} & \cdots & b_2 & \cdots & a_{2n} \\ \vdots & & \vdots & & \vdots \\ a_{n1} & \cdots & b_n & \cdots & a_{nn} \end{vmatrix} = b_1\tilde{a}_{1i} + b_2\tilde{a}_{2i} + \cdots + b_n\tilde{a}_{ni}$$

となる。これは A の第 i 列を $\boldsymbol{b}$ で置き換えて得られる行列の第 i 列に関する展開となる。

[証明]　行列 A' の行列式を第 i 列に関して展開すると，

$$|A'| = b_1\tilde{a'}_{1i} + b_2\tilde{a'}_{2i} + \cdots + b_n\tilde{a'}_{ni}$$

となる。ここで $\tilde{a'}_{ki}$ は行列 A' の (k, i) 余因子とする。A と A' の成分は第 i 列以外は全て等しいので，各々の k $(1 \leq k \leq n)$ で，A における (k, i) 余因子 $\tilde{a}_{ki}$ と，A' における (k, i) 余因子 $\tilde{a'}_{ki}$ は（ともに第 i 列（と第 k 行）が除かれた行列について考えているので）等しい。よって $\tilde{a}_{ki} = \tilde{a'}_{ki}$ となり，上式より

$$|A'| = b_1\tilde{a}_{1i} + b_2\tilde{a}_{2i} + \cdots + b_n\tilde{a}_{ni}$$

となる。

今度は 3 次の正方行列 $A = (a_{ij})$ の第 2 行を行ベクトル $\boldsymbol{b} = (b_1, b_2, b_3)$ で置き換えて得られる行列を A'' とし，次のように書こう。

$$A = \begin{pmatrix} a_{11} & a_{12} & a_{13} \\ a_{21} & a_{22} & a_{23} \\ a_{31} & a_{32} & a_{33} \end{pmatrix}, \quad A'' = \begin{pmatrix} a_{11} & a_{12} & a_{13} \\ b_1 & b_2 & b_3 \\ a_{31} & a_{32} & a_{33} \end{pmatrix}$$

行列 A'' の行列式を第 2 行に関して展開すると，

$$|A''| = b_1\widetilde{a''}_{21} + b_2\widetilde{a''}_{22} + b_3\widetilde{a''}_{23}$$

となる。ここで $\widetilde{a''}_{ik}$ は行列 A'' の (i,k) 余因子とする。A と A'' の成分は第 2 行以外は全て等しいので，A における $(2,k)$ 余因子 $\tilde{a}_{2k}$ と，A'' における $(2,k)$ 余因子 $\widetilde{a''}_{2k}$ は（ともに第 2 行（と第 k 列）が除かれた行列について考えているので）等しい。よって $\tilde{a}_{2k} = \widetilde{a''}_{2k}$ となり，上式より（もとの行列 A の第 2 行の各成分の余因子 $\tilde{a}_{2k}$ を用いて）

$$|A''| = b_1\tilde{a}_{21} + b_2\tilde{a}_{22} + b_3\tilde{a}_{23}$$

となり，これは A の第 2 行を $\boldsymbol{b}$ で置き換えた行列 A'' の第 2 行に関する展開となる。以上の考察より一般に次の命題を得る。

命題 8.2　n 次正方行列 $A = (a_{ij})$ と n 次数ベクトル $\boldsymbol{b} = (b_i)$ において，A の第 i 行を $\boldsymbol{b}$ で置き換えて得られる行列 A'' の行列式は（もとの行列 A の第 i 行の各成分の余因子 $\tilde{a}_{ik}$ を用いて）

$$\begin{vmatrix} a_{11} & a_{12} & \cdots & a_{1n} \\ \vdots & \vdots & & \vdots \\ b_1 & b_2 & \cdots & b_n \\ \vdots & \vdots & & \vdots \\ a_{n1} & a_{n2} & \cdots & a_{nn} \end{vmatrix} = b_1\tilde{a}_{i1} + b_2\tilde{a}_{i2} + \cdots + b_n\tilde{a}_{in}$$

となる。これは A の第 i 行を $\boldsymbol{b}$ で置き換えて得られる行列の第 i 行に関する展開となる。

[証明]　行列 A'' の行列式を第 i 行に関して展開すると，

$$|A''| = b_1\tilde{a''}_{i1} + b_2\tilde{a''}_{i2} + \cdots + b_n\tilde{a''}_{in}$$

となる。ここで $\tilde{a''}_{ik}$ は行列 A'' の (i,k) 余因子とする。A と A'' の成分は第 i 行以外は全て等しいので，A における (i,k) 余因子 $\tilde{a}_{ik}$ と，A'' における (i,k) 余因子 $\tilde{a''}_{ik}$ は（ともに第 i 行（と第 k 列）が除かれた行列について考えているので）等しい。よって $\tilde{a}_{ik} = \tilde{a''}_{ik}$ となり，上式より

$$|A''| = b_1\tilde{a}_{i1} + b_2\tilde{a}_{i2} + \cdots + b_n\tilde{a}_{in}$$

となる。

さて，3 次の正方行列 A の第 1 列を第 2 列で置き換えた行列 A' の行列式は，第 1 列と第 2 列が等しいので，定理 7.1-iv より，0 である。また命題 8.1 のように（そこで $\boldsymbol{b}$ を A の第 2 列として）A' の行列式を第 1列に関して展開すると，

$$\begin{vmatrix} a_{12} & a_{12} & a_{13} \\ a_{22} & a_{22} & a_{23} \\ a_{32} & a_{32} & a_{33} \end{vmatrix} = a_{12}\tilde{a}_{11} + a_{22}\tilde{a}_{21} + a_{32}\tilde{a}_{31} = 0 \qquad \cdots(8.18)$$

となる。上式は次のように理解できる。A の各成分をその余因子で置き換えた行列を $\hat{A}$ とする。すなわち

$$A = \begin{pmatrix} a_{11} & a_{12} & a_{13} \\ a_{21} & a_{22} & a_{23} \\ a_{31} & a_{32} & a_{33} \end{pmatrix},\ \hat{A} = \begin{pmatrix} \tilde{a}_{11} & \tilde{a}_{12} & \tilde{a}_{13} \\ \tilde{a}_{21} & \tilde{a}_{22} & \tilde{a}_{23} \\ \tilde{a}_{31} & \tilde{a}_{32} & \tilde{a}_{33} \end{pmatrix} \qquad \cdots(8.19)$$

$\hat{A}$ からある列（第1列）を取り出して，A から別の列（第2列）をとりだし，前者を転置して積をとると，

$$(\tilde{a}_{11}, \tilde{a}_{21}, \tilde{a}_{31}) \begin{pmatrix} a_{12} \\ a_{22} \\ a_{32} \end{pmatrix}$$

これが (8.18) の左辺で，これは ${}^t\hat{A}A$，すなわち

$${}^t\hat{A}A = \begin{pmatrix} \tilde{a}_{11} & \tilde{a}_{21} & \tilde{a}_{31} \\ \tilde{a}_{12} & \tilde{a}_{22} & \tilde{a}_{32} \\ \tilde{a}_{13} & \tilde{a}_{23} & \tilde{a}_{33} \end{pmatrix} \begin{pmatrix} a_{11} & a_{12} & a_{13} \\ a_{21} & a_{22} & a_{23} \\ a_{31} & a_{32} & a_{33} \end{pmatrix}$$

の $(1,2)$ 成分で 0 となる。上では A の第1列を第2列で置き換えた行列の行列式の展開を考えた。一般に A の第 i 列を第 j 列で置き換えた行列の行列式を考えることによって，$i \neq j$ の場合，${}^t\hat{A}A$ の (i,j) 成分は0となることがわかる。ここで（置き換える）2つの列が同じ（$i = j$ の）場合は（置き換えをしないことと同じで）その列に関する A の行列式の展開となり値は $\det(A)$ となる。すなわち，${}^t\hat{A}A$ の (i,i) 成分は $\det(A)$ となる。以上より

$${}^t\hat{A}A = \begin{pmatrix} \det(A) & 0 & 0 \\ 0 & \det(A) & 0 \\ 0 & 0 & \det(A) \end{pmatrix} = \det(A)I_3$$

今度は2つの行について，例えば A の第2行を第3行で置き換えて得られる行列 A'' の行列式は，第2行と第3行が等しいので，定理 7.2-iv より，0である。また命題 8.2 のように（そこで $\boldsymbol{b}$ を A の第3行として）A'' の行列式を第2行に関して展開すると，

$$\begin{vmatrix} a_{11} & a_{12} & a_{13} \\ a_{31} & a_{32} & a_{33} \\ a_{31} & a_{32} & a_{33} \end{vmatrix} = a_{31}\tilde{a}_{21} + a_{32}\tilde{a}_{22} + a_{33}\tilde{a}_{23} = 0 \qquad \cdots (8.20)$$

となる。上式も次のように理解できる。((8.19) を見ながら) A からある行（第 3 行）をとりだし，$\hat{A}$ から別の行（第 2 行）を取り出して，後者を転置して積をとると，

$$(a_{31}, a_{32}, a_{33}) \begin{pmatrix} \tilde{a}_{21} \\ \tilde{a}_{22} \\ \tilde{a}_{23} \end{pmatrix}$$

これが (8.20) の式である。これは $A^t\hat{A}$，すなわち

$$A^t\hat{A} = \begin{pmatrix} a_{11} & a_{12} & a_{13} \\ a_{21} & a_{22} & a_{23} \\ a_{31} & a_{32} & a_{33} \end{pmatrix} \begin{pmatrix} \tilde{a}_{11} & \tilde{a}_{21} & \tilde{a}_{31} \\ \tilde{a}_{12} & \tilde{a}_{22} & \tilde{a}_{32} \\ \tilde{a}_{13} & \tilde{a}_{23} & \tilde{a}_{33} \end{pmatrix}$$

の $(3, 2)$ 成分で 0 となる。上では A の第 2 行を第 3 行で置き換えた行列の行列式の展開を考えた。一般に A の第 i 行を第 j 行で置き換えた行列の行列式を考えることによって，$i \neq j$ の場合，$A^t\hat{A}$ の (i, j) 成分は 0 となることがわかる。ここで（置き換える）2 つの行が同じ（$i = j$ の）場合は（置き換えをしないことと同じで）その行に関する A の行列式の展開となり値は $\det(A)$ となる。すなわち，$A^t\hat{A}$ の (i, i) 成分は $\det(A)$ となる。以上より $A^t\hat{A} = \det(A)I_3$ となる。${}^t\hat{A}$ を A の余因子行列といい $\tilde{A}$ と書く。

8.4　逆行列の求め方(A)

A の余因子行列 $\tilde{A}$ とは，A の各 (i, j) 成分 a_{ij} をその余因子 $\tilde{a}_{ij}$ で

置き換えた行列の転置行列である。すなわち，$\tilde{A}$ の (i, j) 成分が，A の (j, i) 余因子 $\tilde{a}_{ji}$ である（i と j の位置関係を注意）。図に書くと次のようになる。

$$A = \begin{pmatrix} a_{11} & a_{12} & a_{13} \\ a_{21} & a_{22} & a_{23} \\ a_{31} & a_{32} & a_{33} \end{pmatrix}, \quad \tilde{A} = \begin{pmatrix} \tilde{a}_{11} & \tilde{a}_{21} & \tilde{a}_{31} \\ \tilde{a}_{12} & \tilde{a}_{22} & \tilde{a}_{32} \\ \tilde{a}_{13} & \tilde{a}_{23} & \tilde{a}_{33} \end{pmatrix}$$

前節の考察より，次が成り立つことがわかった。

定理 8.2　3 次の正方行列 A の余因子行列を $\tilde{A}$ とすると，$\tilde{A}A = A\tilde{A} = \det(A)I_3$。よって $\det(A) \neq 0$ ならば，A は正則で A の逆行列は $\dfrac{1}{\det(A)}\tilde{A}$ で与えられる。

$\det(A) \neq 0$ ならば，A の逆行列を具体的に書くと，

$$A^{-1} = \frac{1}{\det(A)}\tilde{A}$$

$$= \frac{1}{\det(A)} \begin{pmatrix} \tilde{a}_{11} & \tilde{a}_{21} & \tilde{a}_{31} \\ \tilde{a}_{12} & \tilde{a}_{22} & \tilde{a}_{32} \\ \tilde{a}_{13} & \tilde{a}_{23} & \tilde{a}_{33} \end{pmatrix}$$

$$= \frac{1}{\det(A)} \begin{pmatrix} \det(A_{11}) & -\det(A_{21}) & \det(A_{31}) \\ -\det(A_{12}) & \det(A_{22}) & -\det(A_{32}) \\ \det(A_{13}) & -\det(A_{23}) & \det(A_{33}) \end{pmatrix}$$

$$= \frac{1}{\det(A)} \begin{pmatrix} (a_{22}a_{33} - a_{23}a_{32}) & -(a_{12}a_{33} - a_{13}a_{32}) & (a_{12}a_{23} - a_{13}a_{22}) \\ -(a_{21}a_{33} - a_{23}a_{31}) & (a_{11}a_{33} - a_{13}a_{31}) & -(a_{11}a_{23} - a_{13}a_{21}) \\ (a_{21}a_{32} - a_{22}a_{31}) & -(a_{11}a_{32} - a_{12}a_{31}) & (a_{11}a_{22} - a_{12}a_{21}) \end{pmatrix}$$

で求められる（$\tilde{a}_{ij} = (-1)^{i+j}\det(A_{ij})$ を使っている）。幾つか練習してみよう。

例 8.1　行列 $A = \begin{pmatrix} 0 & 1 & 0 \\ 1 & 0 & 1 \\ -1 & 0 & 1 \end{pmatrix}$ の逆行列を求めてみよう。まず行列式を第 1 行について展開して求めると

$$\begin{aligned} |A| &= (-1)^2 a_{11} \det(A_{11}) + (-1)^3 a_{12} \det(A_{12}) + (-1)^4 a_{13} \det(A_{13}) \\ &= a_{11}(a_{22}a_{33} - a_{23}a_{32}) - a_{12}(a_{21}a_{33} - a_{23}a_{31}) \\ &\quad + a_{13}(a_{21}a_{32} - a_{22}a_{31}) \\ &= -1(1 \cdot 1 - 1 \cdot (-1)) = -2 \end{aligned}$$

よって

$$\begin{aligned} &A^{-1} \\ &= -\frac{1}{2} \begin{pmatrix} 0 \cdot 1 - 1 \cdot 0 & -(1 \cdot 1 - 0 \cdot 0) & 1 \cdot 1 - 0 \cdot 0 \\ -(1 \cdot 1 - 1 \cdot (-1)) & 0 \cdot 1 - 0 \cdot (-1) & -(0 \cdot 1 - 0 \cdot 1) \\ 1 \cdot 0 - 0 \cdot (-1) & -(0 \cdot 0 - 1 \cdot (-1)) & 0 \cdot 0 - 1 \cdot 1 \end{pmatrix} \\ &= -\frac{1}{2} \begin{pmatrix} 0 & -1 & 1 \\ -2 & 0 & 0 \\ 0 & -1 & -1 \end{pmatrix} \end{aligned}$$

次に行列 $A = \begin{pmatrix} 0 & 1 & 0 \\ 1 & 1 & 1 \\ -1 & -1 & 1 \end{pmatrix}$ の逆行列を求めてみよう。まず行列式を第 1 行について展開して求めると

$$\begin{aligned} |A| &= (-1)^2 a_{11} \det(A_{11}) + (-1)^3 a_{12} \det(A_{12}) + (-1)^4 a_{13} \det(A_{13}) \\ &= a_{11}(a_{22}a_{33} - a_{23}a_{32}) - a_{12}(a_{21}a_{33} - a_{23}a_{31}) \\ &\quad + a_{13}(a_{21}a_{32} - a_{22}a_{31}) \end{aligned}$$

$$= -1(1\cdot 1 - 1\cdot(-1)) = -2$$

よって

$$A^{-1}$$

$$= -\frac{1}{2}\begin{pmatrix} 1\cdot 1 - 1\cdot(-1) & -(1\cdot 1 - 0\cdot(-1)) & 1\cdot 1 - 0\cdot 1 \\ -(1\cdot 1 - 1\cdot(-1)) & 0\cdot 1 - 0\cdot(-1) & -(0\cdot 1 - 0\cdot 1) \\ 1\cdot(-1) - 1\cdot(-1) & -(0\cdot(-1) - 1\cdot(-1)) & 0\cdot 1 - 1\cdot 1 \end{pmatrix}$$

$$= -\frac{1}{2}\begin{pmatrix} 2 & -1 & 1 \\ -2 & 0 & 0 \\ 0 & -1 & -1 \end{pmatrix}$$

次に行列 $A = \begin{pmatrix} 1 & 0 & 1 \\ -1 & 0 & 1 \\ 0 & 1 & 0 \end{pmatrix}$ の逆行列を求めてみよう。まず行列式を第 3 行について展開して求めると

$$\begin{aligned} |A| &= (-1)^4 a_{31}\det(A_{31}) + (-1)^5 a_{32}\det(A_{32}) + (-1)^6 a_{33}\det(A_{33}) \\ &= -1(1\cdot 1 - 1\cdot(-1)) = -2 \end{aligned}$$

よって

$$A^{-1}$$

$$= -\frac{1}{2}\begin{pmatrix} 0\cdot 0 - 1\cdot 1 & -(0\cdot 0 - 1\cdot 1) & 0\cdot 1 - 1\cdot 0 \\ -(-1\cdot 0 - 1\cdot 0) & 1\cdot 0 - 1\cdot 0 & -(1\cdot 1 - 1\cdot(-1)) \\ -1\cdot 1 - 0\cdot 0 & -(1\cdot 1 - 0\cdot 0) & 1\cdot 0 - 0\cdot(-1) \end{pmatrix}$$

$$= -\frac{1}{2}\begin{pmatrix} -1 & 1 & 0 \\ 0 & 0 & -2 \\ -1 & -1 & 0 \end{pmatrix}$$

また行列 $A = \begin{pmatrix} 1 & 1 & 1 \\ -1 & -1 & 1 \\ 0 & 1 & 0 \end{pmatrix}$ の逆行列を求めてみよう。まず行列式を第 3 行について展開して求めると

$$\begin{aligned} |A| &= (-1)^4 a_{31} \det(A_{31}) + (-1)^5 a_{32} \det(A_{32}) + (-1)^6 a_{33} \det(A_{33}) \\ &= -1(1 \cdot 1 - 1 \cdot (-1)) = -2 \end{aligned}$$

よって

$$\begin{aligned} & A^{-1} \\ =& -\frac{1}{2} \begin{pmatrix} -1 \cdot 0 - 1 \cdot 1 & -(1 \cdot 0 - 1 \cdot 1) & 1 \cdot 1 - 1 \cdot (-1) \\ -(-1 \cdot 0 - 1 \cdot 0) & 1 \cdot 0 - 1 \cdot 0 & -(1 \cdot 1 - 1 \cdot (-1)) \\ -1 \cdot 1 - (-1) \cdot 0 & -(1 \cdot 1 - 1 \cdot 0) & 1 \cdot (-1) - 1 \cdot (-1) \end{pmatrix} \\ =& -\frac{1}{2} \begin{pmatrix} -1 & 1 & 2 \\ 0 & 0 & -2 \\ -1 & -1 & 0 \end{pmatrix} \end{aligned}$$

なお（次節で述べる定理 8.4 より）2 次の正方行列の逆行列も上記と同様に求められる。すなわち

$$A = \begin{pmatrix} a_{11} & a_{12} \\ a_{21} & a_{22} \end{pmatrix}$$

において，$\det(A) = a_{11}a_{22} - a_{12}a_{21} \neq 0$ ならば，

$$\begin{aligned} & A^{-1} = \frac{1}{\det(A)} \tilde{A} \\ =& \frac{1}{\det(A)} \begin{pmatrix} \tilde{a}_{11} & \tilde{a}_{21} \\ \tilde{a}_{12} & \tilde{a}_{22} \end{pmatrix} = \frac{1}{\det(A)} \begin{pmatrix} \det(A_{11}) & -\det(A_{21}) \\ -\det(A_{12}) & \det(A_{22}) \end{pmatrix} \\ =& \frac{1}{a_{11}a_{22} - a_{12}a_{21}} \begin{pmatrix} a_{22} & -a_{12} \\ -a_{21} & a_{11} \end{pmatrix} \end{aligned}$$

で求められる。(1 次の正方行列 $\begin{pmatrix} a \end{pmatrix}$ の行列式は a であり，$\tilde{a}_{11} = \det(A_{11}) = a_{22}$，$\tilde{a}_{12} = -\det(A_{12}) = -a_{21}$，$\tilde{a}_{21} = -\det(A_{21}) = -a_{12}$，$\tilde{a}_{22} = \det(A_{22}) = a_{11}$ となる。）例えば，

$$A = \begin{pmatrix} 1 & 2 \\ 3 & 4 \end{pmatrix} \text{ のとき } A^{-1} = \frac{1}{-2}\begin{pmatrix} 4 & -2 \\ -3 & 1 \end{pmatrix}$$

となる（$\det(A) = 1 \cdot 4 - 2 \cdot 3 = -2$）。

8.5　一般の逆行列(C)

n 次正方行列 $A = (a_{ij})$ の第 i 列を第 j 列に置き換えて得られる行列を A' とする。

$$A' = \begin{pmatrix} a_{11} & \cdots & a_{1j} & \cdots & a_{1j} & \cdots & a_{1n} \\ a_{21} & \cdots & a_{2j} & \cdots & a_{2j} & \cdots & a_{2n} \\ \vdots & & \vdots & & \vdots & & \vdots \\ a_{n1} & \cdots & a_{nj} & \cdots & a_{nj} & \cdots & a_{nn} \end{pmatrix}$$

A' の行列式は，第 i 列と第 j 列が等しいので定理 7.1-iv より，0 である。また命題 8.1 のように（そこで $\boldsymbol{b}$ を A の第 j 列として）A' の行列式を第 i 列に関して展開すると，

$$a_{1j}\tilde{a}_{1i} + a_{2j}\tilde{a}_{2i} + \cdots + a_{nj}\tilde{a}_{ni} = 0$$

となる。行についても同様である。A の第 i 行を第 j 行に置き換えて得られる行列を A'' とする。A'' の行列式は，第 i 行と第 j 行が等しいので定理 7.2-iv より，0 である。また命題 8.2 のように（そこで $\boldsymbol{b}$ を A の第 j 行として）A'' の行列式を第 i 行に関して展開すると，

$$a_{j1}\tilde{a}_{i1} + a_{j2}\tilde{a}_{i2} + \cdots + a_{jn}\tilde{a}_{in} = 0 \qquad \cdots(8.21)$$

となる。以上より次の定理が得られる。

定理 8.3　n 次正方行列 $A=(a_{ij})$ において，次の式が成り立つ。

i. $a_{1j}\tilde{a}_{1i}+a_{2j}\tilde{a}_{2i}+\cdots+a_{nj}\tilde{a}_{ni}=0$（$A$ の第 i 列を第 j 列で置き換えた行列の行列式の第 i 列に関する展開）

ii. $a_{j1}\tilde{a}_{i1}+a_{j2}\tilde{a}_{i2}+\cdots+a_{jn}\tilde{a}_{in}=0$（$A$ の第 i 行を第 j 行で置き換えた行列の行列式の第 i 行に関する展開）

ただし上の式で $i\neq j$ である。$i=j$ のときは，

iii. $a_{1j}\tilde{a}_{1i}+a_{2j}\tilde{a}_{2i}+\cdots+a_{nj}\tilde{a}_{ni}=\det(A)$（$A$ の行列式の第 i 列に関する展開）

iv. $a_{j1}\tilde{a}_{i1}+a_{j2}\tilde{a}_{i2}+\cdots+a_{jn}\tilde{a}_{in}=\det(A)$（$A$ の行列式の第 i 行に関する展開）

行列 A に対して，余因子行列 $\tilde{A}$ を (i,j) 成分が $\tilde{a}_{ji}$ となる行列とする。A と $\tilde{A}$ を次に並べて書く。

$$\begin{pmatrix} a_{11} & \cdots & a_{1j} & \cdots & a_{1n} \\ \vdots & & \vdots & & \vdots \\ a_{i1} & \cdots & a_{ij} & \cdots & a_{in} \\ \vdots & & \vdots & & \vdots \\ a_{n1} & \cdots & a_{nj} & \cdots & a_{nn} \end{pmatrix}, \quad \begin{pmatrix} \tilde{a}_{11} & \cdots & \tilde{a}_{j1} & \cdots & \tilde{a}_{n1} \\ \vdots & & \vdots & & \vdots \\ \tilde{a}_{1i} & \cdots & \tilde{a}_{ji} & \cdots & \tilde{a}_{ni} \\ \vdots & & \vdots & & \vdots \\ \tilde{a}_{1n} & \cdots & \tilde{a}_{jn} & \cdots & \tilde{a}_{nn} \end{pmatrix}$$

このとき $\tilde{A}A$ を計算してみよう。この積の (i,j) 成分は，$i\neq j$ ならば上の定理の i より 0 であり，$i=j$ ならば iii より $\det(A)$ である。したがって $\tilde{A}A=\det(A)I_n$ となる。同様に $A\tilde{A}$ を計算してみよう。この積の (j,i) 成分は，$i\neq j$ ならば上の定理の ii より 0 であり，$i=j$ ならば iv より $\det(A)$ である。したがって $A\tilde{A}=\det(A)I_n$ となる。これより

定理 8.4　A の余因子行列を $\tilde{A}$ とすると，$\tilde{A}A=A\tilde{A}=\det(A)I_n$。よっ

て $\det(A) \neq 0$ ならば，（A は正則であり）A の逆行列は $\dfrac{1}{\det(A)}\tilde{A}$ で与えられる。

なお，定理 7.3 も参照のこと。

8.6　連立方程式の解法(A)(B)

$\det(A) \neq 0$ なる 3 次正方行列 $A = (a_{ij})$ と 3 次列ベクトル $\boldsymbol{b} = (b_i)$ に対し，方程式 $A\boldsymbol{x} = \boldsymbol{b}$ の解となる

$$\boldsymbol{x} = \begin{pmatrix} x_1 \\ x_2 \\ x_3 \end{pmatrix}$$

は，

$$x_1 = \frac{\begin{vmatrix} b_1 & a_{12} & a_{13} \\ b_2 & a_{22} & a_{23} \\ b_3 & a_{32} & a_{33} \end{vmatrix}}{\begin{vmatrix} a_{11} & a_{12} & a_{13} \\ a_{21} & a_{22} & a_{23} \\ a_{31} & a_{32} & a_{33} \end{vmatrix}},\ x_2 = \frac{\begin{vmatrix} a_{11} & b_1 & a_{13} \\ a_{21} & b_2 & a_{23} \\ a_{31} & b_3 & a_{33} \end{vmatrix}}{\begin{vmatrix} a_{11} & a_{12} & a_{13} \\ a_{21} & a_{22} & a_{23} \\ a_{31} & a_{32} & a_{33} \end{vmatrix}},\ x_3 = \frac{\begin{vmatrix} a_{11} & a_{12} & b_1 \\ a_{21} & a_{22} & b_2 \\ a_{31} & a_{32} & b_3 \end{vmatrix}}{\begin{vmatrix} a_{11} & a_{12} & a_{13} \\ a_{21} & a_{22} & a_{23} \\ a_{31} & a_{32} & a_{33} \end{vmatrix}} \quad \cdots (8.22)$$

で与えられる。つまり上の x_j の分子は行列 A において第 j 列を

$$\boldsymbol{b} = \begin{pmatrix} b_1 \\ b_2 \\ b_3 \end{pmatrix}$$

に置き換えて得られる行列の行列式である。このことを証明しよう。

[証明]　$A\boldsymbol{x} = \boldsymbol{b}$ より，A^{-1} を左からかけて，$\boldsymbol{x} = A^{-1}\boldsymbol{b}$ により，$\boldsymbol{x}$ を

求めることができる。

$$\boldsymbol{x} = \begin{pmatrix} x_1 \\ x_2 \\ x_3 \end{pmatrix} = \frac{1}{\det(A)}\tilde{A}\boldsymbol{b}$$

$$= \frac{1}{\det(A)} \begin{pmatrix} \tilde{a}_{11} & \tilde{a}_{21} & \tilde{a}_{31} \\ \tilde{a}_{12} & \tilde{a}_{22} & \tilde{a}_{32} \\ \tilde{a}_{13} & \tilde{a}_{23} & \tilde{a}_{33} \end{pmatrix} \begin{pmatrix} b_1 \\ b_2 \\ b_3 \end{pmatrix}$$

$$= \frac{1}{\det(A)} \begin{pmatrix} \tilde{a}_{11}b_1 + \tilde{a}_{21}b_2 + \tilde{a}_{31}b_3 \\ \tilde{a}_{12}b_1 + \tilde{a}_{22}b_2 + \tilde{a}_{32}b_3 \\ \tilde{a}_{13}b_1 + \tilde{a}_{23}b_2 + \tilde{a}_{33}b_3 \end{pmatrix}$$

よって $x_j = \dfrac{1}{\det(A)}(\tilde{a}_{1j}b_1 + \tilde{a}_{2j}b_2 + \tilde{a}_{3j}b_3)$。ここで，命題 8.1 より

x_1 の分子 $\tilde{a}_{11}b_1 + \tilde{a}_{21}b_2 + \tilde{a}_{31}b_3$ は

$\begin{vmatrix} b_1 & a_{12} & a_{13} \\ b_2 & a_{22} & a_{23} \\ b_3 & a_{32} & a_{33} \end{vmatrix}$ を第 1 列に関して展開したもの

x_2 の分子 $\tilde{a}_{12}b_1 + \tilde{a}_{22}b_2 + \tilde{a}_{32}b_3$ は

$\begin{vmatrix} a_{11} & b_1 & a_{13} \\ a_{21} & b_2 & a_{23} \\ a_{31} & b_3 & a_{33} \end{vmatrix}$ を第 2 列に関して展開したもの

x_3 の分子 $\tilde{a}_{13}b_1 + \tilde{a}_{23}b_2 + \tilde{a}_{33}b_3$ は

$\begin{vmatrix} a_{11} & a_{12} & b_1 \\ a_{21} & a_{22} & b_2 \\ a_{31} & a_{32} & b_3 \end{vmatrix}$ を第 3 列に関して展開したもの

となるから，(8.22) がいえる。これをクラメルの公式という。例として

次の連立方程式をクラメルの公式によって解こう。

$$x_1 + x_2 + x_3 = 2$$
$$x_1 + 2x_2 + 3x_3 = 2$$
$$x_1 + 3x_2 + 3x_3 = 0$$

$$x_1 = \frac{\begin{vmatrix} 2 & 1 & 1 \\ 2 & 2 & 3 \\ 0 & 3 & 3 \end{vmatrix}}{\begin{vmatrix} 1 & 1 & 1 \\ 1 & 2 & 3 \\ 1 & 3 & 3 \end{vmatrix}} = \frac{-6}{-2} = 3,\ x_2 = \frac{\begin{vmatrix} 1 & 2 & 1 \\ 1 & 2 & 3 \\ 1 & 0 & 3 \end{vmatrix}}{\begin{vmatrix} 1 & 1 & 1 \\ 1 & 2 & 3 \\ 1 & 3 & 3 \end{vmatrix}} = \frac{4}{-2} = -2,$$

$$x_3 = \frac{\begin{vmatrix} 1 & 1 & 2 \\ 1 & 2 & 2 \\ 1 & 3 & 0 \end{vmatrix}}{\begin{vmatrix} 1 & 1 & 1 \\ 1 & 2 & 3 \\ 1 & 3 & 3 \end{vmatrix}} = \frac{-2}{-2} = 1$$

（x_1 の分子の行列式は第 1 列で展開して $2\cdot(2\cdot3-3\cdot3)-2(1\cdot3-1\cdot3) = -6$，$x_2$ の分子の行列式は第 2 列で展開して $-2(1\cdot3-3\cdot1)+2\cdot(1\cdot3-1\cdot1) = 4$，$x_3$ の分子の行列式は第 3 列で展開して $2\cdot(1\cdot3-2\cdot1) -2(1\cdot3-1\cdot1) = -2$，分母の行列式は第 1 列で展開して，$1(2\cdot3-3\cdot3) - 1(1\cdot3-1\cdot3)+1(1\cdot3-1\cdot2) = -2$）

次に一般の場合を証明しよう。

定理 8.5　$\det(A) \neq 0$ なる n 次正方行列 $A = (a_{ij})$ と n 次列ベクトル

$\boldsymbol{b} = (b_i)$ に対し，方程式 $A\boldsymbol{x} = \boldsymbol{b}$ の解となる $\boldsymbol{x} = (x_j)$ は，

$$x_j = \frac{\begin{vmatrix} a_{11} & a_{12} & \cdots & b_1 & \cdots & a_{1n} \\ a_{21} & a_{22} & \cdots & b_2 & \cdots & a_{2n} \\ \vdots & \vdots & & \vdots & & \vdots \\ a_{n1} & a_{n2} & \cdots & b_n & \cdots & a_{nn} \end{vmatrix}}{\begin{vmatrix} a_{11} & a_{12} & \cdots & a_{1j} & \cdots & a_{1n} \\ a_{21} & a_{22} & \cdots & a_{2j} & \cdots & a_{2n} \\ \vdots & \vdots & & \vdots & & \vdots \\ a_{n1} & a_{n2} & \cdots & a_{nj} & \cdots & a_{nn} \end{vmatrix}} \qquad \cdots(8.23)$$

で与えられる。この分子は行列 A において第 j 列を

$$\boldsymbol{b} = \begin{pmatrix} b_1 \\ b_2 \\ b_3 \\ \vdots \\ b_n \end{pmatrix}$$

に置き換えて得られる行列の行列式である。

[証明]　$A\boldsymbol{x} = \boldsymbol{b}$ より，A^{-1} を左からかけて，$\boldsymbol{x} = A^{-1}\boldsymbol{b}$ により，$\boldsymbol{x}$ を求めることができる。

$$\boldsymbol{x} = \begin{pmatrix} x_1 \\ x_2 \\ \vdots \\ x_n \end{pmatrix} = \frac{1}{\det(A)}\tilde{A}\boldsymbol{b}$$

$$= \frac{1}{\det(A)} \begin{pmatrix} \tilde{a}_{11} & \cdots & \tilde{a}_{i1} & \cdots & \tilde{a}_{n1} \\ \tilde{a}_{12} & \cdots & \tilde{a}_{i2} & \cdots & \tilde{a}_{n2} \\ \vdots & & \vdots & & \vdots \\ \tilde{a}_{1n} & \cdots & \tilde{a}_{in} & \cdots & \tilde{a}_{nn} \end{pmatrix} \begin{pmatrix} b_1 \\ b_2 \\ \vdots \\ b_n \end{pmatrix}$$

$$= \frac{1}{\det(A)} \begin{pmatrix} \sum_{i=1}^{n} b_i \tilde{a}_{i1} \\ \sum_{i=1}^{n} b_i \tilde{a}_{i2} \\ \vdots \\ \sum_{i=1}^{n} b_i \tilde{a}_{in} \end{pmatrix}$$

よって $x_j = \dfrac{1}{\det(A)} \sum_{i=1}^{n} b_i \tilde{a}_{ij}$。ここで $\sum_{i=1}^{n} b_i \tilde{a}_{ij}$ は命題 8.1 より次の行列式,

$$\begin{vmatrix} a_{11} & a_{12} & \cdots & b_1 & \cdots & a_{1n} \\ a_{21} & a_{22} & \cdots & b_2 & \cdots & a_{2n} \\ \vdots & \vdots & & \vdots & & \vdots \\ a_{n1} & a_{n2} & \cdots & b_n & \cdots & a_{nn} \end{vmatrix}$$

(すなわち行列 A において第 j 列を，$\boldsymbol{b}$ に置き換えて得られる行列の行列式）を第 j 列に関して展開したものである。よって定理が成り立つ。

9　独立と従属

《目標＆ポイント》　幾つかのベクトルを使って他のベクトルを書き表す，線型結合について学ぶ。また線型独立や線型従属の意味することを理解する。
《キーワード》　線型結合，線型独立，線型従属

9.1　線型結合(A)(B)

$\boldsymbol{R}^3$ 上の任意のベクトル $\boldsymbol{a}$ は (1.26) より，3 次基本ベクトル $\boldsymbol{e}_1, \boldsymbol{e}_2, \boldsymbol{e}_3$ を使って，次のような形に書くことができる。

$$\boldsymbol{a} = \begin{pmatrix} a_1 \\ a_2 \\ a_3 \end{pmatrix} = a_1 \begin{pmatrix} 1 \\ 0 \\ 0 \end{pmatrix} + a_2 \begin{pmatrix} 0 \\ 1 \\ 0 \end{pmatrix} + a_3 \begin{pmatrix} 0 \\ 0 \\ 1 \end{pmatrix} \qquad \cdots(9.1)$$

つまり基本ベクトルをスカラー倍して，和をとった形で表されている。これをもう少し一般化して，例えば 3 個の 3 次ベクトル $\boldsymbol{a}_1, \boldsymbol{a}_2, \boldsymbol{a}_3$ に対し，それぞれスカラー倍した後，和をとった形のもの

$$c_1\boldsymbol{a}_1 + c_2\boldsymbol{a}_2 + c_3\boldsymbol{a}_3 \qquad \cdots(9.2)$$

を $\boldsymbol{a}_1, \boldsymbol{a}_2, \boldsymbol{a}_3$ の線型結合という。与えられたベクトル $\boldsymbol{b}$ が上式のように表されるとき，$\boldsymbol{b}$ は $\boldsymbol{a}_1, \boldsymbol{a}_2, \boldsymbol{a}_3$ の線型結合として表されるという。したがって $\boldsymbol{R}^3$ 上の任意のベクトルは，(9.1) の形の，基本ベクトル $\boldsymbol{e}_1, \boldsymbol{e}_2, \boldsymbol{e}_3$ の線型結合として表すことができる。$\boldsymbol{b}$ が，(9.2) のように線型結合と

して表されるとき，各ベクトル $\boldsymbol{a}_1, \boldsymbol{a}_2, \boldsymbol{a}_3$ を列ベクトルと見なすことによって次のように行列の積を使って表すことができる（(2.1), (2.2) 間の式変形参照)。

$$\boldsymbol{b} = (\boldsymbol{a}_1, \boldsymbol{a}_2, \boldsymbol{a}_3)\begin{pmatrix} c_1 \\ c_2 \\ c_3 \end{pmatrix}$$

同様に例えば 2 個のベクトル $\boldsymbol{b}_1, \boldsymbol{b}_2$ の各々が，(9.2) のように，$\boldsymbol{a}_1, \boldsymbol{a}_2, \boldsymbol{a}_3$ の線型結合として，

$$\boldsymbol{b}_1 = c_{11}\boldsymbol{a}_1 + c_{21}\boldsymbol{a}_2 + c_{31}\boldsymbol{a}_3$$
$$\boldsymbol{b}_2 = c_{12}\boldsymbol{a}_1 + c_{22}\boldsymbol{a}_2 + c_{32}\boldsymbol{a}_3$$

の形に表されるなら，これらをまとめて，

$$(\boldsymbol{b}_1, \boldsymbol{b}_2) = (\boldsymbol{a}_1, \boldsymbol{a}_2, \boldsymbol{a}_3)\begin{pmatrix} c_{11} & c_{12} \\ c_{21} & c_{22} \\ c_{31} & c_{32} \end{pmatrix} \qquad \cdots(9.3)$$

と表すことができる。右辺の右側の行列は 3 行 2 列でこれを A とすると，上式は

$$(\boldsymbol{b}_1, \boldsymbol{b}_2) = (\boldsymbol{a}_1, \boldsymbol{a}_2, \boldsymbol{a}_3)A \qquad \cdots(9.4)$$

とかける。さらに，3 次ベクトル $\boldsymbol{c}_1, \boldsymbol{c}_2$ が共に $\boldsymbol{b}_1$，$\boldsymbol{b}_2$ の線型結合として，

$$\boldsymbol{c}_1 = d_{11}\boldsymbol{b}_1 + d_{21}\boldsymbol{b}_2$$
$$\boldsymbol{c}_2 = d_{12}\boldsymbol{b}_1 + d_{22}\boldsymbol{b}_2$$

の形に表されるとする。上 2 式をまとめると，

$$(\boldsymbol{c}_1, \boldsymbol{c}_2) = (\boldsymbol{b}_1, \boldsymbol{b}_2)\begin{pmatrix} d_{11} & d_{12} \\ d_{21} & d_{22} \end{pmatrix} \qquad \cdots(9.5)$$

と表すことができる。右辺の右側の行列は 2 行 2 列でこれを B とすると，上式は

$$(\boldsymbol{c}_1, \boldsymbol{c}_2) = (\boldsymbol{b}_1, \boldsymbol{b}_2)B \qquad \cdots(9.6)$$

と書ける。(9.4) を (9.6) に代入して，

$$(\boldsymbol{c}_1, \boldsymbol{c}_2) = (\boldsymbol{a}_1, \boldsymbol{a}_2, \boldsymbol{a}_3)AB$$

となる。より具体的に書けば，(9.3) を (9.5) に代入して，

$$\begin{aligned}(\boldsymbol{c}_1, \boldsymbol{c}_2) &= (\boldsymbol{a}_1, \boldsymbol{a}_2, \boldsymbol{a}_3)\begin{pmatrix} c_{11} & c_{12} \\ c_{21} & c_{22} \\ c_{31} & c_{32} \end{pmatrix}\begin{pmatrix} d_{11} & d_{12} \\ d_{21} & d_{22} \end{pmatrix} \\ &= (\boldsymbol{a}_1, \boldsymbol{a}_2, \boldsymbol{a}_3)\begin{pmatrix} c_{11}d_{11} + c_{12}d_{21} & c_{11}d_{12} + c_{12}d_{22} \\ c_{21}d_{11} + c_{22}d_{21} & c_{21}d_{12} + c_{22}d_{22} \\ c_{31}d_{11} + c_{32}d_{21} & c_{31}d_{12} + c_{32}d_{22} \end{pmatrix}\end{aligned}$$

となる。ここで AB は，3×2 型の A と 2×2 型の B をかけたもので，3×2 型行列である。そして，この式は，$\boldsymbol{c}_1, \boldsymbol{c}_2$ が $\boldsymbol{a}_1, \boldsymbol{a}_2, \boldsymbol{a}_3$ の線型結合として表されることを示している。詳しく書けば，

$$\begin{aligned}\boldsymbol{c}_1 &= (c_{11}d_{11} + c_{12}d_{21})\boldsymbol{a}_1 + (c_{21}d_{11} + c_{22}d_{21})\boldsymbol{a}_2 + (c_{31}d_{11} + c_{32}d_{21})\boldsymbol{a}_3 \\ \boldsymbol{c}_2 &= (c_{11}d_{12} + c_{12}d_{22})\boldsymbol{a}_1 + (c_{21}d_{12} + c_{22}d_{22})\boldsymbol{a}_2 + (c_{31}d_{12} + c_{32}d_{22})\boldsymbol{a}_3\end{aligned}$$

である。よって次のことがわかった。

定理 9.1　3 次ベクトル $\boldsymbol{b}_1, \boldsymbol{b}_2$ が共に，$\boldsymbol{a}_1, \boldsymbol{a}_2, \boldsymbol{a}_3$ の線型結合として表されるとする。さらに 3 次ベクトル $\boldsymbol{c}_1, \boldsymbol{c}_2$ が共に，$\boldsymbol{b}_1, \boldsymbol{b}_2$ の線型結合として表されるとする。このとき，$\boldsymbol{c}_1, \boldsymbol{c}_2$ が $\boldsymbol{a}_1, \boldsymbol{a}_2, \boldsymbol{a}_3$ の線型結合として表される。

以上の準備をして次のように一般的に考えよう。n 次数ベクトル空間 $\boldsymbol{R}^n$ の任意のベクトル $\boldsymbol{a}$ は，(1.26) より，n 次基本ベクトルを使って，次のような形に書くことができる。

$$\boldsymbol{a} = \begin{pmatrix} a_1 \\ a_2 \\ \vdots \\ a_n \end{pmatrix} = a_1 \begin{pmatrix} 1 \\ 0 \\ \vdots \\ 0 \end{pmatrix} + a_2 \begin{pmatrix} 0 \\ 1 \\ \vdots \\ 0 \end{pmatrix} + \cdots + a_n \begin{pmatrix} 0 \\ 0 \\ \vdots \\ 1 \end{pmatrix} \qquad \cdots(9.7)$$

つまり基本ベクトルをスカラー倍して，和をとった形で表されている。一般に，$\boldsymbol{a}_1$，$\boldsymbol{a}_2, \cdots, \boldsymbol{a}_m$ を n 次数ベクトルとし，それぞれスカラー倍した後，和をとった形のもの

$$c_1\boldsymbol{a}_1 + c_2\boldsymbol{a}_2 + \cdots + c_m\boldsymbol{a}_m \qquad \cdots(9.8)$$

を $\boldsymbol{a}_1$，$\boldsymbol{a}_2, \cdots, \boldsymbol{a}_m$ の**線型結合**という。与えられたベクトル $\boldsymbol{b}$ が上式のように表されるとき，$\boldsymbol{b}$ は $\boldsymbol{a}_1$，$\boldsymbol{a}_2, \cdots, \boldsymbol{a}_m$ の線型結合として表されるという。したがって $\boldsymbol{R}^n$ の任意のベクトルは，(9.7) の形の基本ベクトル $\boldsymbol{e}_1, \cdots, \boldsymbol{e}_n$ の線型結合として表すことができる。$\boldsymbol{b}$ が，(9.8) のように線型結合として表されるとき，各ベクトル $\boldsymbol{a}_i$ $(1 \leq i \leq m)$ を列ベクトルと見なすことによって次のように行列の積を使って表すことができる。

$$\boldsymbol{b} = (\boldsymbol{a}_1,\ \boldsymbol{a}_2, \cdots, \boldsymbol{a}_m) \begin{pmatrix} c_1 \\ c_2 \\ \vdots \\ c_m \end{pmatrix}$$

したがって l 個のベクトル $\boldsymbol{b}_i$ $(1 \leq i \leq l)$ の各々がスカラー $c_{1i}, \cdots, c_{mi}$ を使って，

$$\boldsymbol{b}_i = c_{1i}\boldsymbol{a}_1 + c_{2i}\boldsymbol{a}_2 + \cdots + c_{mi}\boldsymbol{a}_m$$

と表されるなら，これらをまとめて，

$$(\boldsymbol{b}_1, \cdots, \boldsymbol{b}_l) = (\boldsymbol{a}_1, \cdots, \boldsymbol{a}_m)\begin{pmatrix} c_{11} & \cdots & c_{1i} & \cdots & c_{1l} \\ c_{21} & \cdots & c_{2i} & \cdots & c_{2l} \\ \vdots & & \vdots & & \vdots \\ c_{m1} & \cdots & c_{mi} & \cdots & c_{ml} \end{pmatrix}$$

と表すことができる。上式の右辺右側の $m \times l$ 型行列を A とすると，

$$(\boldsymbol{b}_1, \cdots, \boldsymbol{b}_l) = (\boldsymbol{a}_1, \cdots, \boldsymbol{a}_m)A$$

と表される。さらに n 次数ベクトル $\boldsymbol{c}_1, \cdots, \boldsymbol{c}_k$ がみな $\boldsymbol{b}_1, \cdots, \boldsymbol{b}_l$ の線型結合として表されるとする。このとき $l \times k$ 型行列 B が存在して，

$$(\boldsymbol{c}_1, \cdots, \boldsymbol{c}_k) = (\boldsymbol{b}_1, \cdots, \boldsymbol{b}_l)B$$

となる。よって

$$(\boldsymbol{c}_1, \cdots, \boldsymbol{c}_k) = (\boldsymbol{b}_1, \cdots, \boldsymbol{b}_l)B = (\boldsymbol{a}_1, \cdots, \boldsymbol{a}_m)AB$$

となる。ここで AB は $m \times k$ 型行列である。この式は，$\boldsymbol{c}_1, \cdots, \boldsymbol{c}_k$ が $\boldsymbol{a}_1, \cdots, \boldsymbol{a}_m$ の線型結合として表されることを示している。よって次のことがわかった。

定理 9.2　n 次数ベクトル $\boldsymbol{b}_1, \cdots, \boldsymbol{b}_l$ がみな $\boldsymbol{a}_1, \cdots, \boldsymbol{a}_m$ の線型結合として表されるとする。さらに n 次数ベクトル $\boldsymbol{c}_1, \cdots, \boldsymbol{c}_k$ がみな $\boldsymbol{b}_1, \cdots, \boldsymbol{b}_l$ の線型結合として表されるとする。このとき，$\boldsymbol{c}_1, \cdots, \boldsymbol{c}_k$ が $\boldsymbol{a}_1, \cdots, \boldsymbol{a}_m$ の線型結合として表される。

9.2 線型独立と線型従属(A)(B)

$\boldsymbol{a}_1, \boldsymbol{a}_2, \cdots, \boldsymbol{a}_m$ を n 次数ベクトルとする。

$$0\boldsymbol{a}_1 + 0\boldsymbol{a}_2 + \cdots + 0\boldsymbol{a}_m = \boldsymbol{0}$$

である。このことを $\boldsymbol{a}_1, \boldsymbol{a}_2, \cdots, \boldsymbol{a}_m$ の自明な線型結合（左辺）により $\boldsymbol{0}$ を表すという。従って自明な線型結合では常に $\boldsymbol{0}$ となる。一方自明でない線型結合とは,

$$c_1\boldsymbol{a}_1 + c_2\boldsymbol{a}_2 + \cdots + c_m\boldsymbol{a}_m$$

(ただし $c_1 = c_2 = \cdots = c_m = 0$ ではない)

なるものをいう。従って $c_1, \cdots, c_m$ は（幾つかは 0 であってもよいが)「全て 0」でなければよい。言い換えれば $c_1, \cdots, c_m$ のうち少なくとも一つは 0 ではない，ということになる。

例をあげよう。3 つのベクトル

$$\boldsymbol{a}_1 = \begin{pmatrix} 1 \\ 0 \end{pmatrix},\ \boldsymbol{a}_2 = \begin{pmatrix} 2 \\ 0 \end{pmatrix},\ \boldsymbol{a}_3 = \begin{pmatrix} 0 \\ 1 \end{pmatrix}$$

が与えられているとする。このとき,

$$\boldsymbol{a}_2 = \begin{pmatrix} 2 \\ 0 \end{pmatrix} = 2\begin{pmatrix} 1 \\ 0 \end{pmatrix} = 2\boldsymbol{a}_1$$

すなわち，$\boldsymbol{a}_2 = 2\boldsymbol{a}_1$ が成り立つ。言い換えると，$\boldsymbol{a}_2$ は $\boldsymbol{a}_1$ のスカラー倍で表すことができる。上の式を書き換えると，$2\boldsymbol{a}_1 - \boldsymbol{a}_2 = \boldsymbol{0}$ が成り立っている。これは，$\boldsymbol{a}_1$ と $\boldsymbol{a}_2$ の自明でない（つまり $0\boldsymbol{a}_1 + 0\boldsymbol{a}_2$ という形でない）線型結合によって零ベクトルを表すことができる

ことを意味する。このとき $\boldsymbol{a}_1$ と $\boldsymbol{a}_2$ は**線型従属**であるという。また $2\boldsymbol{a}_1 - \boldsymbol{a}_2 + 0\boldsymbol{a}_3 = \boldsymbol{0}$ が成り立っている。これは，$\boldsymbol{a}_1, \boldsymbol{a}_2, \boldsymbol{a}_3$ の自明でない（つまり $0\boldsymbol{a}_1 + 0\boldsymbol{a}_2 + 0\boldsymbol{a}_3$ という形でない）線型結合によって零ベクトルを表すことができることを意味する。このとき $\boldsymbol{a}_1, \boldsymbol{a}_2, \boldsymbol{a}_3$ は線型従属であるという。一方，2 つのベクトル

$$\boldsymbol{a}_1 = \begin{pmatrix} 1 \\ 0 \end{pmatrix}, \ \boldsymbol{a}_2 = \begin{pmatrix} 0 \\ 1 \end{pmatrix}$$

が与えられているとする。このとき，

$$c_1\boldsymbol{a}_1 = \begin{pmatrix} c_1 \\ 0 \end{pmatrix}, \quad c_2\boldsymbol{a}_2 = \begin{pmatrix} 0 \\ c_2 \end{pmatrix}, \quad c_1\boldsymbol{a}_1 + c_2\boldsymbol{a}_2 = \begin{pmatrix} c_1 \\ c_2 \end{pmatrix}$$

だから，$c_1\boldsymbol{a}_1 = c_2\boldsymbol{a}_2$ が成り立つような c_1, c_2 は $c_1 = c_2 = 0$ だけである。言い換えると，$c_1\boldsymbol{a}_1 + c_2\boldsymbol{a}_2 = \boldsymbol{0}$ が成り立つような c_1, c_2 は $c_1 = c_2 = 0$ のみである。これは，$\boldsymbol{a}_1$ と $\boldsymbol{a}_2$ の自明でない（つまり $0\boldsymbol{a}_1 + 0\boldsymbol{a}_2$ という形でない）線型結合によって零ベクトルを表すことができないことを意味する。このとき $\boldsymbol{a}_1$ と $\boldsymbol{a}_2$ は**線型独立**であるという。

次に 4 個のベクトル，

$$\boldsymbol{a}_1 = \begin{pmatrix} 1 \\ 0 \\ 0 \end{pmatrix}, \ \boldsymbol{a}_2 = \begin{pmatrix} 0 \\ 1 \\ 0 \end{pmatrix}, \ \boldsymbol{a}_3 = \begin{pmatrix} 2 \\ 3 \\ 0 \end{pmatrix}, \ \boldsymbol{a}_4 = \begin{pmatrix} 0 \\ 0 \\ 1 \end{pmatrix}$$

が与えられているとする。このとき，

$$\boldsymbol{a}_3 = \begin{pmatrix} 2 \\ 3 \\ 0 \end{pmatrix} = 2\begin{pmatrix} 1 \\ 0 \\ 0 \end{pmatrix} + 3\begin{pmatrix} 0 \\ 1 \\ 0 \end{pmatrix} = 2\boldsymbol{a}_1 + 3\boldsymbol{a}_2$$

すなわち，$\boldsymbol{a}_3 = 2\boldsymbol{a}_1 + 3\boldsymbol{a}_2$ が成り立つ。言い換えると，$\boldsymbol{a}_3$ を他の 2 つ

のベクトル $\boldsymbol{a}_1, \boldsymbol{a}_2$ の線型結合で表すことができる。上の式を書き換えると，

$$2\boldsymbol{a}_1 + 3\boldsymbol{a}_2 - \boldsymbol{a}_3 = \boldsymbol{0}$$

となっている。これは $\boldsymbol{a}_1, \boldsymbol{a}_2, \boldsymbol{a}_3$ の自明でない（つまり $0\boldsymbol{a}_1 + 0\boldsymbol{a}_2 + 0\boldsymbol{a}_3$ という形でない）線型結合によって零ベクトルを表すことができることを意味する。このとき $\boldsymbol{a}_1, \boldsymbol{a}_2, \boldsymbol{a}_3$ は**線型従属**であるという。また

$$2\boldsymbol{a}_1 + 3\boldsymbol{a}_2 - \boldsymbol{a}_3 + 0\boldsymbol{a}_4 = \boldsymbol{0}$$

これは $\boldsymbol{a}_1, \boldsymbol{a}_2, \boldsymbol{a}_3, \boldsymbol{a}_4$ の自明でない（つまり $0\boldsymbol{a}_1 + 0\boldsymbol{a}_2 + 0\boldsymbol{a}_3 + 0\boldsymbol{a}_4$ という形でない）線型結合によって零ベクトルを表すことができることを意味する。このとき $\boldsymbol{a}_1, \boldsymbol{a}_2, \boldsymbol{a}_3, \boldsymbol{a}_4$ は線型従属であるという。一方，3つのベクトル

$$\boldsymbol{a}_1 = \begin{pmatrix} 1 \\ 0 \\ 0 \end{pmatrix},\ \boldsymbol{a}_2 = \begin{pmatrix} 0 \\ 1 \\ 0 \end{pmatrix},\ \boldsymbol{a}_3 = \begin{pmatrix} 0 \\ 0 \\ 1 \end{pmatrix}$$

が与えられているとする。このとき，

$$c_1\boldsymbol{a}_1 + c_2\boldsymbol{a}_2 + c_3\boldsymbol{a}_3 = \begin{pmatrix} c_1 \\ c_2 \\ c_3 \end{pmatrix}$$

だから，$c_1\boldsymbol{a}_1 + c_2\boldsymbol{a}_2 + c_3\boldsymbol{a}_3 = \boldsymbol{0}$ が成り立つような自明でない c_1, c_2, c_3 は存在しない。言い換えると，$\boldsymbol{a}_1, \boldsymbol{a}_2, \boldsymbol{a}_3$ の線型結合で $\boldsymbol{0}$ を表すことができるものは，自明なもの（$c_1 = c_2 = c_3 = 0$）以外にない。このとき $\boldsymbol{a}_1, \boldsymbol{a}_2, \boldsymbol{a}_3$ は**線型独立**であるという。

以上を一般化して次の定義を得る。

定義 9.1　$\boldsymbol{a}_1, \boldsymbol{a}_2, \cdots, \boldsymbol{a}_m$ を n 次数ベクトルとする。ある実数 $c_1, c_2, \cdots, c_m$（少なくとも 1 つは 0 でない）が存在して，

$$c_1\boldsymbol{a}_1 + c_2\boldsymbol{a}_2 + \cdots + c_m\boldsymbol{a}_m = \boldsymbol{0} \qquad \cdots(9.9)$$

（すなわち $\boldsymbol{a}_1, \boldsymbol{a}_2, \cdots, \boldsymbol{a}_m$ の自明でない線型結合によって零ベクトルを表せる）とする。このとき $\boldsymbol{a}_1, \boldsymbol{a}_2, \cdots, \boldsymbol{a}_m$ は**線型従属**であるという。とくに $m = 1$ のときは，$\boldsymbol{a}_1$ が線型従属であるとは，$\boldsymbol{a}_1 = \boldsymbol{0}$ のこととする。$\boldsymbol{a}_1, \boldsymbol{a}_2, \cdots, \boldsymbol{a}_m$ が線型従属でないとき，これらは**線型独立**であるという（すなわち (9.9) が成り立つのは $c_1 = \cdots = c_m = 0$ のとき（自明なとき）だけである）。

$m \neq 1$ とする。$\boldsymbol{a}_1, \boldsymbol{a}_2, \cdots, \boldsymbol{a}_m$ が線型従属のときには，ある $c_i \neq 0$ となる i $(1 \leq i \leq m)$ が存在して (9.9) が成り立つ。従って

$$\begin{aligned} -c_i\boldsymbol{a}_i &= c_1\boldsymbol{a}_1 + \cdots + c_{i-1}\boldsymbol{a}_{i-1} + c_{i+1}\boldsymbol{a}_{i+1} + \cdots + c_m\boldsymbol{a}_m \\ \boldsymbol{a}_i &= -\frac{c_1}{c_i}\boldsymbol{a}_1 - \cdots - \frac{c_{i-1}}{c_i}\boldsymbol{a}_{i-1} - \frac{c_{i+1}}{c_i}\boldsymbol{a}_{i+1} - \cdots - \frac{c_m}{c_i}\boldsymbol{a}_m \end{aligned}$$

となる。すなわち $\boldsymbol{a}_1, \boldsymbol{a}_2, \cdots, \boldsymbol{a}_m$ の中の 1 つのベクトルが，他のベクトルの線型結合として表せることを示している。逆に，ある $\boldsymbol{a}_i$ $(1 \leq i \leq m)$ が他のベクトル $\boldsymbol{a}_1, \boldsymbol{a}_2, \cdots, \boldsymbol{a}_{i-1}, \boldsymbol{a}_{i+1}, \cdots, \boldsymbol{a}_m$ の線型結合として表せると仮定しよう。すると

$$\boldsymbol{a}_i = c_1\boldsymbol{a}_1 + \cdots + c_{i-1}\boldsymbol{a}_{i-1} + c_{i+1}\boldsymbol{a}_{i+1} + \cdots + c_m\boldsymbol{a}_m$$

となるスカラーが存在する。これを書き換えて，

$$c_1\boldsymbol{a}_1 + \cdots + c_{i-1}\boldsymbol{a}_{i-1} - \boldsymbol{a}_i + c_{i+1}\boldsymbol{a}_{i+1} + \cdots + c_m\boldsymbol{a}_m = \boldsymbol{0}$$

となり，$\boldsymbol{a}_1, \boldsymbol{a}_2, \cdots, \boldsymbol{a}_m$ が線型従属となる。以上より（$m \neq 1$ のときは）

$$\boldsymbol{a}_1, \boldsymbol{a}_2, \cdots, \boldsymbol{a}_m \text{ が線型従属である} \Leftrightarrow$$
$$\boldsymbol{a}_1, \boldsymbol{a}_2, \cdots, \boldsymbol{a}_m \text{ の中の 1 つのベクトルが,} \qquad \cdots(9.10)$$
$$\text{他のベクトルの線型結合として表される}$$

従って $\boldsymbol{a}_1, \boldsymbol{a}_2, \cdots, \boldsymbol{a}_m$ が線型独立であることを言い換えると，$\boldsymbol{a}_1, \boldsymbol{a}_2, \cdots, \boldsymbol{a}_m$ の中のどのベクトルも，他のベクトルの線型結合として表せないということである。

例 **9.1**　2 つのベクトル

$$\boldsymbol{a}_1 = \begin{pmatrix} 1 \\ 0 \\ -1 \end{pmatrix}, \ \boldsymbol{a}_2 = \begin{pmatrix} 0 \\ 1 \\ -1 \end{pmatrix}$$

は線型独立である。なぜなら，

$$c_1\boldsymbol{a}_1 + c_2\boldsymbol{a}_2 = \begin{pmatrix} c_1 \\ c_2 \\ -c_1 - c_2 \end{pmatrix}$$

となり，$c_1\boldsymbol{a}_1 + c_2\boldsymbol{a}_2 = \boldsymbol{0}$ が成り立つような c_1, c_2 は $c_1 = c_2 = 0$ だけだからである。

例 **9.2**

$$\boldsymbol{a}_1 = \begin{pmatrix} -2 \\ 1 \\ 0 \end{pmatrix}, \ \boldsymbol{a}_2 = \begin{pmatrix} -3 \\ 0 \\ 1 \end{pmatrix}$$

は線型独立である。なぜなら，

$$c_1\boldsymbol{a}_1 + c_2\boldsymbol{a}_2 = \begin{pmatrix} -2c_1 - 3c_2 \\ c_1 \\ c_2 \end{pmatrix}$$

となり，$c_1\boldsymbol{a}_1 + c_2\boldsymbol{a}_2 = \boldsymbol{0}$ が成り立つような c_1, c_2 は $c_1 = c_2 = 0$ だけだからである。

練習 9.1　次のベクトルは線型独立であるかどうか調べよ。

i. $\boldsymbol{a}_1 = \begin{pmatrix} 1 \\ 0 \\ 0 \end{pmatrix},\ \boldsymbol{a}_2 = \begin{pmatrix} 0 \\ 1 \\ 0 \end{pmatrix},\ \boldsymbol{a}_3 = \begin{pmatrix} 3 \\ 4 \\ 0 \end{pmatrix}$

ii. $\boldsymbol{a}_1 = \begin{pmatrix} 1 \\ 0 \\ 0 \end{pmatrix},\ \boldsymbol{a}_2 = \begin{pmatrix} 0 \\ 2 \\ 0 \end{pmatrix},\ \boldsymbol{a}_3 = \begin{pmatrix} 0 \\ 0 \\ 3 \end{pmatrix}$

例 9.3　$\boldsymbol{R}^n$ において，n 次基本ベクトル $\boldsymbol{e}_1, \boldsymbol{e}_2, \cdots, \boldsymbol{e}_n$ は線型独立である。なぜならば，これらのベクトルの線型結合 $c_1\boldsymbol{e}_1 + c_2\boldsymbol{e}_2 + \cdots + c_n\boldsymbol{e}_n$ は

$$c_1\begin{pmatrix} 1 \\ 0 \\ \vdots \\ 0 \end{pmatrix} + c_2\begin{pmatrix} 0 \\ 1 \\ \vdots \\ 0 \end{pmatrix} + \cdots + c_n\begin{pmatrix} 0 \\ 0 \\ \vdots \\ 1 \end{pmatrix} = \begin{pmatrix} c_1 \\ c_2 \\ \vdots \\ c_n \end{pmatrix}$$

と表され，これが零ベクトルとなるのは，$c_1 = c_2 = \cdots = c_n = 0$ のときだけだからである。

最後に後の議論のため，線型独立性に関する次の事柄を述べておく。

例 9.4　(4.2) の形の階段行列 B について考えよう。B の行ベクトルで零ベクトルでないものは上から第 r 行までの行ベクトルで，個数は r 個ある。それらを $\boldsymbol{b}_1, \cdots, \boldsymbol{b}_r$ としよう。そのなかで任意の 1 つ $\boldsymbol{b}_j$ をとるとそれは，j 番目の成分（第 j 列）が 1 となっていて，さらに $\boldsymbol{b}_j$ 以外の零でない行ベクトル $\boldsymbol{b}_k$ $(k \neq j)$ はどれも j 番目の成分が 0 となって

いる。したがって $\boldsymbol{b}_j$ は，他のどの零でない行ベクトルたちの線型結合としても表されないことがわかる。$\boldsymbol{b}_j$ は $1 \leq j \leq r$ なる任意のベクトルであったから，$\boldsymbol{b}_1, \cdots, \boldsymbol{b}_r$ は線型独立である。また，B の左から第 r 列までは基本ベクトルで，個数は r 個ある。そしてそれ以外の列ベクトル，すなわち第 $r+1$ 列以降の列ベクトルは，第 r 列までの列ベクトルの線型結合として表される。したがって最初から第 r 列までの列ベクトルは線型独立で，さらに他のどの列ベクトルを加えてもそれらは線型従属になる。

9.3 行基本変形と線型独立性(C)

まず 1 つ定理を述べる。

定理 9.3 m 個の n 次数ベクトルが 2 組，$\boldsymbol{a}_1, \boldsymbol{a}_2, \cdots, \boldsymbol{a}_m$ と，$\boldsymbol{a}'_1, \boldsymbol{a}'_2, \cdots, \boldsymbol{a}'_m$ が与えられているとする。任意の数 $c_1, c_2, \cdots, c_m$ において，

$$c_1\boldsymbol{a}_1 + c_2\boldsymbol{a}_2 + \cdots + c_m\boldsymbol{a}_m = \boldsymbol{0} \iff c_1\boldsymbol{a}'_1 + c_2\boldsymbol{a}'_2 + \cdots + c_m\boldsymbol{a}'_m = \boldsymbol{0} \quad \cdots(9.11)$$

が成り立つとする。このとき，$\boldsymbol{a}_1, \boldsymbol{a}_2, \cdots, \boldsymbol{a}_m$ が線型独立であることと，$\boldsymbol{a}'_1, \boldsymbol{a}'_2, \cdots, \boldsymbol{a}'_m$ が線型独立であることは同値である。

[証明]　(9.11) の意味は，任意の数 $c_1, c_2, \cdots, c_m$ が与えられたとき，(9.11) の左側の等式が成り立つときは，その $c_1, c_2, \cdots, c_m$ は (9.11) の右側の等式も成り立つということを示し，また逆に，任意の数 $c_1, c_2, \cdots, c_m$ が与えられたとき，(9.11) の右側の等式が成り立つときは，その $c_1, c_2, \cdots, c_m$ に対して (9.11) の左側の等式も成り立つということを示している。つまり，(9.11) の左側が成り立つような $c_1, c_2, \cdots, c_m$ の組と，(9.11) の右側が成り立つような $c_1, c_2, \cdots, c_m$ の

組は全く等しい。

$\boldsymbol{a}_1, \boldsymbol{a}_2, \cdots, \boldsymbol{a}_m$ が線型独立であるならば, $c_1\boldsymbol{a}_1 + c_2\boldsymbol{a}_2 + \cdots + c_m\boldsymbol{a}_m = \boldsymbol{0}$ となる $c_1, c_2, \cdots, c_m$ は全て 0 であるときに限る。すると (9.11) より $c_1\boldsymbol{a}'_1 + c_2\boldsymbol{a}'_2 + \cdots + c_m\boldsymbol{a}'_m = \boldsymbol{0}$ となる $c_1, c_2, \cdots, c_m$ は全て 0 であるときに限る。よって $\boldsymbol{a}'_1, \boldsymbol{a}'_2, \cdots, \boldsymbol{a}'_m$ は線型独立である。逆に $\boldsymbol{a}'_1, \boldsymbol{a}'_2, \cdots, \boldsymbol{a}'_m$ が線型独立であるときも，同様にして，$\boldsymbol{a}_1, \boldsymbol{a}_2, \cdots, \boldsymbol{a}_m$ が線型独立であることが証明できる。

次に例をあげよう。3 次の正方行列 A が与えられているとする。

$$A = \begin{pmatrix} a_{11} & a_{12} & a_{13} \\ a_{21} & a_{22} & a_{23} \\ a_{31} & a_{32} & a_{33} \end{pmatrix}$$

そして $A = (\boldsymbol{a}_1, \boldsymbol{a}_2, \boldsymbol{a}_3)$ とする，すなわち

$$\boldsymbol{a}_1 = \begin{pmatrix} a_{11} \\ a_{21} \\ a_{31} \end{pmatrix}, \ \boldsymbol{a}_2 = \begin{pmatrix} a_{12} \\ a_{22} \\ a_{32} \end{pmatrix}, \ \boldsymbol{a}_3 = \begin{pmatrix} a_{13} \\ a_{23} \\ a_{33} \end{pmatrix}$$

次に A に行基本変形をほどこそう。例えば第 3 行の α 倍を第 2 行に加えて得られる行列を A' とする，すなわち

$$A' = \begin{pmatrix} a_{11} & a_{12} & a_{13} \\ a_{21} + \alpha a_{31} & a_{22} + \alpha a_{32} & a_{23} + \alpha a_{33} \\ a_{31} & a_{32} & a_{33} \end{pmatrix}$$

そして $A' = (\boldsymbol{a}'_1, \boldsymbol{a}'_2, \boldsymbol{a}'_3)$ とする，すなわち

$$\boldsymbol{a}'_1 = \begin{pmatrix} a_{11} \\ a_{21} + \alpha a_{31} \\ a_{31} \end{pmatrix}, \ \boldsymbol{a}'_2 = \begin{pmatrix} a_{12} \\ a_{22} + \alpha a_{32} \\ a_{32} \end{pmatrix}, \ \boldsymbol{a}'_3 = \begin{pmatrix} a_{13} \\ a_{23} + \alpha a_{33} \\ a_{33} \end{pmatrix} \quad \cdots (9.12)$$

このとき次のことをみよう。任意の実数 c_1, c_2, c_3 が与えられたとき，

$$\boldsymbol{c} = \begin{pmatrix} c_1 \\ c_2 \\ c_3 \end{pmatrix}$$

とおく。このとき，$A\boldsymbol{c} = \boldsymbol{0}$ は，

$$c_1\boldsymbol{a}_1 + c_2\boldsymbol{a}_2 + c_3\boldsymbol{a}_3 = \boldsymbol{0} \qquad \cdots(9.13)$$

と同値で，そしてこれは，各成分を計算することによって，次の 3 式と同値である。

$$c_1a_{11} + c_2a_{12} + c_3a_{13} = 0$$
$$c_1a_{21} + c_2a_{22} + c_3a_{23} = 0 \qquad \cdots(9.14)$$
$$c_1a_{31} + c_2a_{32} + c_3a_{33} = 0 \qquad \cdots(9.15)$$

そしてこれは，次の 3 式と同値である。

$$c_1a_{11} + c_2a_{12} + c_3a_{13} = 0$$
$$c_1(a_{21} + \alpha a_{31}) + c_2(a_{22} + \alpha a_{32}) + c_3(a_{23} + \alpha a_{33}) = 0 \qquad \cdots(9.16)$$
$$c_1a_{31} + c_2a_{32} + c_3a_{33} = 0 \qquad \cdots(9.17)$$

なぜなら，(9.14) に，(9.15) の両辺の α 倍を加えると，(9.16) が得られる。また，(9.16) から，(9.17) の両辺の α 倍を引くと，(9.14) が得られるからである。そして上の 3 つの式は，(9.12) の列ベクトルを使うと，

$$c_1\boldsymbol{a}'_1 + c_2\boldsymbol{a}'_2 + c_3\boldsymbol{a}'_3 = \boldsymbol{0} \qquad \cdots(9.18)$$

すなわち $A'\boldsymbol{c} = \boldsymbol{0}$ と同値である。よって (9.13) と (9.18) とは同値で

ある。そこで定理 9.3 を使うと，$\boldsymbol{a}_1, \boldsymbol{a}_2, \boldsymbol{a}_3$ が線型独立であることと，$\boldsymbol{a}'_1, \boldsymbol{a}'_2, \boldsymbol{a}'_3$ が線型独立であることは同値である，ということがわかった。すなわち行列 A が与えられたとき，その行列に上の行基本変形をほどこして得られる行列 A' において，A の列ベクトルが線型独立であることと，A' の列ベクトルが線型独立であることとは同値である。このことは他の行基本変形についても同様のことが言える。さらに A から（全部でなくても）幾つかの列ベクトルを選んで，同様に A' からも同じ列の列ベクトルを選んだ時，A から選んだ列ベクトルが線型独立になることと，A' から選んだ列ベクトルが線型独立になることは同値となる。そして以上のことは（3 次のみならず）任意の行列についても同様に言える。このことを定理として述べておこう。（証明は定理 12.2-iii を参照のこと。）

9.4　定理と練習(A)

定理 9.4　行列 A に行基本変形をほどこした行列を A' とする。A から幾つかの列ベクトルを取り出し，また A' からも同じ列の列ベクトルを取り出したとき，一方が線型独立であることと他方が線型独立であることは同値である。

例 9.5　3 個のベクトルが次のように与えられているとする。

$$\boldsymbol{a}_1 = \begin{pmatrix} 1 \\ 1 \\ 0 \end{pmatrix},\ \boldsymbol{a}_2 = \begin{pmatrix} 1 \\ 2 \\ 1 \end{pmatrix},\ \boldsymbol{a}_3 = \begin{pmatrix} 1 \\ 3 \\ 2 \end{pmatrix}$$

これらのベクトルから，線型独立なものを個数がなるべく多くなるように取り出すことを考えよう。まずこれらのベクトルを横に並べて次の行列 A をつくる。

$$A = \begin{pmatrix} 1 & 1 & 1 \\ 1 & 2 & 3 \\ 0 & 1 & 2 \end{pmatrix}$$

次に，A に行基本変形をほどこして次の階段行列 A' をつくる。

$$A' = \begin{pmatrix} 1 & 0 & -1 \\ 0 & 1 & 2 \\ 0 & 0 & 0 \end{pmatrix}$$

（例 3.4 参照。この例の拡大係数行列の第 4 列は無視する）この A' の列ベクトルをみると，第 1 列と第 2 列の 2 つのベクトルが線型独立となり，第 3 列のベクトルを合わせると線型従属となる。すると定理 9.4 より，A の第 1 列 $\boldsymbol{a}_1$ と第 2 列 $\boldsymbol{a}_2$ が線型独立となり，第 3 列 $\boldsymbol{a}_3$ を合わせると線型従属となる[9.1]。よって $\boldsymbol{a}_1$ と $\boldsymbol{a}_2$ を線型独立なものとして選ぶことができる。

練習 9.2　上の例をもう一度復習せよ。

9.5　幾つかの定理(C)

定理 9.5　ベクトル $\boldsymbol{a}_1, \boldsymbol{a}_2, \cdots, \boldsymbol{a}_m$ が線型独立であることは，「任意のベクトル $\boldsymbol{b}$ について，もし $\boldsymbol{b}$ がこれらの線型結合として表すことができたとき，その表現の仕方は一意的である」ことと同値である。

[証明]　まずベクトル $\boldsymbol{a}_1, \boldsymbol{a}_2, \cdots, \boldsymbol{a}_m$ が線型独立であると仮定する。そして $\boldsymbol{b}$ が，$\boldsymbol{a}_1, \boldsymbol{a}_2, \cdots, \boldsymbol{a}_m$ の線型結合として表せるとする。このとき

9.1　定理 9.6 によれば，A も A' も，第 3 列は第 1 列と第 2 列の線型結合で表せる。実際，第 1 列の -1 倍と第 2 列の 2 倍との和が第 3 列となっている。注釈 12.3 も参照。

その表現の仕方は一意的であることを証明する。すなわち

$$\boldsymbol{b} = c_1\boldsymbol{a}_1 + c_2\boldsymbol{a}_2 + \cdots + c_m\boldsymbol{a}_m \qquad \cdots(9.19)$$

$$\boldsymbol{b} = c_1'\boldsymbol{a}_1 + c_2'\boldsymbol{a}_2 + \cdots + c_m'\boldsymbol{a}_m \qquad \cdots(9.20)$$

と 2 通りに表されるとき，$c_1 = c_1', c_2 = c_2', \cdots, c_m = c_m'$ である。その理由は (9.19) − (9.20) より，

$$(c_1 - c_1')\boldsymbol{a}_1 + (c_2 - c_2')\boldsymbol{a}_2 + \cdots + (c_m - c_m')\boldsymbol{a}_m = \boldsymbol{0}$$

となり，線型独立性より，$c_1 = c_1', c_2 = c_2', \cdots, c_m = c_m'$ となるからである。

次に逆を示す。（対偶をとって）$\boldsymbol{a}_1, \boldsymbol{a}_2, \cdots, \boldsymbol{a}_m$ が線型従属であるとしよう。すると線型従属の定義より，$\boldsymbol{0}$ を $\boldsymbol{a}_1, \boldsymbol{a}_2, \cdots, \boldsymbol{a}_m$ を使って表す表し方（すなわち $c_1\boldsymbol{a}_1 + c_2\boldsymbol{a}_2 + \cdots + c_m\boldsymbol{a}_m = \boldsymbol{0}$ となる係数 $c_1, c_2, \cdots, c_m$ のとりかた）は（自明でないものもあるので）一意的でない。よって逆がいえ，定理がいえた。

定理 9.6　$\boldsymbol{a}_1, \boldsymbol{a}_2, \cdots, \boldsymbol{a}_m$ が線型独立とする。$\boldsymbol{a}_1, \boldsymbol{a}_2, \cdots, \boldsymbol{a}_m, \boldsymbol{a}_{m+1}$ が線型従属であれば，$\boldsymbol{a}_{m+1}$ は $\boldsymbol{a}_1, \boldsymbol{a}_2, \cdots, \boldsymbol{a}_m$ の線型結合として表される。

[証明]　$\boldsymbol{a}_1, \boldsymbol{a}_2, \cdots, \boldsymbol{a}_m, \boldsymbol{a}_{m+1}$ が線型従属なので，ある実数 $c_1, c_2, \cdots, c_m, c_{m+1}$（少なくとも 1 つは 0 でない）が存在して，

$$c_1\boldsymbol{a}_1 + c_2\boldsymbol{a}_2 + \cdots + c_m\boldsymbol{a}_m + c_{m+1}\boldsymbol{a}_{m+1} = \boldsymbol{0} \qquad \cdots(9.21)$$

となるとする。もし $c_{m+1} = 0$ であれば，$c_1, c_2, \cdots, c_m$ の少なくとも 1 つは 0 でなく，

$$c_1\boldsymbol{a}_1 + c_2\boldsymbol{a}_2 + \cdots + c_m\boldsymbol{a}_m = \boldsymbol{0}$$

となり，$\boldsymbol{a}_1, \boldsymbol{a}_2, \cdots, \boldsymbol{a}_m$ が線型独立であることに反する。よって $c_{m+1} \neq 0$ である。すると (9.21) より，

$$\boldsymbol{a}_{m+1} = -\frac{c_1}{c_{m+1}}\boldsymbol{a}_1 - \frac{c_2}{c_{m+1}}\boldsymbol{a}_2 - \cdots - \frac{c_m}{c_{m+1}}\boldsymbol{a}_m$$

となり定理がいえる。

系 9.1　$\boldsymbol{a}_1, \boldsymbol{a}_2, \cdots, \boldsymbol{a}_m$ が線型独立とする。$\boldsymbol{a}_{m+1}$ が $\boldsymbol{a}_1, \boldsymbol{a}_2, \cdots, \boldsymbol{a}_m$ の線型結合として表されないならば，$\boldsymbol{a}_1, \boldsymbol{a}_2, \cdots, \boldsymbol{a}_m, \boldsymbol{a}_{m+1}$ は線型独立となる。

次の定理について述べる前に，準備として次のことを証明しよう。

補題 9.1　i.　ベクトル $\boldsymbol{a}$ が与えられているとする。2 個のベクトル $\boldsymbol{b}_1, \boldsymbol{b}_2$ が共に $\boldsymbol{a}$ の実数倍として表されるとき，この 2 個のベクトルは線型従属である。

ii.　2 つのベクトル $\boldsymbol{a}_1, \boldsymbol{a}_2$ が与えられているとする。3 個のベクトル $\boldsymbol{b}_1, \boldsymbol{b}_2, \boldsymbol{b}_3$ がみな，$\boldsymbol{a}_1, \boldsymbol{a}_2$ の線型結合として表されるとき，この 3 個のベクトルは線型従属である。

[証明]　i. 例えば, $\boldsymbol{b}_1 = c_1\boldsymbol{a}$, $\boldsymbol{b}_2 = c_2\boldsymbol{a}$ とする。$c_1 = 0$ または $c_2 = 0$ なら，$\boldsymbol{b}_1 = \boldsymbol{0}$ または $\boldsymbol{b}_2 = \boldsymbol{0}$ となり自明 (例えば $\boldsymbol{b}_1 = \boldsymbol{0}$ なら $\boldsymbol{b}_1 + 0 \cdot \boldsymbol{b}_2 = \boldsymbol{0}$ となる)。$c_1 \neq 0$ かつ $c_2 \neq 0$ なら，$c_2\boldsymbol{b}_1 - c_1\boldsymbol{b}_2 = c_2c_1\boldsymbol{a} - c_1c_2\boldsymbol{a} = \boldsymbol{0}$ で $\boldsymbol{b}_1$ と $\boldsymbol{b}_2$ は線型従属である。

ii. 仮定より，各 $\boldsymbol{b}_i$ $(1 \leq i \leq 3)$ は，実数 c_{1i}, c_{2i} を使って，

$$\boldsymbol{b}_1 = c_{11}\boldsymbol{a}_1 + c_{21}\boldsymbol{a}_2 \qquad \cdots(9.22)$$

$$\boldsymbol{b}_2 = c_{12}\boldsymbol{a}_1 + c_{22}\boldsymbol{a}_2 \qquad \cdots(9.23)$$

$$\boldsymbol{b}_3 = c_{13}\boldsymbol{a}_1 + c_{23}\boldsymbol{a}_2 \qquad \cdots(9.24)$$

と書ける。もし $c_{11}=c_{12}=c_{13}=0$ であれば，各 $\boldsymbol{b}_i$ は 1 個の $\boldsymbol{a}_2$ の実数倍として表される（$\boldsymbol{a}_1$ は必要ない）。すると i より，例えば，$\boldsymbol{b}_1$ と $\boldsymbol{b}_2$ は線型従属である。よって $\boldsymbol{b}_1, \boldsymbol{b}_2, \boldsymbol{b}_3$ も線型従属である。

よって以降，c_{11}, c_{12}, c_{13} の中に，少なくとも 1 つは 0 でないものがあるとする。ここで $c_{11} \neq 0$ としても一般性を失わない。このとき，(9.22) より，

$$\frac{c_{12}}{c_{11}}\boldsymbol{b}_1 = c_{12}\boldsymbol{a}_1 + \frac{c_{12}c_{21}}{c_{11}}\boldsymbol{a}_2 \qquad \cdots(9.25)$$

$$\frac{c_{13}}{c_{11}}\boldsymbol{b}_1 = c_{13}\boldsymbol{a}_1 + \frac{c_{13}c_{21}}{c_{11}}\boldsymbol{a}_2 \qquad \cdots(9.26)$$

が成り立つ。(9.23) − (9.25)，(9.24) − (9.26) をそれぞれ計算すると

$$\boldsymbol{b}_2 - \frac{c_{12}}{c_{11}}\boldsymbol{b}_1 = \left(c_{22} - \frac{c_{12}c_{21}}{c_{11}}\right)\boldsymbol{a}_2 \qquad \cdots(9.27)$$

$$\boldsymbol{b}_3 - \frac{c_{13}}{c_{11}}\boldsymbol{b}_1 = \left(c_{23} - \frac{c_{13}c_{21}}{c_{11}}\right)\boldsymbol{a}_2 \qquad \cdots(9.28)$$

((9.22), (9.23), (9.24) より $\boldsymbol{a}_1$ を消去して上 2 式を得た）左辺を順に $\boldsymbol{b}'_2$，$\boldsymbol{b}'_3$ とおくとこれらは，$\boldsymbol{a}_2$ の実数倍として表される。したがって i より $\boldsymbol{b}'_2$，$\boldsymbol{b}'_3$ は線型従属。よってある c'_2, c'_3（少なくとも一方は零ではない）が存在して，

$$c'_2\boldsymbol{b}'_2 + c'_3\boldsymbol{b}'_3 = \boldsymbol{0}$$

となる。ここで $\boldsymbol{b}'_2 = \boldsymbol{b}_2 - \frac{c_{12}}{c_{11}}\boldsymbol{b}_1$ また $\boldsymbol{b}'_3 = \boldsymbol{b}_3 - \frac{c_{13}}{c_{11}}\boldsymbol{b}_1$ であったからこれで上式を書き換えると，

$$c'_2\left(\boldsymbol{b}_2 - \frac{c_{12}}{c_{11}}\boldsymbol{b}_1\right) + c'_3\left(\boldsymbol{b}_3 - \frac{c_{13}}{c_{11}}\boldsymbol{b}_1\right) = \boldsymbol{0}$$

これを書き換えて，

$$-\frac{c'_2c_{12}+c'_3c_{13}}{c_{11}}\boldsymbol{b}_1+c'_2\boldsymbol{b}_2+c'_3\boldsymbol{b}_3=\boldsymbol{0}$$

c'_2, c'_3 の一方は零でないから，$\boldsymbol{b}_1, \boldsymbol{b}_2, \boldsymbol{b}_3$ は線型従属である。

これを一般化しよう。

定理 9.7 ベクトルの集合 $B=\{\boldsymbol{a}_1, \boldsymbol{a}_2, \cdots, \boldsymbol{a}_m\}$ が与えられているとする。また $p>m$ とし，$C=\{\boldsymbol{b}_1, \boldsymbol{b}_2, \cdots, \boldsymbol{b}_p\}$ の要素である p 個のベクトルはみな，B の要素の線型結合で表されているとする。このとき，C の要素である p 個のベクトルは線型従属である。

[証明][9.2] m についての帰納法で証明する。もし $m=1$ であれば，$B=\{\boldsymbol{a}_1\}$ で，C の任意の要素 $\boldsymbol{b}_i$ は，ある実数 c_i を用いて，$\boldsymbol{b}_i=c_i\boldsymbol{a}_1$ と書き表される。条件より $p>1$ だから，補題 9.1-i より定理が成り立つ。

帰納法の仮定により，$m-1$ について定理が成り立つとする。m において定理が成り立つことを証明する。$p>m$ とし，任意の p 個のベクトルからなる $C=\{\boldsymbol{b}_1, \boldsymbol{b}_2, \cdots, \boldsymbol{b}_p\}$ が与えられているとする。定理の仮定より，各 $\boldsymbol{b}_i$ $(1\leq i\leq p)$ は，実数 $c_{1i}, c_{2i}, \cdots, c_{mi}$ を使って，

$$\boldsymbol{b}_i=c_{1i}\boldsymbol{a}_1+c_{2i}\boldsymbol{a}_2+\cdots+c_{mi}\boldsymbol{a}_m \qquad \cdots(9.29)$$

9.2 後に述べる定理 12.1 を使うと証明は次のように簡単になる。行列 B' を，B の要素を列ベクトルとして横に並べたもの，すなわち $B'=(\boldsymbol{a}_1, \boldsymbol{a}_2, \cdots, \boldsymbol{a}_m)$ とする。同様に $C'=(\boldsymbol{b}_1, \boldsymbol{b}_2, \cdots, \boldsymbol{b}_p)$ とする。仮定よりある $m\times p$ 型行列 A が存在して，$C'=B'A$ と表せる。ここで $p>m$ より行列 A の階数は列の数 p より小さく，従って定理 12.1 より，A の p 個の列ベクトルは線型従属である。これは C' の p 個の列ベクトル（従って C の要素）が線型従属であることを示している（例えば A の第 k 列が他の列の線型結合として表せれば，C' の第 k 列が他の列の（同じ形の）線型結合として表せる）。

と書ける。もし $c_{11} = c_{12} = \cdots = c_{1p} = 0$ であれば，各 $\boldsymbol{b}_i$ は $m-1$ 個の $\boldsymbol{a}_2, \cdots, \boldsymbol{a}_m$ の線型結合として表される（$\boldsymbol{a}_1$ は必要ない)。すると $m-1$ における帰納法の仮定から，定理がいえる。

次に $c_{11}, c_{12}, \cdots, c_{1p}$ の中に，1 つでも 0 でないものがあるとする。ここで $c_{11} \neq 0$ としても一般性を失わない。このとき，(9.29) より，

$$\frac{c_{1i}}{c_{11}}\boldsymbol{b}_1 = c_{1i}\boldsymbol{a}_1 + \frac{c_{1i}c_{21}}{c_{11}}\boldsymbol{a}_2 + \cdots + \frac{c_{1i}c_{m1}}{c_{11}}\boldsymbol{a}_m \qquad \cdots(9.30)$$

が成り立つ。$2 \leq i \leq p$ のとき，(9.29) − (9.30) を計算すると

$$\boldsymbol{b}_i - \frac{c_{1i}}{c_{11}}\boldsymbol{b}_1 = \left(c_{2i} - \frac{c_{1i}c_{21}}{c_{11}}\right)\boldsymbol{a}_2 + \cdots + \left(c_{mi} - \frac{c_{1i}c_{m1}}{c_{11}}\right)\boldsymbol{a}_m$$

((9.29) 右辺から $\boldsymbol{a}_1$ を消去して上式を得た）上式左辺を $\boldsymbol{b}'_i$ $(2 \leq i \leq p)$ とおくとこれらは，$m-1$ 個の $\boldsymbol{a}_2, \cdots, \boldsymbol{a}_m$ の線型結合として表される。すると $m-1$ $(< p-1)$ における帰納法の仮定から，$\boldsymbol{b}'_i$ $(2 \leq i \leq p)$ は線型従属となる。したがってある $c'_2, \cdots, c'_p$（少なくとも 1 つは 0 でない）が存在して，

$$c'_2\boldsymbol{b}'_2 + \cdots + c'_p\boldsymbol{b}'_p = \boldsymbol{0}$$

となる。ここで $\boldsymbol{b}'_i$ $(2 \leq i \leq p)$ は $\boldsymbol{b}_i - \dfrac{c_{1i}}{c_{11}}\boldsymbol{b}_1$ であったからこれで上式を書き換えると，

$$c'_2\left(\boldsymbol{b}_2 - \frac{c_{12}}{c_{11}}\boldsymbol{b}_1\right) + \cdots + c'_i\left(\boldsymbol{b}_i - \frac{c_{1i}}{c_{11}}\boldsymbol{b}_1\right) + \cdots + c'_p\left(\boldsymbol{b}_p - \frac{c_{1p}}{c_{11}}\boldsymbol{b}_1\right) = \boldsymbol{0}$$

これを書き換えて，

$$-\frac{c'_2c_{12} + \cdots + c'_ic_{1i} + \cdots + c'_pc_{1p}}{c_{11}}\boldsymbol{b}_1 + c'_2\boldsymbol{b}_2 + \cdots + c'_i\boldsymbol{b}_i + \cdots + c'_p\boldsymbol{b}_p = \boldsymbol{0}$$

これは $\boldsymbol{b}_1, \boldsymbol{b}_2, \cdots, \boldsymbol{b}_p$ が線型従属であることを示している。

10 部分空間

《目標＆ポイント》 数ベクトル空間の部分集合で，部分空間とよばれるものの定義をし，いろいろな部分空間を見ていく。さらに空間の基底を定義する。
《キーワード》 部分空間，生成する空間，基底，部分空間の和，共通部分，直和

10.1 部分空間の定義(A)(B)

空でない（少なくとも 1 つは要素がある）部分集合 $W \subseteq \boldsymbol{R}^n$ が次の条件を満たすとき，W を $\boldsymbol{R}^n$ の（線型）部分空間（あるいは部分ベクトル空間）という。

$$\boldsymbol{a},\ \boldsymbol{b} \in W \text{ のとき，} \boldsymbol{a}+\boldsymbol{b} \in W \qquad \cdots(10.1)$$

$$c \text{ を実数として } \boldsymbol{a} \in W \text{ のとき，} c\boldsymbol{a} \in W \qquad \cdots(10.2)$$

$c = 0$ とすれば零ベクトルは W に含まれる。W の幾つかの要素の線型結合として表されるベクトルは，また W の要素になる（例えば $\boldsymbol{x} = c_1\boldsymbol{a}_1 + c_2\boldsymbol{a}_2 + \cdots + c_k\boldsymbol{a}_k$ のとき，各項は (10.2) より W の要素で，さらにそれらの和 $\boldsymbol{x}$ は (10.1) より W の要素となる）。特別な場合として，$\{\boldsymbol{0}\}$ や $\boldsymbol{R}^n$ は，上の (10.1), (10.2) を満たすから，$\boldsymbol{R}^n$ の部分空間と見なすことにする。

例 10.1 $\boldsymbol{R}^3$ の部分集合 W が次のように定義されているとする。

$$W = \left\{ \begin{pmatrix} x \\ y \\ z \end{pmatrix} \middle| \; y = z = 0 \right\}$$

このとき W は $\boldsymbol{R}^3$ の部分空間である。なぜならば,

$$\boldsymbol{a} = \begin{pmatrix} x_1 \\ 0 \\ 0 \end{pmatrix}, \; \boldsymbol{b} = \begin{pmatrix} x_2 \\ 0 \\ 0 \end{pmatrix} \in W \text{ のとき}, \boldsymbol{a} + \boldsymbol{b} = \begin{pmatrix} x_1 + x_2 \\ 0 \\ 0 \end{pmatrix} \in W$$

$$c \text{ を実数として } \boldsymbol{a} = \begin{pmatrix} x \\ 0 \\ 0 \end{pmatrix} \in W \text{ のとき}, c\boldsymbol{a} = \begin{pmatrix} cx \\ 0 \\ 0 \end{pmatrix} \in W$$

となるからである。この W は $\boldsymbol{R}^3$ における x 軸という直線（上の点の集合）を表していると見ることもできる。

例 10.2　$\boldsymbol{R}^3$ の部分集合 V が次のように定義されているとする。

$$V = \left\{ \begin{pmatrix} x \\ y \\ z \end{pmatrix} \middle| \; z = 0 \right\}$$

このとき V は $\boldsymbol{R}^3$ の部分空間である。なぜならば,

$$\boldsymbol{a} = \begin{pmatrix} x_1 \\ y_1 \\ 0 \end{pmatrix}, \; \boldsymbol{b} = \begin{pmatrix} x_2 \\ y_2 \\ 0 \end{pmatrix} \in V \text{ のとき}, \boldsymbol{a} + \boldsymbol{b} = \begin{pmatrix} x_1 + x_2 \\ y_1 + y_2 \\ 0 \end{pmatrix} \in V$$

$$c \text{ を実数として } \boldsymbol{a} = \begin{pmatrix} x \\ y \\ 0 \end{pmatrix} \in V \text{ のとき}, c\boldsymbol{a} = \begin{pmatrix} cx \\ cy \\ 0 \end{pmatrix} \in V$$

となるからである。この V は $\boldsymbol{R}^3$ における xy 平面（上の点の集合）を

表している。

例 10.3　$\boldsymbol{R}^3$ の部分集合 W が次のように定義されているとする。

$$W = \left\{ \begin{pmatrix} x \\ y \\ z \end{pmatrix} \middle| \, x + y + z = 0 \right\}$$

このとき W は $\boldsymbol{R}^3$ の部分空間である。その理由は次の通り。

$$\boldsymbol{a} = \begin{pmatrix} x_1 \\ y_1 \\ z_1 \end{pmatrix}, \ \boldsymbol{b} = \begin{pmatrix} x_2 \\ y_2 \\ z_2 \end{pmatrix} \in W$$

のとき，$x_1 + y_1 + z_1 = 0$, $x_2 + y_2 + z_2 = 0$ が成り立つ。すると

$$\boldsymbol{a} + \boldsymbol{b} = \begin{pmatrix} x_1 + x_2 \\ y_1 + y_2 \\ z_1 + z_2 \end{pmatrix}$$

は，$(x_1 + x_2) + (y_1 + y_2) + (z_1 + z_2) = 0$ となり，$\boldsymbol{a} + \boldsymbol{b} \in W$ となる。また，c を実数として

$$c\boldsymbol{a} = \begin{pmatrix} cx_1 \\ cy_1 \\ cz_1 \end{pmatrix}$$

は，$cx_1 + cy_1 + cz_1 = c(x_1 + y_1 + z_1) = 0$ となり，$c\boldsymbol{a} \in W$ となる。以上より，W は $\boldsymbol{R}^3$ の部分空間である。

ところが,

$$W' = \left\{ \begin{pmatrix} x \\ y \\ z \end{pmatrix} \middle| \, x + y + z = 1 \right\}$$

は $\boldsymbol{R}^3$ の部分空間ではない。その理由は次の通り。

$$\boldsymbol{a} = \begin{pmatrix} x_1 \\ y_1 \\ z_1 \end{pmatrix}, \ \boldsymbol{b} = \begin{pmatrix} x_2 \\ y_2 \\ z_2 \end{pmatrix} \in W'$$

のとき，$x_1 + y_1 + z_1 = 1$，$x_2 + y_2 + z_2 = 1$ が成り立つ。すると

$$\boldsymbol{a} + \boldsymbol{b} = \begin{pmatrix} x_1 + x_2 \\ y_1 + y_2 \\ z_1 + z_2 \end{pmatrix}$$

は，$(x_1 + x_2) + (y_1 + y_2) + (z_1 + z_2) = 2$ となり，$\boldsymbol{a} + \boldsymbol{b} \in W'$ とならない。

10.2　生成する空間(A)(B)

n 次数ベクトル $\boldsymbol{a}_1, \boldsymbol{a}_2, \cdots, \boldsymbol{a}_m$ が与えられたとき，これらの線型結合で得られるベクトル全体の集合 V は，

$$V = \{c_1\boldsymbol{a}_1 + c_2\boldsymbol{a}_2 + \cdots + c_m\boldsymbol{a}_m \mid c_1, \cdots, c_m \text{は実数}\} \qquad \cdots(10.3)$$

と表される。この集合が $\boldsymbol{R}^n$ の部分空間になることを証明しよう。

$$\boldsymbol{a} = c_1\boldsymbol{a}_1 + c_2\boldsymbol{a}_2 + \cdots + c_m\boldsymbol{a}_m$$
$$\boldsymbol{b} = c_1'\boldsymbol{a}_1 + c_2'\boldsymbol{a}_2 + \cdots + c_m'\boldsymbol{a}_m$$

が V の要素のとき，

$$\boldsymbol{a} + \boldsymbol{b} = (c_1 + c_1')\boldsymbol{a}_1 + (c_2 + c_2')\boldsymbol{a}_2 + \cdots + (c_m + c_m')\boldsymbol{a}_m$$
$$k\boldsymbol{a} = kc_1\boldsymbol{a}_1 + kc_2\boldsymbol{a}_2 + \cdots + kc_m\boldsymbol{a}_m$$

となり，これらは再び V の要素である。よって V は $\boldsymbol{R}^n$ の部分空間になる。この空間を $L(\boldsymbol{a}_1, \boldsymbol{a}_2, \cdots, \boldsymbol{a}_m)$ で表し，$\boldsymbol{a}_1, \boldsymbol{a}_2, \cdots, \boldsymbol{a}_m$ で生成される（張られる）部分空間という。そして $\{\boldsymbol{a}_1, \boldsymbol{a}_2, \cdots, \boldsymbol{a}_m\}$ を $L(\boldsymbol{a}_1, \boldsymbol{a}_2, \cdots, \boldsymbol{a}_m)$ の生成系という。部分空間 W が各 $\boldsymbol{a}_i$ $(1 \leq i \leq m)$ を含めば，(10.2) の後に述べたことから，$L(\boldsymbol{a}_1, \boldsymbol{a}_2, \cdots, \boldsymbol{a}_m) \subseteq W$ となる。(9.7) より，$\boldsymbol{R}^n$ の任意のベクトルは，基本ベクトル $\boldsymbol{e}_1, \cdots, \boldsymbol{e}_n$ の線型結合として表すことができるから，$L(\boldsymbol{e}_1, \boldsymbol{e}_2, \cdots, \boldsymbol{e}_n) = \boldsymbol{R}^n$。

例 10.4　空間 $\boldsymbol{R}^3$ において，基本ベクトル $\boldsymbol{e}_1$ で生成される部分空間 $L(\boldsymbol{e}_1)$ は，

$$\{c\boldsymbol{e}_1 \mid c\text{ は実数}\} = \left\{ \left. \begin{pmatrix} c \\ 0 \\ 0 \end{pmatrix} \right| c\text{ は実数} \right\}$$

であり，これは x 軸という直線を表していると見ることもできる。

また，空間 $\boldsymbol{R}^3$ において，ベクトル

$$\boldsymbol{a} = \begin{pmatrix} 1 \\ 2 \\ 3 \end{pmatrix}$$

で生成される部分空間 $L(\boldsymbol{a}) = \{c\boldsymbol{a} \mid c\text{ は実数}\}$ は，原点を通る直線を表している。

例 10.5　空間 $\boldsymbol{R}^3$ において，基本ベクトル $\boldsymbol{e}_1$, $\boldsymbol{e}_2$ で生成される部分空間 $L(\boldsymbol{e}_1, \boldsymbol{e}_2)$ は，

$$\{c_1\boldsymbol{e}_1 + c_2\boldsymbol{e}_2 \mid c_1, c_2\text{は実数}\} = \left\{ \left. \begin{pmatrix} c_1 \\ c_2 \\ 0 \end{pmatrix} \right| c_1, c_2\text{は実数} \right\}$$

であり，これは xy 平面を表していると見ることもできる。

10.3　部分空間の基底(A)(B)

さて $\boldsymbol{R}^n$ の部分空間 W が与えられているとする。また n 次数ベクトルの集合 $\mathcal{B} \subseteq W$ が与えられたとする。W のどの要素も $\mathcal{B}$ の要素の線型結合として表されるとき，W を $\mathcal{B}$ によって生成される部分空間あるいは，$\mathcal{B}$ は W を生成する（あるいは $\mathcal{B}$ は W の生成系）という。このとき $\mathcal{B}$ の要素を W の生成元という。一般に有限集合 $\mathcal{B}$ が W を生成し，かつ，$\mathcal{B}$ の要素が線型独立である（このとき $\mathcal{B}$ は線型独立であるということとする）場合，$\mathcal{B}$ を W の基底という。W の基底の選び方は 1 通りに決まるわけではない。（しかし基底 $\mathcal{B}$ の要素の個数は空間 W によって 1 通りに決まる。この数を空間 W の次元という。このことは後で詳しく考える。）

W の基底 $\mathcal{B} = \{\boldsymbol{a}_1, \cdots, \boldsymbol{a}_m\}$ が与えられ，W の要素 $\boldsymbol{x}$ を，

$$c_1\boldsymbol{a}_1 + c_2\boldsymbol{a}_2 + \cdots + c_m\boldsymbol{a}_m = (\boldsymbol{a}_1, \boldsymbol{a}_2, \cdots, \boldsymbol{a}_m)\begin{pmatrix} c_1 \\ c_2 \\ \vdots \\ c_m \end{pmatrix}$$

と $\mathcal{B}$ の要素の線型結合として表したとき，定理 9.5 よりその表し方は一意的である。このとき，スカラー部分からなる数ベクトル

$$(c_1, c_2, \cdots, c_m) \text{ あるいは } \begin{pmatrix} c_1 \\ c_2 \\ \vdots \\ c_m \end{pmatrix} \qquad \cdots(10.4)$$

をこのベクトル $\boldsymbol{x}$ の基底 $\mathcal{B}$ における成分表示という。後者は ${}^t(c_1, c_2, \cdots, c_m)$ と書くこともある。

さて，いままで我々は空間 $\boldsymbol{R}^n$ の要素である順序列

$$\begin{pmatrix} x_1 \\ x_2 \\ \vdots \\ x_n \end{pmatrix} \quad \cdots(10.5)$$

を，$\boldsymbol{x}$ と書いたときベクトル $\boldsymbol{x}$ と呼んだ。(10.5) は

$$\boldsymbol{x} = \begin{pmatrix} x_1 \\ x_2 \\ \vdots \\ x_n \end{pmatrix} = x_1 \begin{pmatrix} 1 \\ 0 \\ \vdots \\ 0 \end{pmatrix} + x_2 \begin{pmatrix} 0 \\ 1 \\ \vdots \\ 0 \end{pmatrix} + \cdots + x_n \begin{pmatrix} 0 \\ 0 \\ \vdots \\ 1 \end{pmatrix}$$
$$= x_1\boldsymbol{e}_1 + x_2\boldsymbol{e}_2 + \cdots + x_n\boldsymbol{e}_n$$

と書ける。すなわち，任意の $\boldsymbol{R}^n$ の要素 $\boldsymbol{x}$ は $\boldsymbol{e}_1, \boldsymbol{e}_2, \cdots, \boldsymbol{e}_n$ の線型結合として表される。また例 9.3 より $\boldsymbol{e}_1, \boldsymbol{e}_2, \cdots, \boldsymbol{e}_n$ は線型独立であるから，これらは $\boldsymbol{R}^n$ の基底を成す。この基底を標準基底という。空間 $\boldsymbol{R}^n$ において，上の $\boldsymbol{x}$ を，標準基底 $\{\boldsymbol{e}_1, \boldsymbol{e}_2, \cdots, \boldsymbol{e}_n\}$ によって成分表示すると，

$$\begin{pmatrix} x_1 \\ x_2 \\ \vdots \\ x_n \end{pmatrix}$$

となる。つまり見かけは (10.5) と同じものである。つまり順序列としての (10.5) を，標準基底によって成分表示すると，同じになる。

しかし一般に $\boldsymbol{R}^n$ の別の基底 $\mathcal{B} = \{\boldsymbol{a}_1, \boldsymbol{a}_2, \cdots, \boldsymbol{a}_n\}$ に対し，上のベクトル $\boldsymbol{x}$ が基底 $\mathcal{B}$ において，

$$\boldsymbol{x} = c_1\boldsymbol{a}_1 + c_2\boldsymbol{a}_2 + \cdots + c_n\boldsymbol{a}_n$$

と表されたならば，この基底による成分表示は，

$$\begin{pmatrix} c_1 \\ c_2 \\ \vdots \\ c_n \end{pmatrix}$$

となる。このように同じベクトル $\boldsymbol{x}$ でも基底のとり方によって成分表示が変わるのである。この事に注意しよう。

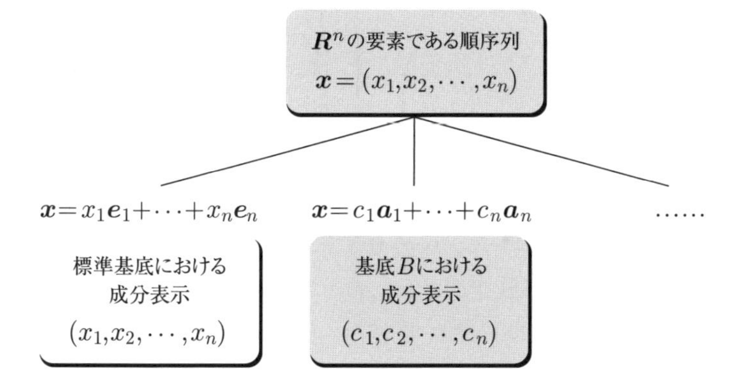

例をあげよう。$\boldsymbol{R}^3$ の 3 個のベクトル

$$\boldsymbol{a}_1 = \begin{pmatrix} 2 \\ 0 \\ 0 \end{pmatrix},\ \boldsymbol{a}_2 = \begin{pmatrix} 0 \\ 2 \\ 0 \end{pmatrix},\ \boldsymbol{a}_3 = \begin{pmatrix} 0 \\ 0 \\ 2 \end{pmatrix}$$

を考えよう。これらは $\boldsymbol{R}^3$ の基底を成す。この基底を $\mathcal{B}$ としよう。任意のベクトル

$$\boldsymbol{x} = \begin{pmatrix} x \\ y \\ z \end{pmatrix}$$

は,

$$\boldsymbol{x} = \begin{pmatrix} x \\ y \\ z \end{pmatrix} = \frac{1}{2}x\begin{pmatrix} 2 \\ 0 \\ 0 \end{pmatrix} + \frac{1}{2}y\begin{pmatrix} 0 \\ 2 \\ 0 \end{pmatrix} + \frac{1}{2}z\begin{pmatrix} 0 \\ 0 \\ 2 \end{pmatrix}$$
$$= \frac{1}{2}x\boldsymbol{a}_1 + \frac{1}{2}y\boldsymbol{a}_2 + \frac{1}{2}z\boldsymbol{a}_3$$

と表せるから, $\boldsymbol{x}$ を標準基底, 基底 $\mathcal{B}$ で成分表示するとそれぞれ次のようになる。

$$\begin{pmatrix} x \\ y \\ z \end{pmatrix}, \quad \begin{pmatrix} \frac{1}{2}x \\ \frac{1}{2}y \\ \frac{1}{2}z \end{pmatrix}$$

例 10.6　空間 $\boldsymbol{R}^n$ において, $\boldsymbol{a} \neq \boldsymbol{0}$ で生成される部分空間 $L(\boldsymbol{a})$ は $\{\boldsymbol{a}\}$ が基底である。また部分空間 $L(\boldsymbol{e}_1, \boldsymbol{e}_2)$ は, $\boldsymbol{e}_1, \boldsymbol{e}_2$ が線型独立であるから, $\{\boldsymbol{e}_1, \boldsymbol{e}_2\}$ はこの空間の基底である。例 10.3 における部分空間

$$W = \left\{ \begin{pmatrix} x \\ y \\ z \end{pmatrix} \middle| \; x + y + z = 0 \right\} \qquad \cdots(10.6)$$

の任意の元は, $z = -x - y$ であるから,

$$
\begin{pmatrix} x \\ y \\ z \end{pmatrix} = \begin{pmatrix} x \\ y \\ -x-y \end{pmatrix} = \begin{pmatrix} x \\ 0 \\ -x \end{pmatrix} + \begin{pmatrix} 0 \\ y \\ -y \end{pmatrix}
$$
$$
= x\begin{pmatrix} 1 \\ 0 \\ -1 \end{pmatrix} + y\begin{pmatrix} 0 \\ 1 \\ -1 \end{pmatrix}
$$

となるから，W は，2 つのベクトル

$$
\begin{pmatrix} 1 \\ 0 \\ -1 \end{pmatrix}, \begin{pmatrix} 0 \\ 1 \\ -1 \end{pmatrix}
$$

によって生成される。そしてこの 2 つのベクトルは，例 9.1 より，線型独立であるから，W の基底をなす。また

$$
\boldsymbol{a} = \begin{pmatrix} 2 \\ 2 \\ -4 \end{pmatrix} = 2\begin{pmatrix} 1 \\ 0 \\ -1 \end{pmatrix} + 2\begin{pmatrix} 0 \\ 1 \\ -1 \end{pmatrix}
$$

とかけるから，ベクトル $\boldsymbol{a}$ の，上の基底による成分表示は

$$
\begin{pmatrix} 2 \\ 2 \end{pmatrix}
$$

10.4　部分空間の共通部分と和(A)(B)

U, V を $\boldsymbol{R}^n$ の部分空間とする。この 2 つの部分空間の共通部分を $U \cap V$ で表すと，これは部分空間になる。なぜなら，$U \cap V$ の要素の和やスカラー倍は，U, V が共に部分空間であることから，再び U や V の共通の要素となるからである。すなわち $\boldsymbol{a}, \boldsymbol{b} \in U \cap V$ とし，c を実数と

すると，$\boldsymbol{a}, \boldsymbol{b} \in U$ であるから，$\boldsymbol{a}+\boldsymbol{b} \in U$, $c\boldsymbol{a} \in U$。同様に $\boldsymbol{a}, \boldsymbol{b} \in V$ であるから，$\boldsymbol{a}+\boldsymbol{b} \in V$, $c\boldsymbol{a} \in V$。よって $\boldsymbol{a}+\boldsymbol{b} \in U \cap V$, $c\boldsymbol{a} \in U \cap V$。

例 10.7

$$U = \left\{ \left(\begin{array}{c} x \\ y \\ z \end{array} \right) \middle| \ x = y \right\},\ V = \left\{ \left(\begin{array}{c} x \\ y \\ z \end{array} \right) \middle| \ x = z \right\}$$

とすると，$U \cap V$ は

$$\left\{ \left(\begin{array}{c} x \\ y \\ z \end{array} \right) \middle| \ x = y = z \right\} = \left\{ x \left(\begin{array}{c} 1 \\ 1 \\ 1 \end{array} \right) \middle| \ x \text{は実数} \right\}$$

すなわちベクトル，

$$\left(\begin{array}{c} 1 \\ 1 \\ 1 \end{array} \right)$$

で生成される部分空間を表す。

ところが，U, V の単なる集合としての和集合 $U \cup V$ は一般には部分空間にならない。例えば $\boldsymbol{R}^2$ の部分空間 $U = L(\boldsymbol{e}_1)$, $V = L(\boldsymbol{e}_2)$ において，和集合 $U \cup V$ の要素は，第 1 成分か第 2 成分いずれかは 0 となる。従って $\boldsymbol{e}_1, \boldsymbol{e}_2 \in U \cup V$ であるが，$\boldsymbol{e}_1 + \boldsymbol{e}_2 \notin U \cup V$。では U, V を含む部分空間 W をどう定義したらよいか。$\boldsymbol{a} \in U$, $\boldsymbol{b} \in V$ ならば（$\boldsymbol{a}, \boldsymbol{b} \in W$ だから）$\boldsymbol{a}+\boldsymbol{b} \in W$ となる必要がある。このことから，

$$U + V = \{\boldsymbol{a} + \boldsymbol{b} \mid \boldsymbol{a} \in U,\ \boldsymbol{b} \in V\}$$

と定義する。すると $U + V$ は U, V を含む最小の部分空間になる。こ

れを証明しよう。まず，$\boldsymbol{a}, \boldsymbol{a}' \in U$，$\boldsymbol{b}, \boldsymbol{b}' \in V$，$c$ は実数とすると（U, V が部分空間だから）$\boldsymbol{a}+\boldsymbol{a}', c\boldsymbol{a} \in U$，$\boldsymbol{b}+\boldsymbol{b}', c\boldsymbol{b} \in V$ となる。すると，

$$\boldsymbol{x}=\boldsymbol{a}+\boldsymbol{b},\ \boldsymbol{x}'=\boldsymbol{a}'+\boldsymbol{b}' \in U+V \text{ のとき，}$$

$$\boldsymbol{x}+\boldsymbol{x}'=(\boldsymbol{a}+\boldsymbol{a}')+(\boldsymbol{b}+\boldsymbol{b}') \in U+V$$

$$c \text{ を実数として } c\boldsymbol{x}=c\boldsymbol{a}+c\boldsymbol{b} \in U+V$$

よって $U+V$ は部分空間となる。次にもし（任意の）部分空間 W が U, V を共に含むとすると，W は（部分空間だから定義より U や V の要素の和，すなわち）$U+V$ の要素も含む。従って $W \supseteq U+V$ となり，$U+V$ の最小性が証明された。$U+V$ を U と V の和という。$U, V \subset W$ のとき $W=U+V$ は，W の任意の要素が，U の要素と V の要素の和として表せるということである。一般に $U_1, \cdots, U_p$ を $\boldsymbol{R}^n$ の部分空間としたとき，これらの和 $U_1+\cdots+U_p$ を

$$\{\boldsymbol{x} \mid \boldsymbol{x}=\boldsymbol{a}_1+\cdots+\boldsymbol{a}_p,\ \boldsymbol{a}_1 \in U_1, \cdots, \boldsymbol{a}_p \in U_p\}$$

で定義する。例えば，$L(\boldsymbol{a}_1, \boldsymbol{a}_2)$ の任意の要素は，$c_1\boldsymbol{a}_1+c_2\boldsymbol{a}_2$ の形，すなわち $L(\boldsymbol{a}_1)$ の要素 $c_1\boldsymbol{a}_1$ と $L(\boldsymbol{a}_2)$ の要素 $c_2\boldsymbol{a}_2$ の和として表せるから，$L(\boldsymbol{a}_1, \boldsymbol{a}_2)=L(\boldsymbol{a}_1)+L(\boldsymbol{a}_2)$ となる。同様に，$L(\boldsymbol{a}_1, \boldsymbol{a}_2, \cdots, \boldsymbol{a}_m)$ の任意の要素は，$1 \leq i < m$ として，$c_1\boldsymbol{a}_1+\cdots+c_i\boldsymbol{a}_i+c_{i+1}\boldsymbol{a}_{i+1}+\cdots+c_m\boldsymbol{a}_m$ の形に表せるから，

$$L(\boldsymbol{a}_1, \boldsymbol{a}_2, \cdots, \boldsymbol{a}_m)=L(\boldsymbol{a}_1, \cdots, \boldsymbol{a}_i)+L(\boldsymbol{a}_{i+1}, \cdots, \boldsymbol{a}_m)$$
$$=L(\boldsymbol{a}_1)+L(\boldsymbol{a}_2)+\cdots+L(\boldsymbol{a}_m)$$

例 10.8　2 次基本ベクトル $\boldsymbol{e}_1, \boldsymbol{e}_2$ において，$L(\boldsymbol{e}_1)+L(\boldsymbol{e}_2)=L(\boldsymbol{e}_1, \boldsymbol{e}_2)$ $=\boldsymbol{R}^2$ である。また，例 10.7 の U, V において，

$$U+V=\left\{a\begin{pmatrix}1\\1\\0\end{pmatrix}+b\begin{pmatrix}0\\0\\1\end{pmatrix}\middle|\ a,b\text{ は実数}\right\}$$
$$+\left\{c\begin{pmatrix}1\\0\\1\end{pmatrix}+d\begin{pmatrix}0\\1\\0\end{pmatrix}\middle|\ c,d\text{ は実数}\right\}$$
$$=\left\{(a+c)\begin{pmatrix}1\\0\\0\end{pmatrix}+(a+d)\begin{pmatrix}0\\1\\0\end{pmatrix}+(b+c)\begin{pmatrix}0\\0\\1\end{pmatrix}\right.$$
$$\left.\middle|\ a,b,c,d\text{ は実数}\right\}$$

ここで，$\boldsymbol{e}_3 \in U$，$\boldsymbol{e}_2 \in V$，また $a=1, b=0, c=0, d=-1$ とすると，$\boldsymbol{e}_1 \in U+V$。よって 3 次基本ベクトルは全て $U+V$ に含まれるから，$L(\boldsymbol{e}_1, \boldsymbol{e}_2, \boldsymbol{e}_3) = \boldsymbol{R}^3 \subseteq U+V$。よって $U+V=\boldsymbol{R}^3$ である。

10.5　部分空間の直和(B)

$\boldsymbol{R}^n$ の部分空間 U と V において，もし $W=U+V$ で $U \cap V = \{\boldsymbol{0}\}$ であれば，W は U と V の直和（に表せる，分解される）といい，$W=U \oplus V$ と書く。

零ベクトルでない 2 個のベクトル $\boldsymbol{a}_1, \boldsymbol{a}_2$ において，$\boldsymbol{a}_1, \boldsymbol{a}_2$ が線型独立であることと，$L(\boldsymbol{a}_1) \cap L(\boldsymbol{a}_2) = \{\boldsymbol{0}\}$ とは同値である。なぜならば，まず $\boldsymbol{a}_1, \boldsymbol{a}_2$ が線型独立であることを仮定する。$c_1\boldsymbol{a}_1$ を $L(\boldsymbol{a}_1)$ の任意の要素として，また $c_2\boldsymbol{a}_2$ を $L(\boldsymbol{a}_2)$ の任意の要素とする。もし $\boldsymbol{b} = c_1\boldsymbol{a}_1 = c_2\boldsymbol{a}_2$ であるとする（すなわちこのベクトルが $L(\boldsymbol{a}_1) \cap L(\boldsymbol{a}_2)$

の要素とする）と，$c_1\boldsymbol{a}_1 - c_2\boldsymbol{a}_2 = \boldsymbol{0}$ となる。ここで $\boldsymbol{a}_1, \boldsymbol{a}_2$ は線型独立であるから，$c_1 = c_2 = 0$ となり $\boldsymbol{b} = \boldsymbol{0}$ で，$L(\boldsymbol{a}_1) \cap L(\boldsymbol{a}_2) = \{\boldsymbol{0}\}$ である。また，逆に $L(\boldsymbol{a}_1) \cap L(\boldsymbol{a}_2) = \{\boldsymbol{0}\}$ とする。もしある c_1, c_2 によって，$c_1\boldsymbol{a}_1 + c_2\boldsymbol{a}_2 = \boldsymbol{0}$ となったとすると，$c_1\boldsymbol{a}_1 = -c_2\boldsymbol{a}_2$ となるが，$c_1\boldsymbol{a}_1 \in L(\boldsymbol{a}_1)$，$-c_2\boldsymbol{a}_2 \in L(\boldsymbol{a}_2)$ で，$L(\boldsymbol{a}_1) \cap L(\boldsymbol{a}_2) = \{\boldsymbol{0}\}$ であるから，このベクトル $c_1\boldsymbol{a}_1 = -c_2\boldsymbol{a}_2$ は零ベクトルとなる。ここで，$\boldsymbol{a}_1 \neq \boldsymbol{0}, \boldsymbol{a}_2 \neq \boldsymbol{0}$ であるから，$c_1 = c_2 = 0$ でこれは，$\boldsymbol{a}_1, \boldsymbol{a}_2$ が線型独立であることを意味する。従って $\boldsymbol{a}_1$ と $\boldsymbol{a}_2$ が線型独立なら，$L(\boldsymbol{a}_1)$ と $L(\boldsymbol{a}_2)$ の和 $L(\boldsymbol{a}_1, \boldsymbol{a}_2)$ は直和となる。

零ベクトルでない m 個のベクトル $\boldsymbol{a}_1, \cdots, \boldsymbol{a}_m$ において，$\boldsymbol{a}_1, \cdots, \boldsymbol{a}_m$ が線型独立であれば，$L(\boldsymbol{a}_1, \cdots, \boldsymbol{a}_j) \cap L(\boldsymbol{a}_{j+1}, \cdots, \boldsymbol{a}_m) = \{\boldsymbol{0}\}$ である。ここで $1 \leq j < m$ とする。なぜならば，まず $\boldsymbol{a}_1, \cdots, \boldsymbol{a}_m$ が線型独立であることを仮定する。$c_1\boldsymbol{a}_1 + \cdots + c_j\boldsymbol{a}_j$ を $L(\boldsymbol{a}_1, \cdots, \boldsymbol{a}_j)$ の任意の要素として，また $c_{j+1}\boldsymbol{a}_{j+1} + \cdots + c_m\boldsymbol{a}_m$ を $L(\boldsymbol{a}_{j+1}, \cdots, \boldsymbol{a}_m)$ の任意の要素とする。もし $c_1\boldsymbol{a}_1 + \cdots + c_j\boldsymbol{a}_j = c_{j+1}\boldsymbol{a}_{j+1} + \cdots + c_m\boldsymbol{a}_m$ であるとする（すなわちこのベクトルが $L(\boldsymbol{a}_1, \cdots, \boldsymbol{a}_j) \cap L(\boldsymbol{a}_{j+1}, \cdots, \boldsymbol{a}_m)$ の要素とする）と，$c_1\boldsymbol{a}_1 + \cdots + c_j\boldsymbol{a}_j - c_{j+1}\boldsymbol{a}_{j+1} - \cdots - c_m\boldsymbol{a}_m = \boldsymbol{0}$ となる。ここで $\boldsymbol{a}_1, \cdots, \boldsymbol{a}_m$ は線型独立であるから，$c_1 = \cdots = c_m = 0$ となり，$L(\boldsymbol{a}_1, \cdots, \boldsymbol{a}_j) \cap L(\boldsymbol{a}_{j+1}, \cdots, \boldsymbol{a}_m) = \{\boldsymbol{0}\}$ である。従ってこの 2 つの空間の和 $L(\boldsymbol{a}_1, \cdots, \boldsymbol{a}_m)$ は直和となる。

例 10.9　(10.6) における部分空間 W は

$$\boldsymbol{a}_1 = \begin{pmatrix} 1 \\ 0 \\ -1 \end{pmatrix},\ \boldsymbol{a}_2 = \begin{pmatrix} 0 \\ 1 \\ -1 \end{pmatrix}$$

によって生成され，従って $W = L(\boldsymbol{a}_1, \boldsymbol{a}_2) = L(\boldsymbol{a}_1) + L(\boldsymbol{a}_2)$ となる。

例 9.1 よりこの 2 つのベクトルは線型独立であるから，$L(\boldsymbol{a}_1) \cap L(\boldsymbol{a}_2) = \{\boldsymbol{0}\}$ である。よって $W = L(\boldsymbol{a}_1) \oplus L(\boldsymbol{a}_2)$ である。一方，

$$\boldsymbol{a}_1 = \begin{pmatrix} 1 \\ 0 \\ 1 \end{pmatrix},\ \boldsymbol{a}_2 = \begin{pmatrix} 2 \\ 0 \\ 2 \end{pmatrix}$$

によって生成される部分空間 W_1 を考えよう。このとき，2 つのベクトル $\boldsymbol{a}_1, \boldsymbol{a}_2$ は線型独立でないから，$L(\boldsymbol{a}_1) \cap L(\boldsymbol{a}_2) \neq \{\boldsymbol{0}\}$ である。よって $W_1 = L(\boldsymbol{a}_1) \oplus L(\boldsymbol{a}_2)$ ではない。$\boldsymbol{R}^n$ において，基本ベクトル $\boldsymbol{e}_1, \boldsymbol{e}_2, \boldsymbol{e}_3$ は線型独立であるから，$L(\boldsymbol{e}_1, \boldsymbol{e}_2) \cap L(\boldsymbol{e}_3) = \{\boldsymbol{0}\}$ となり，$L(\boldsymbol{e}_1, \boldsymbol{e}_2, \boldsymbol{e}_3) = L(\boldsymbol{e}_1, \boldsymbol{e}_2) \oplus L(\boldsymbol{e}_3)$。

W が U と V の直和であるとする。このとき W の任意の要素 $\boldsymbol{a}$ は U の要素 $\boldsymbol{b}$ と V の要素 $\boldsymbol{c}$ を使って，

$$\boldsymbol{a} = \boldsymbol{b} + \boldsymbol{c}$$

と表すことができるが，その表し方は一意的であることを証明しよう。もし $\boldsymbol{a}$ が U の要素 $\boldsymbol{b}, \boldsymbol{b}'$ と V の要素 $\boldsymbol{c}, \boldsymbol{c}'$ を使って，

$$\boldsymbol{a} = \boldsymbol{b} + \boldsymbol{c} = \boldsymbol{b}' + \boldsymbol{c}'$$

と表せたとする。$\boldsymbol{x} = \boldsymbol{b} - \boldsymbol{b}' = \boldsymbol{c}' - \boldsymbol{c}$ とおくと，$\boldsymbol{b} - \boldsymbol{b}'$ は U の要素，$\boldsymbol{c}' - \boldsymbol{c}$ は V の要素であるから，$\boldsymbol{x} \in U \cap V = \{\boldsymbol{0}\}$ より $\boldsymbol{x} = \boldsymbol{0}$ となる。よって $\boldsymbol{b} = \boldsymbol{b}'$, $\boldsymbol{c} = \boldsymbol{c}'$ となる。

逆に $W = U + V$ としたとき，W の要素が U の要素と V の要素の和として一意的に表せるとする。このとき W は U と V の直和であることを証明しよう。$\boldsymbol{x} \in U \cap V$ とすると，$\boldsymbol{x}$ を表すのに，$\boldsymbol{x} \in U$, $\boldsymbol{0} \in V$ と考えて $\boldsymbol{x} = \boldsymbol{x} + \boldsymbol{0}$ と表すことができる。また，$\boldsymbol{0} \in U$, $\boldsymbol{x} \in V$ と考え

て $\boldsymbol{x} = \boldsymbol{0} + \boldsymbol{x}$ とも表すことができる。よって $\boldsymbol{x} = \boldsymbol{x} + \boldsymbol{0} = \boldsymbol{0} + \boldsymbol{x}$。ここで一意性により $\boldsymbol{x} = \boldsymbol{0}$ となり，$U \cap V = \{\boldsymbol{0}\}$ となる。よって W は U と V の直和である。

以上より W が U と V の直和であることと，W の要素が U と V の要素の和として一意的に表せることは同値である。一般に $U_1, \cdots, U_p$ を $\boldsymbol{R}^n$ の部分空間としたとき，これらの和 W について，$\boldsymbol{x} \in W$ が

$$\boldsymbol{x} = \boldsymbol{a}_1 + \cdots + \boldsymbol{a}_p$$

(但し，$\boldsymbol{a}_1 \in U_1, \cdots, \boldsymbol{a}_p \in U_p$) と一意的に表せるとき，$W$ を $U_1, \cdots, U_p$ の直和といい，$W = U_1 \oplus \cdots \oplus U_p$ と表す。これは，

$$(U_1 + \cdots + U_{k-1}) \cap U_k = \{\boldsymbol{0}\} \ (2 \leq k \leq p) \qquad \cdots(10.7)$$

と同じことである。これを証明しよう。まず $W = U_1 \oplus \cdots \oplus U_p$ を仮定しよう。k を $2 \leq k \leq p$ なる自然数とし，$(U_1 \oplus \cdots \oplus U_{k-1}) \cap U_k$ が零ベクトル以外のものを含むとすると，このベクトルは（2 種類の空間の要素として）2 通りの表し方があることになり矛盾する。逆に (10.7) を仮定すると，$k = 2$ のとき，$U_1 \cap U_2 = \{\boldsymbol{0}\}$ であり，$U_1 + U_2 = U_1 \oplus U_2$ となる。同様に (10.7) において $k = 3$ とすると，$(U_1 + U_2) + U_3 = (U_1 + U_2) \oplus U_3$ で，さらに $k = 2$ のときの結果を使って，$(U_1 \oplus U_2) \oplus U_3$ に等しい。これは括弧を外して $U_1 \oplus U_2 \oplus U_3$ と同じことである。以下同様に帰納法によって，$W = U_1 \oplus \cdots \oplus U_p$ となる。

例えば，$\boldsymbol{x}_1, \cdots, \boldsymbol{x}_p$ が線型独立であるとき，定理 9.5（すなわち $L(\boldsymbol{x}_1, \cdots, \boldsymbol{x}_p)$ の任意の要素は $\boldsymbol{x}_1, \cdots, \boldsymbol{x}_p$ の線型結合で一意的に表せる）より，$L(\boldsymbol{x}_1, \cdots, \boldsymbol{x}_p) = L(\boldsymbol{x}_1) \oplus \cdots \oplus L(\boldsymbol{x}_p)$ が成り立つ。

11 線型写像

《目標&ポイント》 数ベクトル空間から数ベクトル空間への線型写像を定義し，行列がどのように関わっているかを学ぶ。また線型写像の像や核についても学ぶ。
《キーワード》 線型写像，行列表現，像，核，不変部分空間

11.1 線型写像の定義 その1 (A)

m 次数ベクトル空間 $\boldsymbol{R}^m$ から n 次数ベクトル空間 $\boldsymbol{R}^n$ への写像 f を考える。すなわち，任意の m 次数ベクトル $\boldsymbol{a}$ に対して，写像 f によって，ある n 次数ベクトル $\boldsymbol{b}$ が対応しているのである。このとき

$$f(\boldsymbol{a}) = \boldsymbol{b}$$

と書くのであった。ここで以降とくに断わらない限り，議論するベクトルは列ベクトルで表すことにする。もし行列 A が存在して，$\boldsymbol{b} = A\boldsymbol{a}$ という形に表せるとき，f を線型写像という。すなわち任意のベクトル $\boldsymbol{a}$ の f による値が，$\boldsymbol{a}$ に行列 A を左からかけることによって得られる。明らかに $f(\boldsymbol{0}) = \boldsymbol{0}$ である。この時行列 A は $n \times m$ 型で，$f(\boldsymbol{a}) = A\boldsymbol{a}$ と書き表せるから，行列 A の表す（$\boldsymbol{R}^m$ から $\boldsymbol{R}^n$ への）線型写像という意味で，f を f_A で表すこともある。例えば，$\boldsymbol{R}^2$ から $\boldsymbol{R}^2$ への写像 f が次のように与えられているとする。

$$f\left(\begin{pmatrix} x \\ y \end{pmatrix}\right) = \begin{pmatrix} x+y \\ x-y \end{pmatrix}$$

この写像 f を行列を使って書き換えると，

$$f\left(\begin{pmatrix} x \\ y \end{pmatrix}\right) = \begin{pmatrix} 1 & 1 \\ 1 & -1 \end{pmatrix}\begin{pmatrix} x \\ y \end{pmatrix}$$

となるから線型写像である。ここで

$$f\left(\begin{pmatrix} x \\ y \end{pmatrix}\right)$$

はやや見にくいので省略して以降

$$f\begin{pmatrix} x \\ y \end{pmatrix}$$

などと書くことにする。

また $\boldsymbol{R}^3$ から $\boldsymbol{R}^3$ への写像 f が次のように与えられているとする。

$$f\begin{pmatrix} x \\ y \\ z \end{pmatrix} = \begin{pmatrix} x+y \\ y+z \\ x+z \end{pmatrix}$$

この写像 f を行列を使って書き換えると，

$$f\begin{pmatrix} x \\ y \\ z \end{pmatrix} = \begin{pmatrix} 1 & 1 & 0 \\ 0 & 1 & 1 \\ 1 & 0 & 1 \end{pmatrix}\begin{pmatrix} x \\ y \\ z \end{pmatrix}$$

となるから線型写像である。

また $\boldsymbol{R}^3$ から $\boldsymbol{R}^2$ への写像 f が次のように与えられているとする。

$$f\begin{pmatrix} x \\ y \\ z \end{pmatrix} = \begin{pmatrix} x+y \\ y+z \end{pmatrix}$$

この写像 f を行列を使って書き換えると,

$$f\begin{pmatrix} x \\ y \\ z \end{pmatrix} = \begin{pmatrix} 1 & 1 & 0 \\ 0 & 1 & 1 \end{pmatrix}\begin{pmatrix} x \\ y \\ z \end{pmatrix}$$

となるから線型写像である。

練習 11.1　次の $\boldsymbol{R}^3$ から $\boldsymbol{R}^3$ への写像が線型写像であることを確かめよ。

$$f\begin{pmatrix} x \\ y \\ z \end{pmatrix} = \begin{pmatrix} x+2y \\ 2y+3z \\ 3x+4z \end{pmatrix}$$

11.2　線型写像の定義 その2 (A)(B)

m 次数ベクトル空間 $\boldsymbol{R}^m$ から n 次数ベクトル空間 $\boldsymbol{R}^n$ への写像 f が線型であることの定義を述べたが，これは次のようにも定義することができる。任意の m 次数ベクトル $\boldsymbol{a}_1, \boldsymbol{a}_2$ とスカラー c に対し，f が

$$f(\boldsymbol{a}_1 + \boldsymbol{a}_2) = f(\boldsymbol{a}_1) + f(\boldsymbol{a}_2) \qquad \cdots(11.1)$$

$$f(c\boldsymbol{a}_1) = cf(\boldsymbol{a}_1) \qquad \cdots(11.2)$$

を満たすとき，f は線型であるという。これより任意の m 次数ベクトル $\boldsymbol{a}_1, \boldsymbol{a}_2, \cdots, \boldsymbol{a}_n$ とスカラー $c_1, c_2, \cdots, c_n$ に対し，次が成り立つ。

$$f(c_1\boldsymbol{a}_1 + c_2\boldsymbol{a}_2 + \cdots + c_n\boldsymbol{a}_n) = f(c_1\boldsymbol{a}_1) + f(c_2\boldsymbol{a}_2) + \cdots + f(c_n\boldsymbol{a}_n)$$

$$= c_1 f(\boldsymbol{a}_1) + c_2 f(\boldsymbol{a}_2) + \cdots + c_n f(\boldsymbol{a}_n)$$

前節と今節の 2 つの定義が同値であることを証明しよう。まず $\boldsymbol{R}^m$ から $\boldsymbol{R}^n$ への写像 f が，$f(\boldsymbol{a}) = A\boldsymbol{a}$ と表せるとする。このとき (2.4), (2.6) により，

$$f(\boldsymbol{a}_1 + \boldsymbol{a}_2) = A(\boldsymbol{a}_1 + \boldsymbol{a}_2) = A\boldsymbol{a}_1 + A\boldsymbol{a}_2 = f(\boldsymbol{a}_1) + f(\boldsymbol{a}_2)$$
$$f(c\boldsymbol{a}_1) = A(c\boldsymbol{a}_1) = cA\boldsymbol{a}_1 = cf(\boldsymbol{a}_1)$$

となるから，この写像は (11.1), (11.2) を満たす。

今度は逆に $\boldsymbol{R}^m$ から $\boldsymbol{R}^n$ への写像 f が，(11.1), (11.2) を満たすとする。このとき，ある $n \times m$ 型行列 A が存在して，$f(\boldsymbol{x}) = A\boldsymbol{x}$ となることを示そう。

まず，$\boldsymbol{e}_1, \boldsymbol{e}_2, \cdots, \boldsymbol{e}_m$ を m 次基本ベクトルとする。次に，基本ベクトル $\boldsymbol{e}_i$ の f による像 $f(\boldsymbol{e}_i)$ を

$$f(\boldsymbol{e}_i) = \begin{pmatrix} a_{1i} \\ a_{2i} \\ \vdots \\ a_{ni} \end{pmatrix}$$

としよう。任意の m 次列ベクトル $\boldsymbol{x}$

$$\boldsymbol{x} = \begin{pmatrix} x_1 \\ x_2 \\ \vdots \\ x_m \end{pmatrix}$$

は (1.26) より，基本ベクトルを使って

$$\boldsymbol{x} = x_1\boldsymbol{e}_1 + x_2\boldsymbol{e}_2 + \cdots + x_m\boldsymbol{e}_m$$

と表せる。この f による像 $f(\boldsymbol{x})$ は (11.1), (11.2) より

$$\begin{aligned} f(\boldsymbol{x}) &= f(x_1\boldsymbol{e}_1 + x_2\boldsymbol{e}_2 + \cdots + x_m\boldsymbol{e}_m) \\ &= x_1 f(\boldsymbol{e}_1) + x_2 f(\boldsymbol{e}_2) + \cdots + x_m f(\boldsymbol{e}_m) \\ &= x_1 \begin{pmatrix} a_{11} \\ a_{21} \\ \vdots \\ a_{n1} \end{pmatrix} + x_2 \begin{pmatrix} a_{12} \\ a_{22} \\ \vdots \\ a_{n2} \end{pmatrix} + \cdots + x_m \begin{pmatrix} a_{1m} \\ a_{2m} \\ \vdots \\ a_{nm} \end{pmatrix} \\ &= \begin{pmatrix} a_{11}x_1 + a_{12}x_2 + \cdots + a_{1m}x_m \\ a_{21}x_1 + a_{22}x_2 + \cdots + a_{2m}x_m \\ \vdots \\ a_{n1}x_1 + a_{n2}x_2 + \cdots + a_{nm}x_m \end{pmatrix} \\ &= \begin{pmatrix} a_{11} & a_{12} & \cdots & a_{1m} \\ a_{21} & a_{22} & \cdots & a_{2m} \\ \vdots & \vdots & & \vdots \\ a_{n1} & a_{n2} & \cdots & a_{nm} \end{pmatrix} \begin{pmatrix} x_1 \\ x_2 \\ \vdots \\ x_m \end{pmatrix} \end{aligned}$$

となる。したがって

$$A = (f(\boldsymbol{e}_1), f(\boldsymbol{e}_2), \cdots, f(\boldsymbol{e}_m)) = \begin{pmatrix} a_{11} & a_{12} & \cdots & a_{1m} \\ a_{21} & a_{22} & \cdots & a_{2m} \\ \vdots & \vdots & & \vdots \\ a_{n1} & a_{n2} & \cdots & a_{nm} \end{pmatrix}$$

とおけば，$f(\boldsymbol{x}) = A\boldsymbol{x}$ となる。以上より，次が成り立つことがわかった。

定理 11.1 m 次数ベクトル空間 $\boldsymbol{R}^m$ から n 次数ベクトル空間 $\boldsymbol{R}^n$ への

写像 $f : \boldsymbol{R}^m \to \boldsymbol{R}^n$ について次の 2 つは同値である。

i. ある行列 A が存在して，任意の m 次ベクトル $\boldsymbol{a}$ に対して，$f(\boldsymbol{a}) = A\boldsymbol{a}$ となる。

ii. 任意の m 次数ベクトル $\boldsymbol{a}_1, \boldsymbol{a}_2$ とスカラー c に対し，f が

$$f(\boldsymbol{a}_1 + \boldsymbol{a}_2) = f(\boldsymbol{a}_1) + f(\boldsymbol{a}_2) \qquad \cdots(11.3)$$

$$f(c\boldsymbol{a}_1) = cf(\boldsymbol{a}_1) \qquad \cdots(11.4)$$

を満たす。

$\boldsymbol{R}^m$ から $\boldsymbol{R}^n$ への線型写像 f が，ある $n \times m$ 型行列 A を使って，$f(\boldsymbol{a}) = A\boldsymbol{a}$ と書けるとき，A を f に対応する行列（行列表示，表現行列）という。今までの議論で「順序列としてのベクトル」は「標準基底による成分表示」と同じであるから（10.3 節の議論参照），より正確にいうと，A は線型写像 f の標準基底による行列表示といえる（つまり，別の基底で $\boldsymbol{a}$ を成分表示して，A との積を計算してはいけない。13 章では f を別の基底のもとで行列表示することも考えるので，ここではこのように理解しよう。)。

11.3　幾つかの線型写像(B)

さて線型写像 $f, g : \boldsymbol{R}^m \to \boldsymbol{R}^n$ において，A, B をそれぞれ対応する行列（行列表示）とする。f と g との和 $f + g$ を

$$(f+g)(\boldsymbol{x}) = f(\boldsymbol{x}) + g(\boldsymbol{x})(= A\boldsymbol{x} + B\boldsymbol{x} = (A+B)\boldsymbol{x})$$

で定義すれば線型写像となる（行列表示は $A + B$）。また，スカラー倍 cf を

$$(cf)(\boldsymbol{x}) = cf(\boldsymbol{x})(= cA\boldsymbol{x})$$

で定義すれば線型写像になる（行列表示は cA）。

また $f: \boldsymbol{R}^l \to \boldsymbol{R}^m$ を線型写像としその行列表示を A, $g: \boldsymbol{R}^m \to \boldsymbol{R}^n$ を線型写像としその行列表示を B とすると，f と g との合成写像 $g \circ f: \boldsymbol{R}^l \to \boldsymbol{R}^n$ は

$$g \circ f(\boldsymbol{x}) = g(f(\boldsymbol{x})) = B(A\boldsymbol{x}) = (BA)\boldsymbol{x}$$

となり，線型写像となる（行列表示は BA）。

次に $\boldsymbol{R}^n$ から $\boldsymbol{R}^n$ への線型写像 f の行列表示を A とする。すると A は n 次正方行列となる。もし f が恒等写像 id であるとき，A は n 次単位行列となる。次に，もし f が 1 対 1 で上への写像であれば，f の（$\boldsymbol{R}^n$ から $\boldsymbol{R}^n$ への）逆写像 f^{-1} が次のように定義できる。

$$f^{-1}(\boldsymbol{y}) = \boldsymbol{x} \iff f(\boldsymbol{x}) = \boldsymbol{y}$$

このとき $f \circ f^{-1}(\boldsymbol{y}) = f(\boldsymbol{x}) = \boldsymbol{y}$, $f^{-1} \circ f(\boldsymbol{x}) = f^{-1}(\boldsymbol{y}) = \boldsymbol{x}$ となる。だから，$f \circ f^{-1} = f^{-1} \circ f = \mathrm{id}$ となる。また，f^{-1} は線型写像となる。その理由は次の通り。任意の $\boldsymbol{y}_1, \boldsymbol{y}_2$ において，$f(\boldsymbol{x}_1) = \boldsymbol{y}_1$, $f(\boldsymbol{x}_2) = \boldsymbol{y}_2$ のとき，$f^{-1}(\boldsymbol{y}_1) = \boldsymbol{x}_1$, $f^{-1}(\boldsymbol{y}_2) = \boldsymbol{x}_2$ となる。f は線型だから，

$f(\boldsymbol{x}_1 + \boldsymbol{x}_2) = f(\boldsymbol{x}_1) + f(\boldsymbol{x}_2) = \boldsymbol{y}_1 + \boldsymbol{y}_2$ だから

$f^{-1}(\boldsymbol{y}_1 + \boldsymbol{y}_2) = \boldsymbol{x}_1 + \boldsymbol{x}_2 = f^{-1}(\boldsymbol{y}_1) + f^{-1}(\boldsymbol{y}_2)$。　また

$f(c\boldsymbol{x}_1) = cf(\boldsymbol{x}_1) = c\boldsymbol{y}_1$ より $f^{-1}(c\boldsymbol{y}_1) = c\boldsymbol{x}_1 = cf^{-1}(\boldsymbol{y}_1)$。

したがって，f^{-1} は (11.3), (11.4) を満たし，よって f^{-1} は線型である。したがって対応する行列を A' とする。$f \circ f^{-1} = f^{-1} \circ f = \mathrm{id}$ であるから（この行列表示を考えて）$AA' = A'A = I$。よって $A' = A^{-1}$，A は正則となる。逆に A が正則であれば，任意の $\boldsymbol{b}$ において，$A\boldsymbol{x} = \boldsymbol{b}$ は

$\boldsymbol{x} = A^{-1}\boldsymbol{b}$ なる唯一つの解をもつ。これは f が 1 対 1 で上への写像であることを示している。したがって，線型写像 f の（$\boldsymbol{R}^n$ から $\boldsymbol{R}^n$ への）逆写像 f^{-1} が存在するための条件は，f が 1 対 1 で上への写像であるときであり，そしてこれは f に対応する行列 A が正則であることと同値である。このとき f^{-1} に対応する行列は A^{-1} である。

11.4　線型写像の像と核(A)(B)

$\boldsymbol{R}^m$ から $\boldsymbol{R}^n$ への線型写像を f とし，f の行列表示を A とする。f の像（image）

$$\mathrm{Im}(f) = \{f(\boldsymbol{x}) \mid \boldsymbol{x} \in \boldsymbol{R}^m\} = \{A\boldsymbol{x} \mid \boldsymbol{x} \in \boldsymbol{R}^m\}$$

は，$f(\boldsymbol{R}^m)$ あるいは $A(\boldsymbol{R}^m)$ とも表す。次に f の核（**kernel**）を，$f(\boldsymbol{x}) = \boldsymbol{0}$ となるような $\boldsymbol{x}$ の集合として定義する。すなわち，

$$\{\boldsymbol{x} \mid f(\boldsymbol{x}) = \boldsymbol{0}\} = \{\boldsymbol{x} \mid A\boldsymbol{x} = \boldsymbol{0}\}$$

で，これを $f^{-1}(\boldsymbol{0})$ または $\mathrm{Ker}(f)$ で表す。

$\mathrm{Im}(f)$ は $\boldsymbol{R}^n$ の部分空間である。なぜならば，$\boldsymbol{a}$, $\boldsymbol{b} \in \mathrm{Im}(f)$ のとき，ある $\boldsymbol{x}_1, \boldsymbol{x}_2 \in \boldsymbol{R}^m$ が存在して $f(\boldsymbol{x}_1) = \boldsymbol{a}$, $f(\boldsymbol{x}_2) = \boldsymbol{b}$ となる。すると c を実数として，$c\boldsymbol{x}_1$, $\boldsymbol{x}_1 + \boldsymbol{x}_2 \in \boldsymbol{R}^m$ だから

$$f(\boldsymbol{x}_1 + \boldsymbol{x}_2) = f(\boldsymbol{x}_1) + f(\boldsymbol{x}_2) = \boldsymbol{a} + \boldsymbol{b} \text{ より，} \boldsymbol{a} + \boldsymbol{b} \in \mathrm{Im}(f)$$
$$f(c\boldsymbol{x}_1) = cf(\boldsymbol{x}_1) = c\boldsymbol{a} \text{ より，} c\boldsymbol{a} \in \mathrm{Im}(f)$$

よって（部分空間の定義より）$\mathrm{Im}(f)$ は $\boldsymbol{R}^n$ の部分空間である。

また次のように考えることもできる。f を表す行列を $A = (\boldsymbol{a}_1, \boldsymbol{a}_2, \cdots, \boldsymbol{a}_m)$ とし（各 $\boldsymbol{a}_i$ は n 次列ベクトル），$\boldsymbol{x}$ を

$$\boldsymbol{x} = \begin{pmatrix} c_1 \\ \vdots \\ c_m \end{pmatrix}$$

とおくと，$A\boldsymbol{x}$ は $c_1\boldsymbol{a}_1 + c_2\boldsymbol{a}_2 + \cdots + c_m\boldsymbol{a}_m$ と線型結合の形に書ける。したがって

$$\begin{aligned} \mathrm{Im}(f) &= \{A\boldsymbol{x} \mid \boldsymbol{x} \in \boldsymbol{R}^m\} \\ &= \{c_1\boldsymbol{a}_1 + \cdots + c_m\boldsymbol{a}_m \mid c_1, \cdots, c_m \in \boldsymbol{R}\} \\ &= L(\boldsymbol{a}_1, \boldsymbol{a}_2, \cdots, \boldsymbol{a}_m) \qquad \cdots(11.5) \end{aligned}$$

次に f の核 $\mathrm{Ker}(f)$ は $\boldsymbol{R}^m$ の部分空間である。なぜならば $\boldsymbol{a}$, $\boldsymbol{b} \in \mathrm{Ker}(f)$ のとき，$f(\boldsymbol{a}) = \boldsymbol{0}$, $f(\boldsymbol{b}) = \boldsymbol{0}$ だから，

$$f(\boldsymbol{a}+\boldsymbol{b}) = f(\boldsymbol{a}) + f(\boldsymbol{b}) = \boldsymbol{0} \text{ より，} \boldsymbol{a}+\boldsymbol{b} \in \mathrm{Ker}(f)$$
$$f(c\boldsymbol{a}) = cf(\boldsymbol{a}) = \boldsymbol{0} \text{ より，} c\boldsymbol{a} \in \mathrm{Ker}(f)$$

となり，部分空間の定義を満たすからである。$\mathrm{Ker}(f)$ は $A\boldsymbol{x} = \boldsymbol{0}$ を満たす $\boldsymbol{x}$ の集合だから，この空間を $A\boldsymbol{x} = \boldsymbol{0}$ の解空間ともいう。ここで

$$\mathrm{Ker}(f) = \{\boldsymbol{0}\} \ (f(\boldsymbol{x}) = \boldsymbol{0} \text{ となる } \boldsymbol{x} \text{ は } \boldsymbol{0} \text{ だけ}) \Leftrightarrow f \text{ が単射} \qquad \cdots(11.6)$$

が成り立つ。$f(\boldsymbol{x}) = \boldsymbol{b}$ なる $\boldsymbol{x}$ が $\boldsymbol{a}$ だけのとき，$\boldsymbol{a}$ と $\boldsymbol{b}$ の対応が 1 対 1 ということにすれば，左辺は $\boldsymbol{0}$ と $\boldsymbol{0}$ の対応が 1 対 1 ということで，右辺はすべての対応が 1 対 1 ということである。従って $\Leftarrow$ は明らかである。次に $\mathrm{Ker}(f) = \{\boldsymbol{0}\}$ を仮定しよう。そして $f(\boldsymbol{x}) = f(\boldsymbol{y})$ とすると，f の線型性から

$$\boldsymbol{0} = f(\boldsymbol{x}) - f(\boldsymbol{y}) = f(\boldsymbol{x} - \boldsymbol{y})$$

よって $\boldsymbol{x}-\boldsymbol{y} \in \mathrm{Ker}(f)=\{\boldsymbol{0}\}$ で $\boldsymbol{x}=\boldsymbol{y}$ となり，f は単射である。

次に $\boldsymbol{R}^m$ の部分空間 V が与えられたとき，f による V の像

$$f(V)=\{\boldsymbol{y} \mid f(\boldsymbol{x})=\boldsymbol{y} \text{ かつ } \boldsymbol{x} \in V\}=\{\boldsymbol{y} \mid A\boldsymbol{x}=\boldsymbol{y} \text{ かつ } \boldsymbol{x} \in V\}$$

は，$A(V)$ とも表す。ここで $f(V) \subseteq V$ が成り立つ（すなわち V の任意の要素の f による像は再び V の要素となる）とき，V を f-不変な部分空間という。例えば $\mathrm{Im}(f)$ は（その定義から）f-不変な部分空間である。

また $\boldsymbol{R}^n$ の部分空間 W が与えられたとき，$f(\boldsymbol{x}) \in W$ となるような $\boldsymbol{x}$ の集合

$$\{\boldsymbol{x} \mid f(\boldsymbol{x}) \in W \text{ かつ } \boldsymbol{x} \in \boldsymbol{R}^m\}$$

を，f による W の逆像といい $f^{-1}(W)$ で表す。

練習 11.2　上記で $f(V)$ は $\boldsymbol{R}^n$ の部分空間，$f^{-1}(W)$ は $\boldsymbol{R}^m$ の部分空間となることを示せ。

11.5　練　習(A)(B)

例 11.1　$\boldsymbol{R}^2$ から $\boldsymbol{R}^2$ への線型写像 f が与えられ，その行列表示が

$$A=\begin{pmatrix} 2 & 2 \\ 1 & 1 \end{pmatrix}$$

であるとする。任意のベクトルを

$$\boldsymbol{x}=\begin{pmatrix} c_1 \\ c_2 \end{pmatrix}$$

とおくと，

$$A\boldsymbol{x} = \begin{pmatrix} 2 & 2 \\ 1 & 1 \end{pmatrix} \begin{pmatrix} c_1 \\ c_2 \end{pmatrix} = c_1 \begin{pmatrix} 2 \\ 1 \end{pmatrix} + c_2 \begin{pmatrix} 2 \\ 1 \end{pmatrix} = (c_1 + c_2) \begin{pmatrix} 2 \\ 1 \end{pmatrix}$$

と書ける。したがって

$$\mathrm{Im}(f) = \left\{ c \begin{pmatrix} 2 \\ 1 \end{pmatrix} \middle| \, c \text{ は実数} \right\}$$

であり，これは A の列ベクトル

$$\boldsymbol{p}_1 = \begin{pmatrix} 2 \\ 1 \end{pmatrix}$$

によって生成される部分空間で，このベクトルは基底をなす。次にベクトル

$$\boldsymbol{p}_2 = \begin{pmatrix} 1 \\ -1 \end{pmatrix}$$

によって生成される部分空間 $W = L(\boldsymbol{p}_2)$ の任意の元は $c\boldsymbol{p}_2$ と書けるから，この要素の f による像は，

$$f(c\boldsymbol{p}_2) = cA\boldsymbol{p}_2 = c \begin{pmatrix} 2 & 2 \\ 1 & 1 \end{pmatrix} \begin{pmatrix} 1 \\ -1 \end{pmatrix} = \boldsymbol{0} \in L(\boldsymbol{p}_2)$$

となり再び $L(\boldsymbol{p}_2)$ の要素となる。すなわち $f(W) = \{\boldsymbol{0}\} \subseteq W$ となる。よって $L(\boldsymbol{p}_2)$ も f-不変な部分空間である。一方，$L(\boldsymbol{e}_1)$ の任意の要素は $c\boldsymbol{e}_1$ と書けるから，この f による像は，

$$f(c\boldsymbol{e}_1) = cA\boldsymbol{e}_1 = c \begin{pmatrix} 2 & 2 \\ 1 & 1 \end{pmatrix} \begin{pmatrix} 1 \\ 0 \end{pmatrix} = c \begin{pmatrix} 2 \\ 1 \end{pmatrix}$$

となり $L(\boldsymbol{e}_1)$ の要素になるとは限らない。したがって $L(\boldsymbol{e}_1)$ は f-不変ではない。

次に Ker(f) を求めよう。$A\boldsymbol{x} = \boldsymbol{0}$ を解くと，

$$\begin{pmatrix} 2 & 2 \\ 1 & 1 \end{pmatrix}\begin{pmatrix} c_1 \\ c_2 \end{pmatrix} = \begin{pmatrix} 2c_1 + 2c_2 \\ c_1 + c_2 \end{pmatrix} = \begin{pmatrix} 0 \\ 0 \end{pmatrix}$$

これより $c_1 = -c_2$ で，

$$\boldsymbol{x} = \begin{pmatrix} c_1 \\ c_2 \end{pmatrix} = \begin{pmatrix} -c_2 \\ c_2 \end{pmatrix} = c_2\begin{pmatrix} -1 \\ 1 \end{pmatrix}$$

という形に書ける。よって Ker(f) はベクトル

$$\begin{pmatrix} -1 \\ 1 \end{pmatrix}$$

が生成する部分空間で，このベクトルがこの空間の基底をなす。

練習 11.3　$\boldsymbol{R}^2$ から $\boldsymbol{R}^2$ への線型写像 f の行列表示 A が，上の例 11.1 の行列であるとする。このとき，Im(f) と Ker(f) はどのような空間か。また

$$\boldsymbol{p}_1 = \begin{pmatrix} 2 \\ 1 \end{pmatrix}, \quad \boldsymbol{p}_2 = \begin{pmatrix} 1 \\ -1 \end{pmatrix}$$

として，$L(\boldsymbol{p}_1)$，$L(\boldsymbol{p}_2)$ が f-不変か調べよ。

例 11.2　$\boldsymbol{R}^3$ から $\boldsymbol{R}^3$ への線型写像 f が与えられ，その行列表示が

$$A = \begin{pmatrix} 1 & 0 & 1 \\ 0 & 1 & 1 \\ 0 & 0 & 0 \end{pmatrix}$$

であるとする。任意のベクトルを

$$\boldsymbol{x} = \begin{pmatrix} c_1 \\ c_2 \\ c_3 \end{pmatrix}$$

とおくと,

$$A\boldsymbol{x} = c_1 \begin{pmatrix} 1 \\ 0 \\ 0 \end{pmatrix} + c_2 \begin{pmatrix} 0 \\ 1 \\ 0 \end{pmatrix} + c_3 \begin{pmatrix} 1 \\ 1 \\ 0 \end{pmatrix}$$

と線型結合の形に書ける。したがって $\mathrm{Im}(f)$ は, A の各列ベクトル

$$\begin{pmatrix} 1 \\ 0 \\ 0 \end{pmatrix}, \begin{pmatrix} 0 \\ 1 \\ 0 \end{pmatrix}, \begin{pmatrix} 1 \\ 1 \\ 0 \end{pmatrix}$$

の生成する部分空間と同じである。3 番目のベクトルは 1 番目と 2 番目のベクトルの和として表されることに注意すると, この部分空間の基底は

$$\left\{ \begin{pmatrix} 1 \\ 0 \\ 0 \end{pmatrix}, \begin{pmatrix} 0 \\ 1 \\ 0 \end{pmatrix} \right\}$$

である。

また基本ベクトル $\boldsymbol{e}_1$ によって生成される部分空間 $V = L(\boldsymbol{e}_1)$ の任意の要素は $c\boldsymbol{e}_1$ と書けるから, この f による像は,

$$f(c\boldsymbol{e}_1) = cA\boldsymbol{e}_1 = c \begin{pmatrix} 1 & 0 & 1 \\ 0 & 1 & 1 \\ 0 & 0 & 0 \end{pmatrix} \begin{pmatrix} 1 \\ 0 \\ 0 \end{pmatrix} = c\boldsymbol{e}_1 \in L(\boldsymbol{e}_1)$$

となり再び $L(\boldsymbol{e}_1)$ の要素となる。すなわち $f(V) \subseteq V$ となり, $L(\boldsymbol{e}_1)$ は f-不変な部分空間である。同様に, 基本ベクトル $\boldsymbol{e}_2$ で生成される部分空間 $W = L(\boldsymbol{e}_2)$ の任意の要素は $c\boldsymbol{e}_2$ と書けるから, この f による像は,

$$f(c\boldsymbol{e}_2) = cA\boldsymbol{e}_2 = c \begin{pmatrix} 1 & 0 & 1 \\ 0 & 1 & 1 \\ 0 & 0 & 0 \end{pmatrix} \begin{pmatrix} 0 \\ 1 \\ 0 \end{pmatrix} = c\boldsymbol{e}_2 \in L(\boldsymbol{e}_2)$$

となり再び $L(\boldsymbol{e}_2)$ の要素となる。すなわち $f(W) \subseteq W$ となり，$L(\boldsymbol{e}_2)$ も f-不変な部分空間である。ところが，$L(\boldsymbol{e}_3)$ の任意の要素は $c\boldsymbol{e}_3$ と書けるから，この f による像は，

$$f(c\boldsymbol{e}_3) = cA\boldsymbol{e}_3 = c\begin{pmatrix} 1 & 0 & 1 \\ 0 & 1 & 1 \\ 0 & 0 & 0 \end{pmatrix}\begin{pmatrix} 0 \\ 0 \\ 1 \end{pmatrix} = c\begin{pmatrix} 1 \\ 1 \\ 0 \end{pmatrix}$$

となり $L(\boldsymbol{e}_3)$ の要素になるとは限らない。したがって $L(\boldsymbol{e}_3)$ は f-不変ではない。

次に部分空間

$$T = \left\{ \begin{pmatrix} c_1 \\ c_2 \\ 0 \end{pmatrix} \middle| \, c_1, c_2 \text{は実数} \right\}$$

の要素の f による像は，

$$f\begin{pmatrix} c_1 \\ c_2 \\ 0 \end{pmatrix} = \begin{pmatrix} 1 & 0 & 1 \\ 0 & 1 & 1 \\ 0 & 0 & 0 \end{pmatrix}\begin{pmatrix} c_1 \\ c_2 \\ 0 \end{pmatrix} = \begin{pmatrix} c_1 \\ c_2 \\ 0 \end{pmatrix}$$

となり再び T の要素となる。すなわち T は f-不変である。一方，部分空間

$$U = \left\{ \begin{pmatrix} 0 \\ c_2 \\ c_3 \end{pmatrix} \middle| \, c_2, c_3 \text{は実数} \right\}$$

の要素の f による像は，

$$f\begin{pmatrix} 0 \\ c_2 \\ c_3 \end{pmatrix} = \begin{pmatrix} 1 & 0 & 1 \\ 0 & 1 & 1 \\ 0 & 0 & 0 \end{pmatrix}\begin{pmatrix} 0 \\ c_2 \\ c_3 \end{pmatrix} = \begin{pmatrix} c_3 \\ c_2 + c_3 \\ 0 \end{pmatrix}$$

となり U の要素となるとは限らない。よって U は f-不変でない。

次に $\mathrm{Ker}(f)$ を求めよう。$A\boldsymbol{x} = \boldsymbol{0}$ を解くと，

$$\begin{pmatrix} 1 & 0 & 1 \\ 0 & 1 & 1 \\ 0 & 0 & 0 \end{pmatrix} \begin{pmatrix} c_1 \\ c_2 \\ c_3 \end{pmatrix} = \begin{pmatrix} c_1 + c_3 \\ c_2 + c_3 \\ 0 \end{pmatrix} = \begin{pmatrix} 0 \\ 0 \\ 0 \end{pmatrix}$$

これより $c_1 = -c_3$，$c_2 = -c_3$ で，

$$\boldsymbol{x} = \begin{pmatrix} c_1 \\ c_2 \\ c_3 \end{pmatrix} = \begin{pmatrix} -c_3 \\ -c_3 \\ c_3 \end{pmatrix} = c_3 \begin{pmatrix} -1 \\ -1 \\ 1 \end{pmatrix}$$

という形に書ける。よって $\mathrm{Ker}(f)$ はベクトル

$$\begin{pmatrix} -1 \\ -1 \\ 1 \end{pmatrix}$$

の生成する部分空間で，このベクトルがこの空間の基底をなす。

練習 11.4　$\boldsymbol{R}^3$ から $\boldsymbol{R}^3$ への線型写像 f の行列表示 A が，上の例 11.2 の行列とする。このとき，$\mathrm{Im}(f)$ と $\mathrm{Ker}(f)$ はどのような空間か上の例にならって調べよ。また各々の i $(1 \leq i \leq 3)$ について，$L(\boldsymbol{e}_i)$ が f-不変か調べよ。さらにこの例で定義された部分空間 T, U が f-不変かどうか調べよ。

例 11.3　$\boldsymbol{R}^3$ から $\boldsymbol{R}^3$ への線型写像 f の行列表示が

$$A = \begin{pmatrix} 1 & 1 & 1 \\ 1 & 2 & 3 \\ 0 & 1 & 2 \end{pmatrix}$$

であるとする。このとき，$\mathrm{Im}(f)$ と $\mathrm{Ker}(f)$ がどのような空間か調べよう。$\mathrm{Im}(f)$ の要素は，

$$A\begin{pmatrix} c_1 \\ c_2 \\ c_3 \end{pmatrix} = c_1\begin{pmatrix} 1 \\ 1 \\ 0 \end{pmatrix} + c_2\begin{pmatrix} 1 \\ 2 \\ 1 \end{pmatrix} + c_3\begin{pmatrix} 1 \\ 3 \\ 2 \end{pmatrix}$$

と線型結合の形に書ける。したがって $\mathrm{Im}(f)$ は，A の各列ベクトル

$$\begin{pmatrix} 1 \\ 1 \\ 0 \end{pmatrix}, \begin{pmatrix} 1 \\ 2 \\ 1 \end{pmatrix}, \begin{pmatrix} 1 \\ 3 \\ 2 \end{pmatrix}$$

の生成する部分空間と同じである。この部分空間の基底は前の例 11.2 のようにはすぐにはわからない。そこで次のように考えよう。例 9.5 を参照して，A に行基本変形をほどこして得られた階段行列

$$A' = \begin{pmatrix} 1 & 0 & -1 \\ 0 & 1 & 2 \\ 0 & 0 & 0 \end{pmatrix}$$

を使うと，A' の第 1 列と第 2 列が線型独立で，第 3 列は第 1 列と第 2 列の線型結合として表される。よって定理 9.4，定理 9.6 より，A の第 1 列と第 2 列が線型独立で，第 3 列は第 1 列と第 2 列の線型結合として表される。よって，基底として次がとれる。

$$\left\{\begin{pmatrix} 1 \\ 1 \\ 0 \end{pmatrix}, \begin{pmatrix} 1 \\ 2 \\ 1 \end{pmatrix}\right\}$$

次に $\mathrm{Ker}(f)$ については，

$$Ax = \begin{pmatrix} 1 & 1 & 1 \\ 1 & 2 & 3 \\ 0 & 1 & 2 \end{pmatrix} \begin{pmatrix} c_1 \\ c_2 \\ c_3 \end{pmatrix} = \begin{pmatrix} 0 \\ 0 \\ 0 \end{pmatrix}$$

を解くが，拡大係数行列 $(A, \mathbf{0})$ は行基本変形により $(A', \mathbf{0})$ となるから，

$$\begin{pmatrix} 1 & 0 & -1 \\ 0 & 1 & 2 \\ 0 & 0 & 0 \end{pmatrix} \begin{pmatrix} c_1 \\ c_2 \\ c_3 \end{pmatrix} = \begin{pmatrix} 0 \\ 0 \\ 0 \end{pmatrix}$$

を解けばよい。$c_1 = c_3$，$c_2 = -2c_3$ となるから，

$$\boldsymbol{x} = \begin{pmatrix} c_1 \\ c_2 \\ c_3 \end{pmatrix} = \begin{pmatrix} c_3 \\ -2c_3 \\ c_3 \end{pmatrix} = c_3 \begin{pmatrix} 1 \\ -2 \\ 1 \end{pmatrix}$$

という形に書ける。よって $\mathrm{Ker}(f)$ はベクトル

$$\begin{pmatrix} 1 \\ -2 \\ 1 \end{pmatrix}$$

の生成する部分空間で，このベクトルがこの空間の基底をなす。

次に

$$\boldsymbol{a} = \begin{pmatrix} 1 \\ 2 \\ 1 \end{pmatrix}$$

とし，部分空間 $L(\boldsymbol{a})$ を考える。この空間の要素 $c\boldsymbol{a}$ の f による像は

$$c \begin{pmatrix} 1 & 1 & 1 \\ 1 & 2 & 3 \\ 0 & 1 & 2 \end{pmatrix} \begin{pmatrix} 1 \\ 2 \\ 1 \end{pmatrix} = c \begin{pmatrix} 4 \\ 8 \\ 4 \end{pmatrix} = 4c \begin{pmatrix} 1 \\ 2 \\ 1 \end{pmatrix}$$

となり再び $L(\boldsymbol{a})$ の要素となるから，$L(\boldsymbol{a})$ は f-不変である。

12 次　　元

《目標&ポイント》　行列の階数と基本変形との関連について，より一般的に解説する。次に空間の大きさを測る次元を定義する。さらに次元と階数との関係について調べる。
《キーワード》　階数，基底，次元，次元公式

12.1　行列の階数について(C)

$m \times n$ 型行列 A と n 次数ベクトル $\boldsymbol{x}$ を，

$$A = (\boldsymbol{a}_1, \boldsymbol{a}_2, \cdots, \boldsymbol{a}_n),\ \boldsymbol{x} = \begin{pmatrix} x_1 \\ x_2 \\ \vdots \\ x_n \end{pmatrix} \text{ とおくと}$$

$$A\boldsymbol{x} = x_1\boldsymbol{a}_1 + x_2\boldsymbol{a}_2 + \cdots + x_n\boldsymbol{a}_n \text{ よって}$$

$$A\boldsymbol{x} = \boldsymbol{0} \Leftrightarrow x_1\boldsymbol{a}_1 + x_2\boldsymbol{a}_2 + \cdots + x_n\boldsymbol{a}_n = \boldsymbol{0} \qquad \cdots(12.1)$$

すると，$\boldsymbol{a}_1, \boldsymbol{a}_2, \cdots, \boldsymbol{a}_n$ が線型従属（上式右辺を満たす $x_1, x_2, \cdots, x_n$ のうち少なくともひとつは 0 でないようなものが存在する）ということと，$A\boldsymbol{x} = \boldsymbol{0}$ が自明でない解（すなわち $\boldsymbol{x} = \boldsymbol{0}$ 以外の解）をもつこととは同値になる[12.1]。さらに定理 4.2 より，$\mathrm{rank}(A) < n$ ということとも同値である。とくに $m < n$ のときは（$\mathrm{rank}(A)$ は A の行や列の数以下であ

12.1　同様に，行ベクトル $\boldsymbol{x} = (x_1, \cdots, x_m)$ と，$m \times n$ 型行列 B の第 i 行ベクト

るから）$\mathrm{rank}(A) \leq m < n$ となり，（m 次数ベクトル）$\boldsymbol{a}_1, \boldsymbol{a}_2, \cdots, \boldsymbol{a}_n$ は線型従属である。$m = n$ の場合には，条件 $\mathrm{rank}(A) < n$ は（定理 4.4 の後の議論より）A が正則でないこと，また（定理 7.3 より）$\det(A) = 0$ と同値である[12.2]。以上より次が成り立つ。

定理 12.1 n 個の m 次数ベクトルが線型従属であることは，このベクトルを列ベクトルとして横に並べた行列 A の階数が列の数 n より小さいことと同値である。またこれは，$\boldsymbol{x}$ を n 次の列ベクトルとして，方程式 $A\boldsymbol{x} = \boldsymbol{0}$ が自明でない解をもつことと同値である。とくに $n = m$ のときは正方行列 A が正則でないことや $\det(A) = 0$ と同値である。

行列 A が与えられているとする。行列 A の行ベクトルのうち，線型独立なものの最大個数を $I_0(A)$ とする。すなわち，p 個の線型独立な行ベクトルは存在するが，$p+1$ 個の線型独立な行ベクトルは存在しないとき，$I_0(A) = p$ である。このとき p 個の線型独立な行ベクトルを選ぶと，A の任意の行ベクトルは，これら p 個のベクトルの線型結合として表される。同様に，行列 A の列ベクトルのうち，線型独立なものの最大個数を $I_1(A)$ とする。すなわち，q 個の線型独立な列ベクトルは存在するが，$q+1$ 個の線型独立な列ベクトルは存在しないとき，$I_1(A) = q$ である。このとき q 個の線型独立な列ベクトルを選ぶと，A の任意の列ベクトルは，これら q 個のベクトルの線型結合として表される。

ルを $\boldsymbol{b}_i$ とすれば，$\boldsymbol{x}B = \boldsymbol{0} \Leftrightarrow x_1\boldsymbol{b}_1 + \cdots + x_m\boldsymbol{b}_m = \boldsymbol{0}$ だから，$\boldsymbol{b}_1, \cdots, \boldsymbol{b}_m$ が線型従属ということと，$\boldsymbol{x}B = \boldsymbol{0}$ が自明でない解をもつことは同値になる。

12.2 $\boldsymbol{a}_1, \boldsymbol{a}_2, \cdots, \boldsymbol{a}_n$ が線型従属のとき（(9.10) より）例えば $\boldsymbol{a}_1 = c_2\boldsymbol{a}_2 + \cdots + c_n\boldsymbol{a}_n$ と表せるなら，$\det(A) = \det(\boldsymbol{a}_1, \boldsymbol{a}_2, \cdots, \boldsymbol{a}_n) = \det(c_2\boldsymbol{a}_2 + \cdots + c_n\boldsymbol{a}_n, \boldsymbol{a}_2, \cdots, \boldsymbol{a}_n)$ となる。ここで行列式の多重線型性と交代性よりこの式は，$c_2 \det(\boldsymbol{a}_2, \boldsymbol{a}_2, \cdots, \boldsymbol{a}_n) + \cdots + c_n \det(\boldsymbol{a}_n, \boldsymbol{a}_2, \cdots, \boldsymbol{a}_n) = 0$ となり，$\det(A) = 0$ である。

定理 12.2 行列 A が与えられているとする。A に行基本変形 f をほどこして得られる行列を A' とする。A に列基本変形 g をほどこして得られる行列を A'' とする。このとき，

i. $I_0(A) = I_0(A')$。すなわち行基本変形をほどこしても，線型独立な行ベクトルの最大個数は変わらない。

ii. $I_1(A) = I_1(A'')$。すなわち列基本変形をほどこしても，線型独立な列ベクトルの最大個数は変わらない。

iii. $I_1(A) = I_1(A')$。言い換えると，A から幾つかの列ベクトルを取り出し，A' からも同じ列から列ベクトルを取り出したとき，一方が線型独立であることと他方が線型独立であることは同値である。よって行基本変形をほどこしても，線型独立な列ベクトルの最大個数は変わらない。

iv. $I_0(A) = I_0(A'')$。言い換えると，A から幾つかの行ベクトルを取り出し，A'' からも同じ行から行ベクトルを取り出したとき，一方が線型独立であることと他方が線型独立であることは同値である。よって列基本変形をほどこしても，線型独立な行ベクトルの最大個数は変わらない。

v. $I_0(A) = I_0(A') = I_0(A'') = I_1(A) = I_1(A') = I_1(A'')$。よって，行列 A の階数は，A の行ベクトルのうち線型独立なものの最大個数ということもでき，また，A の列ベクトルのうち線型独立なものの最大個数ということもできる。また A の階数は A' や A'' の階数に等しい。すなわち行列の階数は，行や列の基本変形によって変わらない。また A の階数と転置行列 ${}^tA$ の階数は等しい。P が正則ならば，AP や PA の階数は A の階数に等しい。

[証明]　i. A の行ベクトルのうち $I_0(A)$ 個の線型独立なものの集合を

$\mathcal{B}$ で表す。このとき A の任意の行ベクトルは $\mathcal{B}$ の要素の線型結合として表される。A' は A から行基本変形で得られるから，A' の任意の行ベクトルはみな，A の行ベクトルの線型結合として表される。よって，A' の任意の行ベクトルは，これら $I_0(A)$ 個の $\mathcal{B}$ の要素のベクトルの線型結合として表される。すると定理 9.7 より，$I_0(A') \leq I_0(A)$ である。同様に A は A' から（f とは逆の）行基本変形で得られるから，上と同様の議論で，$I_0(A) \leq I_0(A')$ となる。よって $I_0(A) = I_0(A')$。

ii. i と同様である。行に関する上の議論を列に置き換えればよい。

iii. A に行基本変形 f をほどこして得られる行列が A' であるから，ある基本行列 P が存在して，$A' = PA$ と書ける。A から幾つかの列ベクトルを選んで横に並べた行列を B とし，A' からも同じ列を選んで同じ順序で横に並べたものを B' とすると，$B' = PB$ となる。すると，(12.1) の後に述べたことより，B の列ベクトルが線型従属であることと，方程式 $B\boldsymbol{x} = \boldsymbol{0}$ が自明でない解をもつこととが同値である。

方程式 $B\boldsymbol{x} = \boldsymbol{0}$ が自明でない解をもつとき，この両辺に左から P をかけると，その解は $B'\boldsymbol{x} = \boldsymbol{0}$ の自明でない解となる。一方 $B'\boldsymbol{x} = \boldsymbol{0}$ が自明でない解をもつとき，この両辺に左から P^{-1} をかけると，その解は $B\boldsymbol{x} = \boldsymbol{0}$ の自明でない解となる。よって方程式 $B\boldsymbol{x} = \boldsymbol{0}$ が自明でない解をもつことと，方程式 $B'\boldsymbol{x} = \boldsymbol{0}$ が自明でない解をもつことは同値である。またこれは（(12.1) の後に述べたことより）B' の列ベクトルが線型従属であることと同値である。

よって B の列ベクトルが線型従属であることと，B' の列ベクトルが線型従属であることは同値である[12.3]。B は，A から幾つかの列ベクト

12.3　上の証明を見れば，$B'\boldsymbol{x} = \boldsymbol{0}$ なる $\boldsymbol{x}$ の集合と，$B\boldsymbol{x} = \boldsymbol{0}$ なる $\boldsymbol{x}$ の集合は等しくなることがわかる。

ルを任意に選んで得られる行列だったから，$I_1(A) = I_1(A')$ となる。

iv. iii と同様である。行と列に関する上の議論を入れ換えればよい。A に列基本変形 g をほどこして得られる行列が A'' であるから，ある基本行列 P' が存在して，$A'' = AP'$ と書ける。A から幾つかの行ベクトルを選んで縦に並べた行列を B とし，A'' からも同じ行を選んで同じ順序で縦に並べたものを B' とすると，$B' = BP'$ となる。すると，注釈 12.1 より，B の行ベクトルが線型従属であることと，方程式 $\boldsymbol{x}B = \boldsymbol{0}$ が自明でない解をもつこととが同値である。

方程式 $\boldsymbol{x}B = \boldsymbol{0}$ が自明でない解をもつとき，この両辺に右から P' をかけると，その解は $\boldsymbol{x}B' = \boldsymbol{0}$ の自明でない解となる。一方 $\boldsymbol{x}B' = \boldsymbol{0}$ が自明でない解をもつとき，この両辺に右から P'^{-1} をかけると，その解は $\boldsymbol{x}B = \boldsymbol{0}$ の自明でない解となる。よって方程式 $\boldsymbol{x}B = \boldsymbol{0}$ が自明でない解をもつことと，方程式 $\boldsymbol{x}B' = \boldsymbol{0}$ が自明でない解をもつことは同値である。またこれは（注釈 12.1 より）B' の行ベクトルが線型従属であることと同値である。

よって B の行ベクトルが線型従属であることと，B' の行ベクトルが線型従属であることは同値である[12.4]。B は，A から幾つかの行ベクトルを任意に選んで得られる行列だったから，$I_0(A) = I_0(A'')$ となる。

v. i, iv より，$I_0(A) = I_0(A') = I_0(A'')$，また ii, iii より，$I_1(A) = I_1(A') = I_1(A'')$。行列 A に行基本変形と列の交換をほどこして (4.2) の形の階段行列 B を得たとすると，$I_0(A) = I_0(B)$ また，$I_1(A) = I_1(B)$。ところで, 例 9.4 で述べたように, 階段行列 B において零ベクトルでない行ベクトルが r 個あるとすると, その形からそれらは線型独立である。ま

12.4　上の証明を見れば，$\boldsymbol{x}B' = \boldsymbol{0}$ なる $\boldsymbol{x}$ の集合と，$\boldsymbol{x}B = \boldsymbol{0}$ なる $\boldsymbol{x}$ の集合は等しくなることがわかる。

た B の列ベクトルで基本ベクトルの形をしているものの個数はやはり r 個で，それらは線型独立である。したがって $I_0(B) = I_1(B) = r$ である。以上より，$I_0(A) = I_0(A') = I_0(A'') = I_1(A) = I_1(A') = I_1(A'') = r$ となる。ところで行列 A の階数は r であり，それは $I_0(A) = I_1(A)$ に等しい。よって A の階数は，A の行ベクトルのうち線型独立なものの最大個数 $I_0(A)$ ということもでき，また，A の列ベクトルのうち線型独立なものの最大個数 $I_1(A)$ ということもできる。また A の階数 $I_0(A) = I_1(A)$ は，A' や A'' の階数 $I_0(A') = I_1(A'), I_0(A'') = I_1(A'')$ に等しい。すなわち行列の階数は，行や列の基本変形によって変わらない。また，A の列ベクトルのうち線型独立なものの最大個数が A の階数で，これは転置行列 ${}^tA$ の行ベクトルのうち線型独立なものの最大個数，すなわち ${}^tA$ の階数に等しい。また P が正則ならば定理 4.4 より，P は基本行列の積として表せる。A の階数は行や列の基本変形によって変わらないから（すなわち A に基本行列をかけても階数は変わらないから）PA（あるいは AP）の階数は A の階数に等しい。

12.2 練　習(A)

定理 12.1 より，n 次正方行列 A において次が成り立つ。A の列ベクトルが線型独立 $\iff$ A の階数が n $\iff$ A が正則 $\iff$ $\det(A) \neq 0$。

ところで，行列式の表記として，例えば，行列

$$\begin{pmatrix} 2 & 5 \\ 3 & 8 \end{pmatrix}$$

の行列式

$$\det\left(\begin{pmatrix} 2 & 5 \\ 3 & 8 \end{pmatrix}\right) \quad \text{を簡単のため} \quad \det\begin{pmatrix} 2 & 5 \\ 3 & 8 \end{pmatrix}$$

と書くことにする。

練習 12.1　次のベクトルが線型独立かどうか調べよ。

i. $\left\{ \begin{pmatrix} 2 \\ 3 \end{pmatrix}, \begin{pmatrix} 5 \\ 8 \end{pmatrix} \right\}$

ii. $\left\{ \begin{pmatrix} 1 \\ 1 \\ 1 \end{pmatrix}, \begin{pmatrix} 1 \\ 2 \\ 3 \end{pmatrix}, \begin{pmatrix} 1 \\ 3 \\ 3 \end{pmatrix} \right\}$

iii. $\left\{ \begin{pmatrix} 2 \\ 6 \end{pmatrix}, \begin{pmatrix} 3 \\ 9 \end{pmatrix} \right\}$

12.3　幾つかの定理(C)

定理 12.3　W を $\boldsymbol{R}^n$ の部分空間とする。$\{\boldsymbol{a}_1, \boldsymbol{a}_2, \cdots, \boldsymbol{a}_m\}$ が W の基底とする。もし $p > m$ なら，W の任意の p 個のベクトル $\boldsymbol{b}_1, \boldsymbol{b}_2, \cdots, \boldsymbol{b}_p$ は線型従属である。

[証明]　$p > m$ とし，W の任意の p 個のベクトル $\boldsymbol{b}_1, \boldsymbol{b}_2, \cdots, \boldsymbol{b}_p$ が与えられているとする。$\{\boldsymbol{a}_1, \boldsymbol{a}_2, \cdots, \boldsymbol{a}_m\}$ が W の基底であるから，各 $\boldsymbol{b}_i$ $(1 \leq i \leq p)$ は，W の要素の線型結合の形に書ける。すると定理 9.7 より，$\boldsymbol{b}_1, \boldsymbol{b}_2, \cdots, \boldsymbol{b}_p$ が線型従属である。

系 12.1　W を $\boldsymbol{R}^n$ の部分空間とする。$\{\boldsymbol{a}_1, \boldsymbol{a}_2, \cdots, \boldsymbol{a}_m\}$ と $\{\boldsymbol{b}_1, \boldsymbol{b}_2, \cdots, \boldsymbol{b}_p\}$ が W の基底とする。このとき $m = p$ である。

[証明]　もし $p > m$ であれば，上の定理より，p 個のベクトル $\{\boldsymbol{b}_1, \boldsymbol{b}_2, \cdots, \boldsymbol{b}_p\}$ は線型従属となり，これらのベクトルが W の基底であることに反する。$m > p$ と仮定しても同様に矛盾が得られる。よっ

て $m = p$ である。

例 12.1 空間 $\boldsymbol{R}^n$ において，$\{\boldsymbol{e}_1, \boldsymbol{e}_2, \cdots, \boldsymbol{e}_n\}$ は $\boldsymbol{R}^n$ の基底である。このとき $\boldsymbol{R}^n$ のどのような $p\ (> n)$ 個のベクトルをとってきたとしてもそれらは線型従属である。

定理 12.4 W を $\boldsymbol{R}^n$ の部分空間とする。W の有限集合 B が線型独立であるとする。このとき B に W の有限個のベクトルを付け加えて，W の基底となるようにできる。

[証明] まず，B が W を生成すれば，B が W の基底である。もしそうでなければ，B によって生成される部分空間を $L(B)$ として，$L(B)$ に属さない W の要素が存在する。その中の任意の要素を選んでそれを $\boldsymbol{a}_1$ とする。すると $\boldsymbol{a}_1$ は B の要素の線型結合として表されない。よって系 9.1 より，$B \cup \{\boldsymbol{a}_1\}$ は線型独立である。もし $B \cup \{\boldsymbol{a}_1\}$ が W を生成するときは，$B \cup \{\boldsymbol{a}_1\}$ が我々の求める基底である。もし $B \cup \{\boldsymbol{a}_1\}$ が W を生成しないときは，$L(B \cup \{\boldsymbol{a}_1\})$ に属さない W の要素が存在する。その中の任意の要素を選んでそれを $\boldsymbol{a}_2$ とする。すると $\boldsymbol{a}_2$ は $B \cup \{\boldsymbol{a}_1\}$ の要素の線型結合として表されない。再び系 9.1 より，$B \cup \{\boldsymbol{a}_1, \boldsymbol{a}_2\}$ は線型独立である。

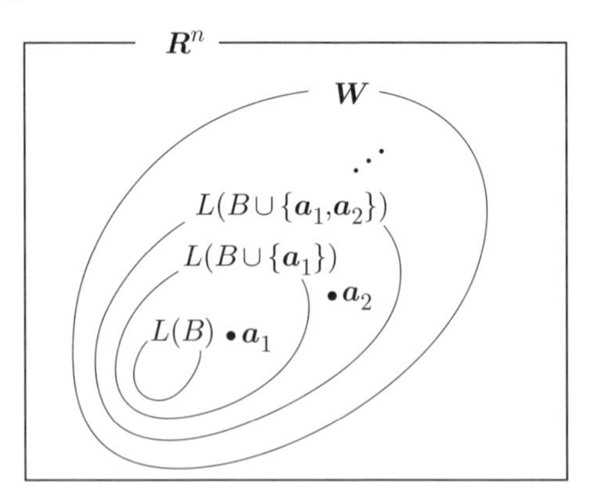

このことを i 回繰り返すと，線型独立な $B \cup \{\boldsymbol{a}_1, \boldsymbol{a}_2, \cdots, \boldsymbol{a}_i\}$ を作ることができる。ここで $\boldsymbol{R}^n$ は n 個の基本ベクトル $\{\boldsymbol{e}_1, \boldsymbol{e}_2, \cdots, \boldsymbol{e}_n\}$ を基底にもつから，定理 12.3（そこで $\boldsymbol{R}^n = W$ としたときの）の対偶より，上の手続きを i 回繰り返して得られる線型独立な $B \cup \{\boldsymbol{a}_1, \boldsymbol{a}_2, \cdots, \boldsymbol{a}_i\}$ の要素の個数は多くても n である。したがって上の手続きをある回数（これをあらためて i 回としよう）繰り返すことによって，次の 2 つのうちいずれかが成り立つようにすることができる。

i. ある $n' < n$ が存在して，n' 個の要素からなる線型独立な $B \cup \{\boldsymbol{a}_1, \boldsymbol{a}_2, \cdots, \boldsymbol{a}_i\}$ は W を生成するか，
ii. n 個の要素からなる線型独立な $B \cup \{\boldsymbol{a}_1, \boldsymbol{a}_2, \cdots, \boldsymbol{a}_i\}$ を作ることができる

i が成り立つときは，明らかに定理が成り立つ。ii が成り立つときは，$B \cup \{\boldsymbol{a}_1, \boldsymbol{a}_2, \cdots, \boldsymbol{a}_i\}$ は $\boldsymbol{R}^n$ 全体を生成する。（もしそうでなければこの線型独立な集合に $\boldsymbol{R}^n - L(B \cup \{\boldsymbol{a}_1, \boldsymbol{a}_2, \cdots, \boldsymbol{a}_i\})$ の要素を付け加えれば $n+1$ 個の線型独立な $\boldsymbol{R}^n$ の要素が作れ，これは定理 12.3 に反する。）したがって $W = \boldsymbol{R}^n$ となり，やはり定理が成り立つ。よって定理が証明された。

系 12.2　W を $\boldsymbol{0}$ 以外のベクトルを含む，$\boldsymbol{R}^n$ の部分空間とする。このとき有限個のベクトルからなる W の基底が存在する。

[証明]　W を $\boldsymbol{R}^n$ の部分空間としたとき，W の要素 $\boldsymbol{a} \neq \boldsymbol{0}$ を 1 つ選び，定理 12.4 で，$B = \{\boldsymbol{a}\}$ とすれば，W の基底が存在することになる。

12.4　次　元(A)

さらに系 12.1 より，$\boldsymbol{R}^n$ の部分空間 W の任意の基底は，同じ個数（r

としよう）のベクトルからなっている。この数 r を空間 W の次元といい $\mathbf{dim}(\boldsymbol{W})$ と書く。$W=\{\mathbf{0}\}$ のときは $\dim(W)=0$ とする。とくに $\boldsymbol{R}^n$ は基本ベクトル $\{\boldsymbol{e}_1,\boldsymbol{e}_2,\cdots,\boldsymbol{e}_n\}$ を基底にもつから，n 次元である。定理 12.4 の証明（後半の部分）を見ると，$r\leq n$ であり，等号が成り立つのは $W=\boldsymbol{R}^n$ のときである。すなわち，

$\boldsymbol{R}^n$ において，n 個の線型独立なベクトルは基底をなす。 $\cdots$(12.2)

例 12.2 $\boldsymbol{a}\neq\mathbf{0}$ で生成される部分空間 $L(\boldsymbol{a})$ は $\{\boldsymbol{a}\}$ が基底であるから 1 次元である。部分空間 $L(\boldsymbol{e}_1,\boldsymbol{e}_2)$ は，$\{\boldsymbol{e}_1,\boldsymbol{e}_2\}$ が基底であるから 2 次元である。一般に，線型独立な $\boldsymbol{a}_1,\boldsymbol{a}_2,\cdots,\boldsymbol{a}_m$ で生成される部分空間 $L(\boldsymbol{a}_1,\boldsymbol{a}_2,\cdots,\boldsymbol{a}_m)$ は，$\{\boldsymbol{a}_1,\boldsymbol{a}_2,\cdots,\boldsymbol{a}_m\}$ が基底となるから，m 次元である。部分空間 $L(\boldsymbol{e}_1,\boldsymbol{e}_3)$ も $\{\boldsymbol{e}_1,\boldsymbol{e}_3\}$ が基底であるから 2 次元である。また例 10.6 における部分空間

$$W=\left\{\begin{pmatrix}x\\y\\z\end{pmatrix}\middle|\ x+y+z=0\right\}$$

の次元は

$$\left\{\begin{pmatrix}1\\0\\-1\end{pmatrix},\begin{pmatrix}0\\1\\-1\end{pmatrix}\right\}$$

が基底になるから 2 次元である。

練習 12.2 上の例における，$\boldsymbol{R}^3$ の部分空間

$$W=\left\{\begin{pmatrix}x\\y\\z\end{pmatrix}\middle|\ x+y+z=0\right\}$$

の次元をもう一度求めよ。

12.5　次元についての定理(C)

定理 12.5　U, V を $\boldsymbol{R}^n$ の部分空間とする。このとき，

$$\dim(U+V) = \dim(U) + \dim(V) - \dim(U \cap V)$$

が成り立つ。これを次元公式という。

[証明]　まず $U \cap V$ の基底を $\{\boldsymbol{a}_1, \cdots, \boldsymbol{a}_p\}$ とする。次に定理 12.4 を使って，この基底に $\boldsymbol{b}_1, \cdots, \boldsymbol{b}_q$ を付け加えて，U の基底となるようにする。同様に $\{\boldsymbol{a}_1, \cdots, \boldsymbol{a}_p\}$ に $\boldsymbol{b}'_1, \cdots, \boldsymbol{b}'_{q'}$ を付け加えて，V の基底となるようにする。したがって $U \cap V$, U, V の次元はそれぞれ，$p, p+q, p+q'$ となる。よって定理を示すには，$U+V$ の次元が $p+q+q'$ であることを示せばよい。そのためには，$\{\boldsymbol{a}_1, \cdots, \boldsymbol{a}_p, \boldsymbol{b}_1, \cdots, \boldsymbol{b}_q, \boldsymbol{b}'_1, \cdots, \boldsymbol{b}'_{q'}\}$ が $U+V$ の基底になることを証明すればよい。

まず，U の任意の要素は，

$$s_1\boldsymbol{a}_1 + \cdots + s_p\boldsymbol{a}_p + t_1\boldsymbol{b}_1 + \cdots + t_q\boldsymbol{b}_q$$

と表せ，V の任意の要素は，

$$s'_1\boldsymbol{a}_1 + \cdots + s'_p\boldsymbol{a}_p + t'_1\boldsymbol{b}'_1 + \cdots + t'_{q'}\boldsymbol{b}'_{q'}$$

と表せる。したがって $U+V$ の任意の要素は，$\boldsymbol{a}_1, \cdots, \boldsymbol{a}_p, \boldsymbol{b}_1, \cdots, \boldsymbol{b}_q$, $\boldsymbol{b}'_1, \cdots, \boldsymbol{b}'_{q'}$ の線型結合として表すことができる。よって $\boldsymbol{a}_1, \cdots, \boldsymbol{a}_p$, $\boldsymbol{b}_1, \cdots, \boldsymbol{b}_q, \boldsymbol{b}'_1, \cdots, \boldsymbol{b}'_{q'}$ が線型独立であることをいえばよい。そのために，

$$\sum_{i=1}^{p} s_i\boldsymbol{a}_i + \sum_{j=1}^{q} t_j\boldsymbol{b}_j + \sum_{k=1}^{q'} t'_k\boldsymbol{b}'_k = \boldsymbol{0} \qquad \cdots(12.3)$$

とする。これより，

$$\boldsymbol{x} = \sum_{i=1}^{p} s_i \boldsymbol{a}_i + \sum_{j=1}^{q} t_j \boldsymbol{b}_j = -\sum_{k=1}^{q'} t'_k \boldsymbol{b}'_k \qquad \cdots(12.4)$$

とおく。左辺の形より $\boldsymbol{x}$ は U の要素，右辺の形より $\boldsymbol{x}$ は V の要素である。したがって $\boldsymbol{x}$ は $U \cap V$ の要素である。したがって $\boldsymbol{x}$ は $\boldsymbol{a}_1, \cdots, \boldsymbol{a}_p$ の線型結合

$$\sum_{i=1}^{p} r_i \boldsymbol{a}_i \qquad \cdots(12.5)$$

として表すことができる。(12.4), (12.5) はみな等しく $\boldsymbol{x}$ を表しているから，

$$\boldsymbol{x} + \sum_{k=1}^{q'} t'_k \boldsymbol{b}'_k = \sum_{i=1}^{p} r_i \boldsymbol{a}_i + \sum_{k=1}^{q'} t'_k \boldsymbol{b}'_k = \boldsymbol{0} \qquad \cdots(12.6)$$

$$\boldsymbol{x} - \sum_{i=1}^{p} s_i \boldsymbol{a}_i - \sum_{j=1}^{q} t_j \boldsymbol{b}_j = \sum_{i=1}^{p} r_i \boldsymbol{a}_i - \sum_{i=1}^{p} s_i \boldsymbol{a}_i - \sum_{j=1}^{q} t_j \boldsymbol{b}_j = \boldsymbol{0} \qquad \cdots(12.7)$$

$\boldsymbol{a}_1, \cdots, \boldsymbol{a}_p, \boldsymbol{b}'_1, \cdots, \boldsymbol{b}'_{q'}$ は線型独立であるから，(12.6) より，$r_i = t'_k = 0 \ (1 \leq i \leq p,\ 1 \leq k \leq q')$。さらに，$\boldsymbol{a}_1, \cdots, \boldsymbol{a}_p, \boldsymbol{b}_1, \cdots, \boldsymbol{b}_q$ は線型独立であるから，(12.7) より，$s_i = t_j = 0 \ (1 \leq i \leq p,\ 1 \leq j \leq q)$。よって $\boldsymbol{a}_1, \cdots, \boldsymbol{a}_p, \boldsymbol{b}_1, \cdots, \boldsymbol{b}_q, \boldsymbol{b}'_1, \cdots, \boldsymbol{b}'_{q'}$ が線型独立となり，定理がいえる。

例 12.3

$$U = \left\{ \begin{pmatrix} x \\ y \\ z \end{pmatrix} \middle|\ x = y \right\},\ V = \left\{ \begin{pmatrix} x \\ y \\ z \end{pmatrix} \middle|\ x = z \right\}$$

とする。$U + V$ の次元を（次元公式を使って）求めてみよう。

$$U = \left\{ \begin{pmatrix} x \\ x \\ z \end{pmatrix} \middle|\ x, z \text{ は実数} \right\} = \left\{ x \begin{pmatrix} 1 \\ 1 \\ 0 \end{pmatrix} + z \begin{pmatrix} 0 \\ 0 \\ 1 \end{pmatrix} \middle|\ x, z \text{ は実数} \right\}$$

より U は 2 次元。また，V は

$$V = \left\{ \begin{pmatrix} x \\ y \\ x \end{pmatrix} \middle| \ x, y \text{ は実数} \right\} = \left\{ x \begin{pmatrix} 1 \\ 0 \\ 1 \end{pmatrix} + y \begin{pmatrix} 0 \\ 1 \\ 0 \end{pmatrix} \middle| \ x, y \text{ は実数} \right\}$$

より 2 次元。$U \cap V$ は，例 10.7 より，ベクトル

$$\begin{pmatrix} 1 \\ 1 \\ 1 \end{pmatrix}$$

で生成される部分空間を表すから 1 次元。よって $U + V$ は次元公式を使うと $2 + 2 - 1$ より 3 次元となる。よって (12.2) より $U + V = \boldsymbol{R}^3$ となる。

$\boldsymbol{R}^n$ の部分空間 U と V の和 W が直和であるとき $W = U \oplus V$ で，$U \cap V = \{\boldsymbol{0}\}$ だから $\dim(U \cap V) = 0$ となり上の定理より，$\dim(U \oplus V) = \dim(U) + \dim(V)$ が成り立つ。

定理 12.6　$\boldsymbol{R}^n$ から $\boldsymbol{R}^m$ への線型写像 f が与えられているとする。このとき

$$n = \dim(\boldsymbol{R}^n) = \dim(\mathrm{Im}(f)) + \dim(\mathrm{Ker}(f))$$

が成り立つ。

[証明]　まず（11.4 節より）$\mathrm{Im}(f), \mathrm{Ker}(f)$ はともに線型空間になる。部分空間 $\mathrm{Ker}(f)$ の次元を $l \ (\leq n)$ とし，基底を $\{\boldsymbol{a}_1, \boldsymbol{a}_2, \cdots, \boldsymbol{a}_l\}$ とする。すると，$f(\boldsymbol{a}_i) = \boldsymbol{0} \ (1 \leq i \leq l)$ である。定理 12.4 により，この基底にベクトル $\boldsymbol{a}_{l+1}, \boldsymbol{a}_{l+2}, \cdots, \boldsymbol{a}_n$ を付け加えて，$\{\boldsymbol{a}_1, \boldsymbol{a}_2, \cdots, \boldsymbol{a}_n\}$ が $\boldsymbol{R}^n$ の基底となるようにする。$\mathrm{Im}(f)$ の次元が $n - l$ となることを示すためには，$\{f(\boldsymbol{a}_{l+1}), f(\boldsymbol{a}_{l+2}), \cdots, f(\boldsymbol{a}_n)\}$ が $\mathrm{Im}(f)$ の基底になることを示せばよい。

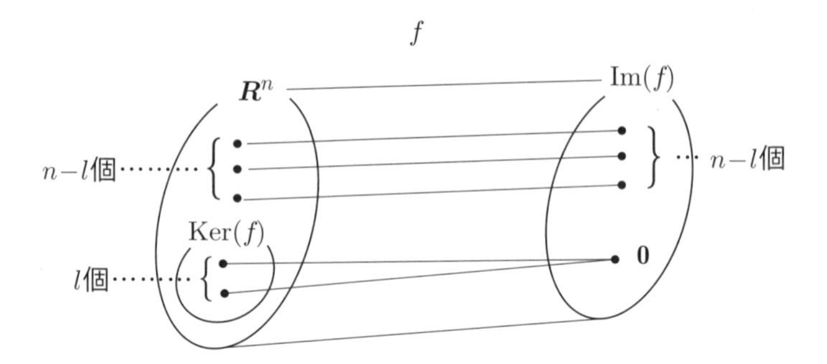

$\boldsymbol{R}^n$ の任意の要素 $\boldsymbol{x}$ は，

$$\boldsymbol{x} = c_1\boldsymbol{a}_1 + c_2\boldsymbol{a}_2 + \cdots + c_n\boldsymbol{a}_n$$

と書けるから，

$$\begin{aligned} f(\boldsymbol{x}) &= f(c_1\boldsymbol{a}_1 + c_2\boldsymbol{a}_2 + \cdots + c_n\boldsymbol{a}_n) \\ &= f(c_1\boldsymbol{a}_1) + f(c_2\boldsymbol{a}_2) + \cdots + f(c_n\boldsymbol{a}_n) \\ &= c_1 f(\boldsymbol{a}_1) + c_2 f(\boldsymbol{a}_2) + \cdots + c_n f(\boldsymbol{a}_n) \end{aligned}$$

となる。よって $\mathrm{Im}(f)$ は $f(\boldsymbol{a}_1), f(\boldsymbol{a}_2), \cdots, f(\boldsymbol{a}_n)$ によって生成されるが，$f(\boldsymbol{a}_1) = f(\boldsymbol{a}_2) = \cdots = f(\boldsymbol{a}_l) = \mathbf{0}$ であるため，$f(\boldsymbol{a}_{l+1})$, $f(\boldsymbol{a}_{l+2}), \cdots, f(\boldsymbol{a}_n)$ が $\mathrm{Im}(f)$ を生成する。したがって，$f(\boldsymbol{a}_{l+1})$, $f(\boldsymbol{a}_{l+2}), \cdots, f(\boldsymbol{a}_n)$ が線型独立であることを示せばよい。そのために，$c_{l+1}, \cdots, c_n$ を実数として，

$$c_{l+1} f(\boldsymbol{a}_{l+1}) + c_{l+2} f(\boldsymbol{a}_{l+2}) + \cdots + c_n f(\boldsymbol{a}_n) = \mathbf{0}$$

とする。f の線型性より，

$$f(c_{l+1}\boldsymbol{a}_{l+1} + c_{l+2}\boldsymbol{a}_{l+2} + \cdots + c_n\boldsymbol{a}_n) = \mathbf{0}$$

よって，

$$c_{l+1}\boldsymbol{a}_{l+1} + c_{l+2}\boldsymbol{a}_{l+2} + \cdots + c_n\boldsymbol{a}_n \in \mathrm{Ker}(f)$$

したがってある実数 $c_1, \cdots, c_l$（前述の $c_1, \cdots, c_l$ と同じ文字を使うが関係はない）が存在して，

$$c_{l+1}\boldsymbol{a}_{l+1} + c_{l+2}\boldsymbol{a}_{l+2} + \cdots + c_n\boldsymbol{a}_n = c_1\boldsymbol{a}_1 + c_2\boldsymbol{a}_2 + \cdots + c_l\boldsymbol{a}_l$$

で，

$$c_1\boldsymbol{a}_1 + c_2\boldsymbol{a}_2 + \cdots + c_l\boldsymbol{a}_l - c_{l+1}\boldsymbol{a}_{l+1} - c_{l+2}\boldsymbol{a}_{l+2} - \cdots - c_n\boldsymbol{a}_n = \boldsymbol{0}$$

ところが，$\boldsymbol{a}_1, \boldsymbol{a}_2, \cdots, \boldsymbol{a}_n$ が線型独立であるから，$c_1 = c_2 = \cdots = c_n = 0$ となる。よって $f(\boldsymbol{a}_{l+1}), f(\boldsymbol{a}_{l+2}), \cdots, f(\boldsymbol{a}_n)$ は線型独立である。

系 12.3　W を $\boldsymbol{R}^n$ の線型部分空間とすれば，

$$\dim(f(W)) = \dim(W) - \dim(W \cap \mathrm{Ker}(f))$$

とくに $\dim(f(W)) \leq \dim(W)$。

[証明]　定理の証明で，$\boldsymbol{R}^n$ と $\mathrm{Ker}(f)$ をそれぞれ，W と $W \cap \mathrm{Ker}(f)$ で置き換えればよい。

系 12.4　定理 12.6 において $m = n$ ならば，f を表す行列を A とすると，次は同値となる。

i.　f が 1 対 1 の写像

ii.　f が上への写像

iii.　A が正則

[証明]　(11.6) と定理 12.6 を使うと，f が 1 対 1$\Leftrightarrow \mathrm{Ker}(f) = \{\boldsymbol{0}\} \Leftrightarrow \dim(\mathrm{Ker}(f)) = 0 \Leftrightarrow \dim(\mathrm{Im}(f)) = n \Leftrightarrow \mathrm{Im}(f) = \boldsymbol{R}^n$（最後の同値は (12.2) より成り立つ）。また定理 4.4 の後に述べたことから，$\mathrm{Ker}(f) = \{\boldsymbol{0}\} \Leftrightarrow A$ が正則。（補足。定理 4.4-iv を写像 f_A の言葉で言

い直して（あるいは 11.3 節の最後の部分より），A が正則行列 $\Leftrightarrow$ f が 1 対 1 かつ全射。さらに系 4.2 を写像 f_A の言葉で言い直して，A が正則行列 $\Leftrightarrow \mathrm{rank}(A) = n \Leftrightarrow$ f が 1 対 1$\Leftrightarrow$ f が全射。）

例 12.4 例 11.1 の線型写像 f について考える。f の行列表示は，

$$A = \begin{pmatrix} 2 & 2 \\ 1 & 1 \end{pmatrix}$$

である。線型写像 f の像 $\mathrm{Im}(f)$ の基底は，例 11.1 の議論より，

$$\left\{ \begin{pmatrix} 2 \\ 1 \end{pmatrix} \right\}$$

であり，$\mathrm{Im}(f)$ は 1 次元。したがって上の定理を使うと $\dim(\mathrm{Ker}(f)) = 2 - 1 = 1$ となる。したがって f は 1 対 1 写像ではないから，上の系より，f は上への写像ではなく，また A は正則ではない。

例 12.5 例 11.2 の線型写像 f について考える。f の行列表示は

$$A = \begin{pmatrix} 1 & 0 & 1 \\ 0 & 1 & 1 \\ 0 & 0 & 0 \end{pmatrix}$$

である。線型写像 f の像 $\mathrm{Im}(f)$ の基底は，例 11.2 の議論より，

$$\left\{ \begin{pmatrix} 1 \\ 0 \\ 0 \end{pmatrix}, \begin{pmatrix} 0 \\ 1 \\ 0 \end{pmatrix} \right\}$$

であり，$\mathrm{Im}(f)$ は 2 次元。したがって上の定理を使うと $\dim(\mathrm{Ker}(f)) = 3 - 2 = 1$ となる。したがって f は 1 対 1 写像ではないから，上の系より，f は上への写像ではなく，また A は正則ではない。

ところで $m \times n$ 型行列 $A = (\boldsymbol{a}_1, \cdots, \boldsymbol{a}_n)$ とすれば，(11.5) より，

$\mathrm{Im}(f_A) = L(\boldsymbol{a}_1, \cdots, \boldsymbol{a}_n)$ となる。A の列ベクトルのなかで線型独立なものの最大個数を l とし，$\boldsymbol{a}_{i_1}, \cdots, \boldsymbol{a}_{i_l}$ をそのような線型独立なベクトルとする。すると A の各列ベクトルは，$\boldsymbol{a}_{i_1}, \cdots, \boldsymbol{a}_{i_l}$ の線型結合として表され，また，$\mathrm{Im}(f_A) = L(\boldsymbol{a}_1, \cdots, \boldsymbol{a}_n)$ の各ベクトルは，A の列ベクトルの線型結合として表される。したがって定理 9.2 より，$\mathrm{Im}(f_A)$ の各要素は，$\boldsymbol{a}_{i_1}, \cdots, \boldsymbol{a}_{i_l}$ の線型結合として表される。したがって $\mathrm{Im}(f_A)$ の次元は l である。定理 12.2 より，A の階数 $\mathrm{rank}(A)$ は A の列ベクトルのなかで線型独立なものの最大個数すなわち l であったから，$\mathrm{rank}(A)$ は部分空間 $\mathrm{Im}(f_A)$ の次元ということもできる。また，$A\boldsymbol{x} = \boldsymbol{0}$ を満たす $\boldsymbol{x} = (x_j)$ は，(4.8) の表記を使うと（各 $b'_j = 0$ として）

$$x_{r+1}\boldsymbol{b}_{r+1} + \cdots + x_n\boldsymbol{b}_n,\ ただし\ 1 \leq s \leq n-r\ として$$

$$\boldsymbol{b}_{r+s} = {}^t(-a'_{1r+s}, -a'_{2r+s}, \cdots, -a'_{rr+s}, \overbrace{0, \cdots, 0}^{s-1\ 個}, 1, \overbrace{0, \cdots, 0}^{n-r-s\ 個})$$

と線型結合の形に書ける。$\boldsymbol{b}_{r+1}, \cdots, \boldsymbol{b}_n$ は（その形から）線型独立だから，$\mathrm{Ker}(f_A)$ はそれらによって生成される部分空間となる。よって $\dim(\mathrm{Ker}(f_A)) = n - r = n - \mathrm{rank}(A)$（$A\boldsymbol{x} = \boldsymbol{0}$ の解の自由度に等しい）となる。上記 2 つのことからも定理 12.6 が得られる。そして次が成り立つ。

定理 12.7　$m \times n$ 型行列 A で表される $\boldsymbol{R}^n$ から $\boldsymbol{R}^m$ への線型写像を f_A とすると，$\dim(\mathrm{Im}(f_A)) = \mathrm{rank}(A)$，また $\dim(\mathrm{Ker}(f_A)) = n - \mathrm{rank}(A)$ である。

例 12.4 の線型写像 f の表す行列 A の階数は $\dim(\mathrm{Im}(f))$ の次元に等しく 1 である。同様に例 12.5 の線型写像 f の表す行列 A の階数は 2 である。

13 基底の変換

《目標＆ポイント》 線型空間の標準基底が与えられた時，基底を変えることによって，与えられたベクトルの成分表示がどのように変わるかをみる。また線型写像を表す行列がどのように変わるかもみる。
《キーワード》 基底の変換，座標変換，線型写像の行列表示

本章の狙い。数ベクトル空間から数ベクトル空間への線型写像は，ベクトルの成分表示に成分表示を対応させる写像とみることができる。ここでベクトルの成分表示は，空間の基底に依存して決まるものであるから，線型写像を表す行列も，その基底に依存することになる。ここでは線型写像の行列表示が，空間の基底を変えることによってどのように変わるかをみる。

13.1 基底の変換 その1 (A)

この節では次のことを考える。空間 $\boldsymbol{R}^3$ とその基底 $\mathcal{B}$ が与えられているとする。このとき標準基底の要素を基底 $\mathcal{B}$ の要素に変換する行列を求めることを考える。そしてベクトル $\boldsymbol{x}$ が標準基底による成分表示で与えられているとする。このとき基底 $\mathcal{B}$ による成分表示がどのようにして求まるかをみる。逆にベクトル $\boldsymbol{x}$ が基底 $\mathcal{B}$ による成分表示で与えられているとき，標準基底による成分表示がどのようにして求まるかをみる。

$\boldsymbol{R}^3$ の基底 $\mathcal{B} = \{\boldsymbol{b}_1, \boldsymbol{b}_2, \boldsymbol{b}_3\}$ が与えられているとする。各 $\boldsymbol{b}_i$ の標準基

底 $\{\boldsymbol{e}_1, \boldsymbol{e}_2, \boldsymbol{e}_3\}$ による成分が次のようになっているとする。

$$\boldsymbol{b}_1 = \begin{pmatrix} p_{11} \\ p_{21} \\ p_{31} \end{pmatrix},\ \boldsymbol{b}_2 = \begin{pmatrix} p_{12} \\ p_{22} \\ p_{32} \end{pmatrix},\ \boldsymbol{b}_3 = \begin{pmatrix} p_{13} \\ p_{23} \\ p_{33} \end{pmatrix} \qquad \cdots(13.1)$$

このとき，基底 $\mathcal{B}$ の各要素を列ベクトルとして並べて得られる行列を

$$P = (\boldsymbol{b}_1, \boldsymbol{b}_2, \boldsymbol{b}_3) = \begin{pmatrix} p_{11} & p_{12} & p_{13} \\ p_{21} & p_{22} & p_{23} \\ p_{31} & p_{32} & p_{33} \end{pmatrix} \qquad \cdots(13.2)$$

とする。すると成分表示 (10.4) の意味より（各 $\boldsymbol{b}_i$ を $\boldsymbol{e}_1, \boldsymbol{e}_2, \boldsymbol{e}_3$ の線型結合として表したときのスカラー部分が P の第 i 列となるから）$\boldsymbol{b}_i$ は，標準基底の要素からなる行列 $(\boldsymbol{e}_1, \boldsymbol{e}_2, \boldsymbol{e}_3)$ に P の第 i 列をかけることによって得られる。すなわち，

$$(\boldsymbol{b}_1, \boldsymbol{b}_2, \boldsymbol{b}_3) = (\boldsymbol{e}_1, \boldsymbol{e}_2, \boldsymbol{e}_3)P \qquad \cdots(13.3)$$

が成り立つ。この式は標準基底の要素から基底 $\mathcal{B}$ の要素を求める式である。この意味で P を（標準基底から基底 $\mathcal{B}$ への）**基底変換を表す行列**という。

$\boldsymbol{R}^3$ のベクトル $\boldsymbol{x}$ が標準基底による成分表示で

$$\boldsymbol{x} = \begin{pmatrix} x_1 \\ x_2 \\ x_3 \end{pmatrix}$$

として与えられているとする。今度はこのベクトルが基底 $\mathcal{B}$ の線型結合として次のように書き表されるとしよう。

$$\boldsymbol{x} = x'_1\boldsymbol{b}_1 + x'_2\boldsymbol{b}_2 + x'_3\boldsymbol{b}_3 \qquad \cdots(13.4)$$

すると (13.2) を使って,

$$\boldsymbol{x} = \begin{pmatrix} x_1 \\ x_2 \\ x_3 \end{pmatrix} = (\boldsymbol{b}_1, \boldsymbol{b}_2, \boldsymbol{b}_3) \begin{pmatrix} x'_1 \\ x'_2 \\ x'_3 \end{pmatrix} = \begin{pmatrix} p_{11} & p_{12} & p_{13} \\ p_{21} & p_{22} & p_{23} \\ p_{31} & p_{32} & p_{33} \end{pmatrix} \begin{pmatrix} x'_1 \\ x'_2 \\ x'_3 \end{pmatrix}$$

よって

$$\begin{pmatrix} x_1 \\ x_2 \\ x_3 \end{pmatrix} = \begin{pmatrix} p_{11} & p_{12} & p_{13} \\ p_{21} & p_{22} & p_{23} \\ p_{31} & p_{32} & p_{33} \end{pmatrix} \begin{pmatrix} x'_1 \\ x'_2 \\ x'_3 \end{pmatrix}$$

となる。すなわち

$$\begin{pmatrix} x_1 \\ x_2 \\ x_3 \end{pmatrix} = P \begin{pmatrix} x'_1 \\ x'_2 \\ x'_3 \end{pmatrix} \qquad \cdots (13.5)$$

となる。これが座標変換の式と呼ばれるものである。この式はベクトル $\boldsymbol{x}$ が基底 $\mathcal{B}$ において（(13.4) より）

$$\begin{pmatrix} x'_1 \\ x'_2 \\ x'_3 \end{pmatrix}$$

と成分表示されているとき，$\boldsymbol{R}^3$ の標準基底における成分表示

$$\begin{pmatrix} x_1 \\ x_2 \\ x_3 \end{pmatrix}$$

が上の式によって求まることを示している。したがって P を（基底 $\mathcal{B}$ における成分表示から標準基底による成分表示を求める）座標変換を表す行列ということもある。基底の変換 P といったときは，標準基底から基底 $\mathcal{B}$ に変換する行列を表していた。この点を注意すること。

例えば (13.1) より，ベクトル $\boldsymbol{b}_2$ の標準基底における成分表示は

$$\begin{pmatrix} p_{12} \\ p_{22} \\ p_{32} \end{pmatrix}$$

で，これは P の第 2 列である。また，$\boldsymbol{b}_2 = 0\boldsymbol{b}_1 + \boldsymbol{b}_2 + 0\boldsymbol{b}_3$ だから，$\boldsymbol{b}_2$ の基底 $\mathcal{B}$ での成分表示は

$$\begin{pmatrix} 0 \\ 1 \\ 0 \end{pmatrix}$$

である。これは，(13.5) において，

$$\begin{pmatrix} x'_1 \\ x'_2 \\ x'_3 \end{pmatrix} = \begin{pmatrix} 0 \\ 1 \\ 0 \end{pmatrix}$$

とすることによって，ベクトル $\boldsymbol{b}_2$ の標準基底における成分表示が P の第 2 列すなわち，

$$\boldsymbol{b}_2 = P\begin{pmatrix} 0 \\ 1 \\ 0 \end{pmatrix} = \begin{pmatrix} p_{12} \\ p_{22} \\ p_{32} \end{pmatrix}$$

となることからもわかる。他の 2 個のベクトル $\boldsymbol{b}_1, \boldsymbol{b}_3$ についても同様のことが言える。(13.5) は P^{-1} を両辺に左からかけて，

$$\begin{pmatrix} x'_1 \\ x'_2 \\ x'_3 \end{pmatrix} = P^{-1}\begin{pmatrix} x_1 \\ x_2 \\ x_3 \end{pmatrix} \qquad \cdots(13.6)$$

となる。これも座標変換の式である。この式はベクトル $\boldsymbol{x}$ が標準基底における成分表示で

$$\begin{pmatrix} x_1 \\ x_2 \\ x_3 \end{pmatrix}$$

として表されている時，基底 $\mathcal{B}$ における成分表示

$$\begin{pmatrix} x'_1 \\ x'_2 \\ x'_3 \end{pmatrix}$$

が上の式によって求まることを示している。

基本ベクトル $\boldsymbol{e}_1, \boldsymbol{e}_2, \boldsymbol{e}_3$ の標準基底による成分表示は

$$\boldsymbol{e}_1 = \begin{pmatrix} 1 \\ 0 \\ 0 \end{pmatrix}, \boldsymbol{e}_2 = \begin{pmatrix} 0 \\ 1 \\ 0 \end{pmatrix}, \boldsymbol{e}_3 = \begin{pmatrix} 0 \\ 0 \\ 1 \end{pmatrix}$$

で，(13.6) において，例えば

$$\begin{pmatrix} x_1 \\ x_2 \\ x_3 \end{pmatrix} = \begin{pmatrix} 0 \\ 1 \\ 0 \end{pmatrix}$$

とすることによって，ベクトル $\boldsymbol{e}_2$ を基底 $\mathcal{B}$ において成分表示したものが求まる。これは P^{-1} の第 2 列になることがわかる。

以上をまとめて次のような図に書くことにする。

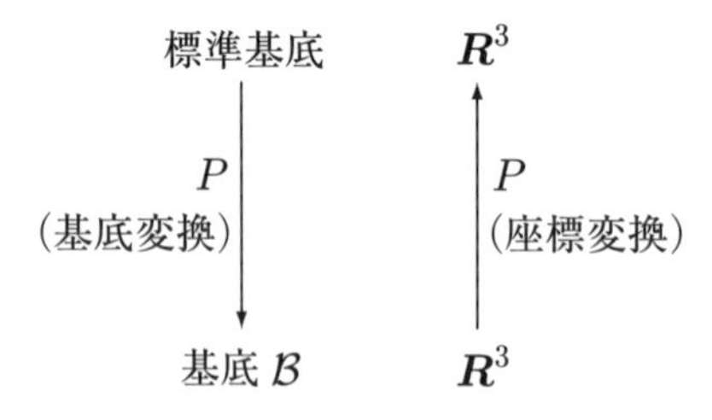

13.2　線型写像の表示 その 1 (A)

$\boldsymbol{R}^3$ から $\boldsymbol{R}^3$ への線型写像 f が行列 A によって表現されているとしよう。より正確に言うと A は標準基底 $\{\boldsymbol{e}_1, \boldsymbol{e}_2, \boldsymbol{e}_3\}$ による f の行列表示である（(11.4) の後の議論参照）。このとき，$1 \leq i \leq 3$ として，$f(\boldsymbol{e}_i) = A\boldsymbol{e}_i$ でこれは A の第 i 列である。よって $f(\boldsymbol{e}_i)$ を（標準基底で）成分表示すると A の第 i 列になることを思い出そう。よって $A = (f(\boldsymbol{e}_1), f(\boldsymbol{e}_2), f(\boldsymbol{e}_3))$ と書ける。すなわち A は，標準基底の各要素の f による像を（この基底で）成分表示して並べて得られる行列である。

次に，$\boldsymbol{R}^3$ の基底 $\mathcal{B} = \{\boldsymbol{b}_1, \boldsymbol{b}_2, \boldsymbol{b}_3\}$ が与えられているとする。そしてその要素の（標準基底による）成分表示が (13.1) によって表されているとする。f をこの基底 $\mathcal{B}$ において考えると，その行列表示はどう表せるか考えよう。

まず標準基底において，

$$\boldsymbol{b}_1 = \begin{pmatrix} p_{11} \\ p_{21} \\ p_{31} \end{pmatrix} = p_{11}\boldsymbol{e}_1 + p_{21}\boldsymbol{e}_2 + p_{31}\boldsymbol{e}_3$$

$$\boldsymbol{b}_2 = \begin{pmatrix} p_{12} \\ p_{22} \\ p_{32} \end{pmatrix} = p_{12}\boldsymbol{e}_1 + p_{22}\boldsymbol{e}_2 + p_{32}\boldsymbol{e}_3$$

$$\boldsymbol{b}_3 = \begin{pmatrix} p_{13} \\ p_{23} \\ p_{33} \end{pmatrix} = p_{13}\boldsymbol{e}_1 + p_{23}\boldsymbol{e}_2 + p_{33}\boldsymbol{e}_3$$

であるから，これらのベクトルの f による像を計算すると，

$$f(\boldsymbol{b}_1) = p_{11}f(\boldsymbol{e}_1) + p_{21}f(\boldsymbol{e}_2) + p_{31}f(\boldsymbol{e}_3)$$

$$= (f(\boldsymbol{e}_1), f(\boldsymbol{e}_2), f(\boldsymbol{e}_3)) \begin{pmatrix} p_{11} \\ p_{21} \\ p_{31} \end{pmatrix}$$

$$f(\boldsymbol{b}_2) = p_{12}f(\boldsymbol{e}_1) + p_{22}f(\boldsymbol{e}_2) + p_{32}f(\boldsymbol{e}_3)$$

$$= (f(\boldsymbol{e}_1), f(\boldsymbol{e}_2), f(\boldsymbol{e}_3)) \begin{pmatrix} p_{12} \\ p_{22} \\ p_{32} \end{pmatrix}$$

$$f(\boldsymbol{b}_3) = p_{13}f(\boldsymbol{e}_1) + p_{23}f(\boldsymbol{e}_2) + p_{33}f(\boldsymbol{e}_3)$$

$$= (f(\boldsymbol{e}_1), f(\boldsymbol{e}_2), f(\boldsymbol{e}_3)) \begin{pmatrix} p_{13} \\ p_{23} \\ p_{33} \end{pmatrix}$$

したがって (13.2), (13.3) より，標準基底から基底 $\mathcal{B}$ への基底の変換を表す行列 P をつかって，

$$(f(\boldsymbol{b}_1), f(\boldsymbol{b}_2), f(\boldsymbol{b}_3)) = (f(\boldsymbol{e}_1), f(\boldsymbol{e}_2), f(\boldsymbol{e}_3)) \begin{pmatrix} p_{11} & p_{12} & p_{13} \\ p_{21} & p_{22} & p_{23} \\ p_{31} & p_{32} & p_{33} \end{pmatrix}$$

$$= AP$$

となる。この式は基底 $\mathcal{B}$ の要素の f による像と，標準基底の要素の f による像との関係を表している[13.1]。上式より

13.1　まとめると，各 $\boldsymbol{b}_i$ を $\boldsymbol{e}_1, \boldsymbol{e}_2, \boldsymbol{e}_3$ の線型結合として表したときのスカラー部分と，各 $f(\boldsymbol{b}_i)$ を $f(\boldsymbol{e}_1), f(\boldsymbol{e}_2), f(\boldsymbol{e}_3)$ の線型結合として表したときのスカラー部分は同じである。従って (13.3) の $(\boldsymbol{b}_1, \boldsymbol{b}_2, \boldsymbol{b}_3) = (\boldsymbol{e}_1, \boldsymbol{e}_2, \boldsymbol{e}_3)P$ より，P をこのスカラー部分を集めたものと見れば，$(f(\boldsymbol{b}_1), f(\boldsymbol{b}_2), f(\boldsymbol{b}_3)) = (f(\boldsymbol{e}_1), f(\boldsymbol{e}_2), f(\boldsymbol{e}_3))P$ が成り立つ。

$$(f(\boldsymbol{b}_1), f(\boldsymbol{b}_2), f(\boldsymbol{b}_3)) = AP \qquad \cdots(13.7)$$

である。次に基底 $\mathcal{B}$ の要素の f による像が，$\mathcal{B}$ の要素の線型結合として，次のように与えられているとしよう。

$$f(\boldsymbol{b}_1) = b_{11}\boldsymbol{b}_1 + b_{21}\boldsymbol{b}_2 + b_{31}\boldsymbol{b}_3 = (\boldsymbol{b}_1, \boldsymbol{b}_2, \boldsymbol{b}_3)\begin{pmatrix} b_{11} \\ b_{21} \\ b_{31} \end{pmatrix}$$

$$f(\boldsymbol{b}_2) = b_{12}\boldsymbol{b}_1 + b_{22}\boldsymbol{b}_2 + b_{32}\boldsymbol{b}_3 = (\boldsymbol{b}_1, \boldsymbol{b}_2, \boldsymbol{b}_3)\begin{pmatrix} b_{12} \\ b_{22} \\ b_{32} \end{pmatrix} \qquad \cdots(13.8)$$

$$f(\boldsymbol{b}_3) = b_{13}\boldsymbol{b}_1 + b_{23}\boldsymbol{b}_2 + b_{33}\boldsymbol{b}_3 = (\boldsymbol{b}_1, \boldsymbol{b}_2, \boldsymbol{b}_3)\begin{pmatrix} b_{13} \\ b_{23} \\ b_{33} \end{pmatrix}$$

したがって

$$(f(\boldsymbol{b}_1), f(\boldsymbol{b}_2), f(\boldsymbol{b}_3)) = (\boldsymbol{b}_1, \boldsymbol{b}_2, \boldsymbol{b}_3)\begin{pmatrix} b_{11} & b_{12} & b_{13} \\ b_{21} & b_{22} & b_{23} \\ b_{31} & b_{32} & b_{33} \end{pmatrix}$$

となる。この式の右辺の右側の行列を B として，

$$(f(\boldsymbol{b}_1), f(\boldsymbol{b}_2), f(\boldsymbol{b}_3)) = (\boldsymbol{b}_1, \boldsymbol{b}_2, \boldsymbol{b}_3)B \qquad \cdots(13.9)$$

と書こう。この式は基底 $\mathcal{B}$ の要素の f による像が，基底 $\mathcal{B}$ によってどのように表せるかを表している。すなわち (13.8) より B は，基底 $\mathcal{B}$ の各要素の f による像 $f(\boldsymbol{b}_1), f(\boldsymbol{b}_2), f(\boldsymbol{b}_3)$ を基底 $\mathcal{B}$ で成分表示して並べて得られる行列である。

いまベクトル $\boldsymbol{x}$ が基底 $\mathcal{B}$ によって (13.4) のように表されているとす

ると，

$$
\begin{aligned}
f(\boldsymbol{x}) &= x'_1 f(\boldsymbol{b}_1) + x'_2 f(\boldsymbol{b}_2) + x'_3 f(\boldsymbol{b}_3) \\
&= (f(\boldsymbol{b}_1), f(\boldsymbol{b}_2), f(\boldsymbol{b}_3)) \begin{pmatrix} x'_1 \\ x'_2 \\ x'_3 \end{pmatrix} = (\boldsymbol{b}_1, \boldsymbol{b}_2, \boldsymbol{b}_3) B \begin{pmatrix} x'_1 \\ x'_2 \\ x'_3 \end{pmatrix}
\end{aligned}
$$

この式は基底 $\mathcal{B}$ において，ベクトル $\boldsymbol{x}$ が

$$
\begin{pmatrix} x'_1 \\ x'_2 \\ x'_3 \end{pmatrix}
$$

と成分表示されているとき，$\boldsymbol{x}$ の f による像 $f(\boldsymbol{x})$ を，この基底によって成分表示すると，

$$
B \begin{pmatrix} x'_1 \\ x'_2 \\ x'_3 \end{pmatrix}
$$

となることを示している。よって行列 B を，線型写像 f の基底 $\mathcal{B}$ による行列表示という。

すると，

$$
\begin{aligned}
&(\boldsymbol{b}_1, \boldsymbol{b}_2, \boldsymbol{b}_3) B && (13.9)\text{ より} \\
&= (f(\boldsymbol{b}_1), f(\boldsymbol{b}_2), f(\boldsymbol{b}_3)) && (13.7)\text{ より} \\
&= AP && (13.3)\text{ より} \\
&= (\boldsymbol{b}_1, \boldsymbol{b}_2, \boldsymbol{b}_3) P^{-1} AP
\end{aligned}
$$

よって $B = P^{-1}AP$ となる。この式は次のことを意味する。与えられたベクトルの基底 $\mathcal{B}$ での成分表示を（ここでは文字を使って）$\boldsymbol{x}$ とする

とき，このベクトルの f による像を（同じ基底 $\mathcal{B}$ で）成分表示すると $B\boldsymbol{x}$ となる。これは次のことと同じである。まず基底 $\mathcal{B}$ での成分表示 $\boldsymbol{x}$ を標準基底での成分表示に書き換えると $P\boldsymbol{x}$ となる。この f による像を（標準基底で）成分表示すると $AP\boldsymbol{x}$ となる。さらにこれを基底 $\mathcal{B}$ での成分表示に直すと，$P^{-1}AP\boldsymbol{x}$ となる。従って $B\boldsymbol{x} = P^{-1}AP\boldsymbol{x}$ よって $B = P^{-1}AP$ となる。

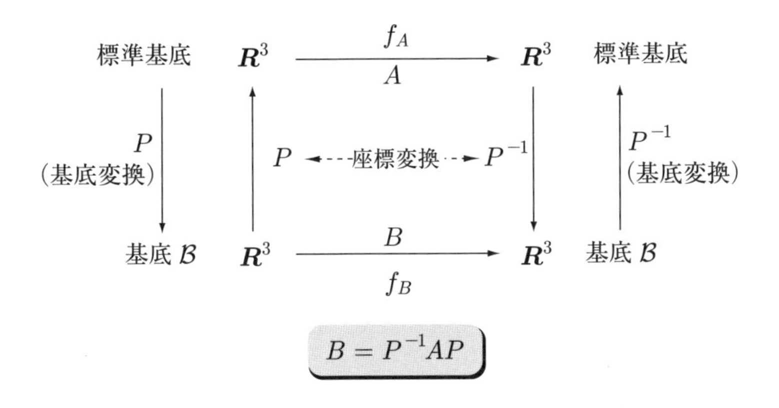

このことを次の定理として表そう。

定理 13.1　$\boldsymbol{R}^3$ から $\boldsymbol{R}^3$ への線型写像 f が（標準基底により）行列 A によって表されているとき，基底 $\mathcal{B} = \{\boldsymbol{b}_1, \boldsymbol{b}_2, \boldsymbol{b}_3\}$ による行列表示 B は，標準基底から基底 $\mathcal{B}$ への基底の変換を表す行列 P をつかって，$B = P^{-1}AP$ と表せる。そして (13.3) より，P の各列は，基底 $\mathcal{B}$ の各ベクトルを標準基底において成分表示したものとなっている，よって $P = (\boldsymbol{b}_1, \boldsymbol{b}_2, \boldsymbol{b}_3)$ とかける。また（(13.9) の後の記述より）B は，基底 $\mathcal{B}$ の各要素の f による像 $f(\boldsymbol{b}_1), f(\boldsymbol{b}_2), f(\boldsymbol{b}_3)$ を基底 $\mathcal{B}$ で成分表示して並べて得られる行列である。

一般に行列 A, B が，正則行列 P を用いて $B = P^{-1}AP$ という関係を満たすとき，A と B は相似であるという。

例 13.1 $\boldsymbol{R}^2$ から $\boldsymbol{R}^2$ への線型写像 f が行列

$$A = \begin{pmatrix} 1 & 0 \\ 1 & 1 \end{pmatrix}$$

によって表されているとする。また，$\boldsymbol{R}^2$ の基底 $\mathcal{B}$ が

$$\left\{ \begin{pmatrix} 2 \\ 3 \end{pmatrix}, \begin{pmatrix} 3 \\ 4 \end{pmatrix} \right\}$$

で与えられているとする。このとき f の基底 $\mathcal{B}$ による行列表示 B を求めよう。上の定理より，

$$B = P^{-1}AP = \frac{1}{2 \cdot 4 - 3 \cdot 3} \begin{pmatrix} 4 & -3 \\ -3 & 2 \end{pmatrix} \begin{pmatrix} 1 & 0 \\ 1 & 1 \end{pmatrix} \begin{pmatrix} 2 & 3 \\ 3 & 4 \end{pmatrix}$$
$$= \begin{pmatrix} 7 & 9 \\ -4 & -5 \end{pmatrix}$$

となる（逆行列の求め方は 8.4 節参照）。

例 13.2 $\boldsymbol{R}^2$ から $\boldsymbol{R}^2$ への線型写像 f が行列

$$A = \begin{pmatrix} 2 & 1 \\ 1 & 2 \end{pmatrix}$$

によって表されているとする。また，$\boldsymbol{R}^2$ の基底 $\mathcal{B}$ が

$$\left\{ \begin{pmatrix} 1 \\ -1 \end{pmatrix}, \begin{pmatrix} 1 \\ 1 \end{pmatrix} \right\}$$

で与えられているとする。このとき f の基底 $\mathcal{B}$ による行列表示 B を求

めよう。上の定理より，

$$B = P^{-1}AP = \frac{1}{1\cdot 1 - 1\cdot(-1)}\begin{pmatrix} 1 & -1 \\ 1 & 1 \end{pmatrix}\begin{pmatrix} 2 & 1 \\ 1 & 2 \end{pmatrix}\begin{pmatrix} 1 & 1 \\ -1 & 1 \end{pmatrix}$$

$$= \begin{pmatrix} 1 & 0 \\ 0 & 3 \end{pmatrix}$$

となる。

例 13.3　次に，$\boldsymbol{R}^3$ から $\boldsymbol{R}^3$ への線型写像 f が行列

$$A = \begin{pmatrix} 1 & 0 & 1 \\ 1 & 1 & 0 \\ 0 & 2 & 1 \end{pmatrix}$$

によって表されているとする。また，$\boldsymbol{R}^3$ の基底 $\mathcal{B}$ が

$$\left\{ \begin{pmatrix} 0 \\ 1 \\ -1 \end{pmatrix}, \begin{pmatrix} 1 \\ 0 \\ 0 \end{pmatrix}, \begin{pmatrix} 0 \\ 1 \\ 1 \end{pmatrix} \right\}$$

で与えられているとする。このとき f の基底 $\mathcal{B}$ による行列表示 B を求めよう。上の定理より（逆行列 P^{-1} を求めるのは例 8.1 を参照），

$$B = P^{-1}AP = -\frac{1}{2}\begin{pmatrix} 0 & -1 & 1 \\ -2 & 0 & 0 \\ 0 & -1 & -1 \end{pmatrix}\begin{pmatrix} 1 & 0 & 1 \\ 1 & 1 & 0 \\ 0 & 2 & 1 \end{pmatrix}\begin{pmatrix} 0 & 1 & 0 \\ 1 & 0 & 1 \\ -1 & 0 & 1 \end{pmatrix}$$

$$= -\frac{1}{2}\begin{pmatrix} 0 & -1 & 2 \\ 2 & -2 & -2 \\ -2 & -1 & -4 \end{pmatrix}$$

となる。

例 13.4　次に，$\boldsymbol{R}^3$ から $\boldsymbol{R}^3$ への線型写像 f が行列

$$A = \begin{pmatrix} 1 & 0 & 0 \\ 0 & 2 & 3 \\ 0 & 3 & 2 \end{pmatrix}$$

によって表されているとする。また，$\boldsymbol{R}^3$ の基底 $\mathcal{B}$ が

$$\left\{ \begin{pmatrix} 0 \\ 1 \\ -1 \end{pmatrix}, \begin{pmatrix} 1 \\ 0 \\ 0 \end{pmatrix}, \begin{pmatrix} 0 \\ 1 \\ 1 \end{pmatrix} \right\}$$

で与えられているとする。このとき f の基底 $\mathcal{B}$ による行列表示 B を求めよう。上の定理より（逆行列 P^{-1} は例 8.1 を参照），

$$B = P^{-1}AP = -\frac{1}{2} \begin{pmatrix} 0 & -1 & 1 \\ -2 & 0 & 0 \\ 0 & -1 & -1 \end{pmatrix} \begin{pmatrix} 1 & 0 & 0 \\ 0 & 2 & 3 \\ 0 & 3 & 2 \end{pmatrix} \begin{pmatrix} 0 & 1 & 0 \\ 1 & 0 & 1 \\ -1 & 0 & 1 \end{pmatrix}$$

$$= \begin{pmatrix} -1 & 0 & 0 \\ 0 & 1 & 0 \\ 0 & 0 & 5 \end{pmatrix}$$

となる。

以上の例からわかるように，与えられた線型写像 f において，基底のとり方によって，f の行列表示が簡単な形になることがある（例 13.2, 例 13.4 の B のような形）。後に，与えられた線型写像 f に対して，簡単な形の行列表示を求める方法を考える。

練習 13.1　上の例をもう一度復習せよ。

13.3　基底の変換 その 2 (B)

13.1 節では $\boldsymbol{R}^3$ において基底の変換を考えた。同様のことを一般の

$\boldsymbol{R}^n$ の場合について考えよう。$\boldsymbol{R}^n$ の基底 $\mathcal{B}=\{\boldsymbol{b}_1,\cdots,\boldsymbol{b}_n\}$ が与えられているとする。各 $\boldsymbol{b}_i$ の標準基底による成分表示を次のように書こう。

$$\boldsymbol{b}_i=\begin{pmatrix} p_{1i} \\ p_{2i} \\ \vdots \\ p_{ni} \end{pmatrix} \qquad \cdots(13.10)$$

そして

$$(\boldsymbol{b}_1,\boldsymbol{b}_2,\cdots,\boldsymbol{b}_n)=\begin{pmatrix} p_{11} & p_{12} & \cdots & p_{1n} \\ p_{21} & p_{22} & \cdots & p_{2n} \\ \vdots & \vdots & & \vdots \\ p_{n1} & p_{n2} & \cdots & p_{nn} \end{pmatrix} \qquad \cdots(13.11)$$

とする。この行列を P としよう。ここで

$$(\boldsymbol{b}_1,\boldsymbol{b}_2,\cdots,\boldsymbol{b}_n)=(\boldsymbol{e}_1,\boldsymbol{e}_2,\cdots,\boldsymbol{e}_n)P \qquad \cdots(13.12)$$

が成り立つ。この式は標準基底から基底 $\mathcal{B}$ へ変換する行列が P であることを示している。

$\boldsymbol{R}^n$ のベクトル $\boldsymbol{x}$ が標準基底による成分表示で

$$\boldsymbol{x}=\begin{pmatrix} x_1 \\ x_2 \\ \vdots \\ x_n \end{pmatrix}$$

としてあたえられているとする。今度はこのベクトルが基底 $\mathcal{B}$ の線型結合として次のように書き表されるとしよう。

$$\boldsymbol{x}=x'_1\boldsymbol{b}_1+x'_2\boldsymbol{b}_2+\cdots+x'_n\boldsymbol{b}_n \qquad \cdots(13.13)$$

すると (13.11) を使って,

$$\boldsymbol{x} = \begin{pmatrix} x_1 \\ x_2 \\ \vdots \\ x_n \end{pmatrix} = (\boldsymbol{b}_1, \boldsymbol{b}_2, \cdots, \boldsymbol{b}_n) \begin{pmatrix} x'_1 \\ x'_2 \\ \vdots \\ x'_n \end{pmatrix}$$

$$= \begin{pmatrix} p_{11} & p_{12} & \cdots & p_{1n} \\ p_{21} & p_{22} & \cdots & p_{2n} \\ \vdots & \vdots & & \vdots \\ p_{n1} & p_{n2} & \cdots & p_{nn} \end{pmatrix} \begin{pmatrix} x'_1 \\ x'_2 \\ \vdots \\ x'_n \end{pmatrix}$$

よって

$$\begin{pmatrix} x_1 \\ x_2 \\ \vdots \\ x_n \end{pmatrix} = \begin{pmatrix} p_{11} & p_{12} & \cdots & p_{1n} \\ p_{21} & p_{22} & \cdots & p_{2n} \\ \vdots & \vdots & & \vdots \\ p_{n1} & p_{n2} & \cdots & p_{nn} \end{pmatrix} \begin{pmatrix} x'_1 \\ x'_2 \\ \vdots \\ x'_n \end{pmatrix}$$

すなわち

$$\begin{pmatrix} x_1 \\ x_2 \\ \vdots \\ x_n \end{pmatrix} = P \begin{pmatrix} x'_1 \\ x'_2 \\ \vdots \\ x'_n \end{pmatrix} \qquad \cdots(13.14)$$

これが座標変換の式である。この式はベクトル $\boldsymbol{x}$ が基底 $\mathcal{B}$ において

$$\begin{pmatrix} x'_1 \\ x'_2 \\ \vdots \\ x'_n \end{pmatrix}$$

と成分表示されているとき，標準基底における成分表示

$$\begin{pmatrix} x_1 \\ x_2 \\ \vdots \\ x_n \end{pmatrix}$$

が上の式によって求まることを示している。よって P を，基底 $\mathcal{B}$ での成分表示から標準基底での成分表示への座標変換を表す行列ということができる。

(13.10) より，ベクトル $\boldsymbol{b}_i$ の標準基底における成分表示は

$$\boldsymbol{b}_i = \begin{pmatrix} p_{1i} \\ p_{2i} \\ \vdots \\ p_{ni} \end{pmatrix}$$

で，これは P の第 i 列である。また，$\boldsymbol{b}_i$ の基底 $\mathcal{B}$ での成分表示は

$$\begin{pmatrix} 0 \\ \vdots \\ 0 \\ 1 \\ 0 \\ \vdots \\ 0 \end{pmatrix} \leftarrow i \text{ 番目}$$

である。これは，(13.14) において，

$$\begin{pmatrix} x'_1 \\ \vdots \\ x'_{i-1} \\ x'_i \\ x'_{i+1} \\ \vdots \\ x'_n \end{pmatrix} = \begin{pmatrix} 0 \\ \vdots \\ 0 \\ 1 \\ 0 \\ \vdots \\ 0 \end{pmatrix}$$

とすることによって，ベクトル $\boldsymbol{b}_i$ の標準基底における成分表示が，P の第 i 列すなわち，

$$\boldsymbol{b}_i = \begin{pmatrix} p_{1i} \\ p_{2i} \\ \vdots \\ p_{ni} \end{pmatrix}$$

となることからもわかる。(13.14) は P^{-1} を両辺に左からかけて，

$$\begin{pmatrix} x'_1 \\ x'_2 \\ \vdots \\ x'_n \end{pmatrix} = P^{-1} \begin{pmatrix} x_1 \\ x_2 \\ \vdots \\ x_n \end{pmatrix} \qquad \cdots(13.15)$$

となる。これも座標変換の式である。この式はベクトル $\boldsymbol{x}$ が標準基底における成分表示で

$$\begin{pmatrix} x_1 \\ x_2 \\ \vdots \\ x_n \end{pmatrix}$$

として表されている時，基底 $\mathcal{B}$ における成分表示

$$\begin{pmatrix} x'_1 \\ x'_2 \\ \vdots \\ x'_n \end{pmatrix}$$

が上の式によって求まることを示している。

基本ベクトル $\boldsymbol{e}_i$ の標準基底による成分表示は

$$\begin{pmatrix} 0 \\ \vdots \\ 0 \\ 1 \\ 0 \\ \vdots \\ 0 \end{pmatrix} \leftarrow i \text{ 番目}$$

で，(13.15) において，

$$\begin{pmatrix} x_1 \\ \vdots \\ x_{i-1} \\ x_i \\ x_{i+1} \\ \vdots \\ x_n \end{pmatrix} = \begin{pmatrix} 0 \\ \vdots \\ 0 \\ 1 \\ 0 \\ \vdots \\ 0 \end{pmatrix}$$

とすることによって，ベクトル $\boldsymbol{e}_i$ を基底 $\mathcal{B}$ において成分表示したものが求まる。これは P^{-1} の第 i 列になることがわかる。

以上をまとめて次のような図に書くことにする。

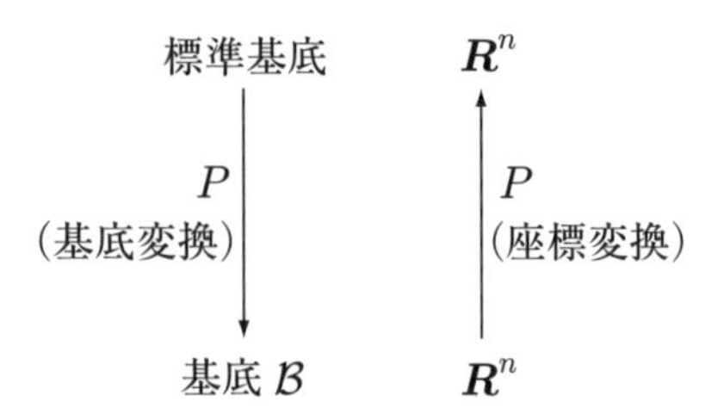

13.4 線型写像の表示 その2(B)

13.2 節で考えたことを一般の $\boldsymbol{R}^n$ においても同様に考えることができ，次の定理が成り立つ。

定理 13.2 $\boldsymbol{R}^n$ から $\boldsymbol{R}^n$ への線型写像 f が（標準基底により）行列 A によって表されているとき，基底 $\mathcal{B} = \{\boldsymbol{b}_1, \boldsymbol{b}_2, \cdots, \boldsymbol{b}_n\}$ による行列表示 B は，標準基底から基底 $\mathcal{B}$ への基底の変換を表す行列 P をつかって，$B = P^{-1}AP$ と表せる。そして (13.12) より，P の各列は，基底 $\mathcal{B}$ の各ベクトルを標準基底において成分表示したものとなっている，よって $P = (\boldsymbol{b}_1, \boldsymbol{b}_2, \cdots, \boldsymbol{b}_n)$ とかける。また B の第 i 列は，基底 $\mathcal{B}$ の要素 $\boldsymbol{b}_i$ の f による像 $f(\boldsymbol{b}_i)$ を基底 $\mathcal{B}$ で成分表示したものである。

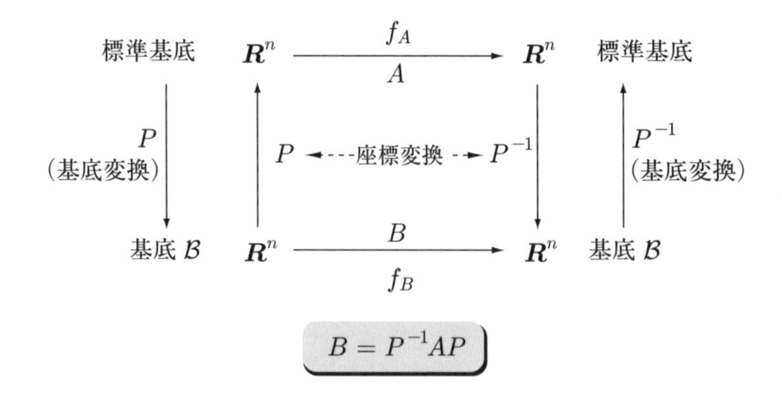

14　固有値と固有ベクトル

《目標＆ポイント》　固有値や固有ベクトルを定義し，その意味について解説する。またケーリー・ハミルトンの定理を解説する。
《キーワード》　固有値，固有ベクトル，固有多項式，ケーリー・ハミルトンの定理

14.1　固有値と固有ベクトルの定義(A)

定義 14.1　n 次正方行列 A に対して，ある実数 λ と $\mathbf{0}$ でない n 次数ベクトル $\boldsymbol{x}$ が存在して，

$$A\boldsymbol{x} = \lambda\boldsymbol{x} \qquad \cdots(14.1)$$

となるとき，λ を A の固有値といい，$\boldsymbol{x}$ を固有値 λ に属する（対する）固有ベクトルという。そして $E(\lambda)$ を

$$\{\boldsymbol{x} \mid A\boldsymbol{x} = \lambda\boldsymbol{x}\} \qquad \cdots(14.2)$$

とおいて，固有値 λ に対する固有（部分）空間と呼ぶ。

行列 A が与えられたとき，A の固有値を求めるにはどうすればよいであろうか。$\lambda\boldsymbol{x} = \lambda I\boldsymbol{x}$ であるから，(14.1) より，

$$A\boldsymbol{x} - \lambda\boldsymbol{x} = (A - \lambda I)\boldsymbol{x} = \mathbf{0} \qquad \cdots(14.3)$$

となる。ここで行列 $(A - \lambda I)$ の逆行列が存在すれば，この逆行列

を (14.3) に左からかけると $\boldsymbol{x} = \boldsymbol{0}$ となってしまう。したがって行列 $(A - \lambda I)$ の逆行列が存在しないこと，すなわち $\det(A - \lambda I) = 0$ が A の固有値が存在するための必要条件となる。逆に $\det(A - \lambda I) = 0$ であれば，定理 7.3 より，行列 $A - \lambda I$ は正則ではなく，したがって定理 4.4 の後に述べたことより，(14.3) を $\boldsymbol{x}$ についての連立方程式とみたとき $\boldsymbol{x}$ が $\boldsymbol{0}$ 以外の解をもつことになり，固有ベクトルが存在する。また $E(\lambda)$ は，(14.3) を満たすようなベクトル $\boldsymbol{x}$ の集合であるから，$A - \lambda I$ を行列表示とした（$\boldsymbol{R}^n$ から $\boldsymbol{R}^n$ への）線型写像の核になる。したがって 11.4 節で示したように，$E(\lambda)$ は $\boldsymbol{R}^n$ の部分空間となる。よって

定理 14.1 正方行列 A の固有値 λ は，$\det(A - xI) = 0$ を x についての方程式と見たときの解である。そして固有空間 $E(\lambda)$ は，行列 $A - \lambda I$ で表される線型写像の核である。

固有値を決めても，その固有ベクトルは 1 通りには決まらないが，固有空間は 1 通りに決まる。$\det(A - xI)$ を A の固有多項式（あるいは特性多項式）といい $\Phi_A(x)$ で表す。また $\det(A - xI) = 0$ すなわち $\Phi_A(x) = 0$ を A の固有方程式（あるいは特性方程式）という。

例 14.1

$$A = \begin{pmatrix} 2 & 1 \\ 1 & 2 \end{pmatrix}$$

の固有値と固有ベクトルを求めてみよう。特性方程式は

$$\begin{aligned}\Phi_A(x) = \det(A - xI) &= \det \begin{pmatrix} 2 - x & 1 \\ 1 & 2 - x \end{pmatrix} \\ &= (2 - x)^2 - 1 = (3 - x)(1 - x) = 0\end{aligned}$$

である（公式 $X^2 - 1 = (X - 1)(X + 1)$ を使う）。したがって固有値は

$x = 1, 3$。

固有値 1 に対する固有ベクトルを求めるには，(14.3) で $\lambda = 1$ として，$(A - I)\boldsymbol{x} = \boldsymbol{0}$ を解く。

$$\begin{pmatrix} 1 & 1 \\ 1 & 1 \end{pmatrix} \begin{pmatrix} x_1 \\ x_2 \end{pmatrix} = \boldsymbol{0}$$

より，$x_1 = -x_2$ で，

$$\boldsymbol{x} = \begin{pmatrix} x_1 \\ x_2 \end{pmatrix} = \begin{pmatrix} -x_2 \\ x_2 \end{pmatrix} = x_2 \begin{pmatrix} -1 \\ 1 \end{pmatrix}$$

とおける。したがってたとえば固有ベクトルとして，

$$\boldsymbol{p}_1 = \begin{pmatrix} -1 \\ 1 \end{pmatrix}$$

を採ることができる。このベクトルで生成される部分空間 $L(\boldsymbol{p}_1)$ は固有値 1 に対する固有空間 $E(1)$ で，$Ac\boldsymbol{p}_1 = c\boldsymbol{p}_1 \in L(\boldsymbol{p}_1)$ より，A で表示された（$\boldsymbol{R}^2$ から $\boldsymbol{R}^2$ への）線型写像において不変な部分空間となる。

次に固有値 3 に対する固有ベクトルを求めるには，(14.3) で $\lambda = 3$ として，$(A - 3I)\boldsymbol{x} = \boldsymbol{0}$ を解く。

$$\begin{pmatrix} -1 & 1 \\ 1 & -1 \end{pmatrix} \begin{pmatrix} x_1 \\ x_2 \end{pmatrix} = \boldsymbol{0}$$

より，$x_1 = x_2$ で，

$$\boldsymbol{x} = \begin{pmatrix} x_1 \\ x_2 \end{pmatrix} = \begin{pmatrix} x_2 \\ x_2 \end{pmatrix} = x_2 \begin{pmatrix} 1 \\ 1 \end{pmatrix}$$

とおける。したがってたとえば固有ベクトルとして，

$$\boldsymbol{p}_2 = \begin{pmatrix} 1 \\ 1 \end{pmatrix}$$

を採ることができる。このベクトルで生成される部分空間 $L(\boldsymbol{p}_2)$ は固有値 3 に対する固有空間 $E(3)$ で，$Ac\boldsymbol{p}_2 = 3c\boldsymbol{p}_2 \in L(\boldsymbol{p}_2)$ より，A で表示された線型写像において不変な部分空間となる。

固有値 1 の固有ベクトルとして $\boldsymbol{p}_1$ がとれ，$A\boldsymbol{p}_1 = \boldsymbol{p}_1$ となり，固有値 3 の固有ベクトルとして $\boldsymbol{p}_2$ がとれ，$A\boldsymbol{p}_2 = 3\boldsymbol{p}_2$ となるから，

$$A\boldsymbol{p}_1 = (\ \boldsymbol{p}_1, \boldsymbol{p}_2\ ) \begin{pmatrix} 1 \\ 0 \end{pmatrix}$$

$$A\boldsymbol{p}_2 = (\ \boldsymbol{p}_1, \boldsymbol{p}_2\ ) \begin{pmatrix} 0 \\ 3 \end{pmatrix}$$

となりこれをまとめて，

$$A(\ \boldsymbol{p}_1, \boldsymbol{p}_2\ ) = (\ \boldsymbol{p}_1, \boldsymbol{p}_2\ ) \begin{pmatrix} 1 & 0 \\ 0 & 3 \end{pmatrix} \qquad \cdots(14.4)$$

となる。ここで

$$P = (\ \boldsymbol{p}_1, \boldsymbol{p}_2\ ) = \begin{pmatrix} -1 & 1 \\ 1 & 1 \end{pmatrix}$$

とすると，$\det(P) = 2$ で P は正則だから，(14.4) の両辺に P^{-1} を左からかけて，

$$P^{-1}AP = \begin{pmatrix} 1 & 0 \\ 0 & 3 \end{pmatrix}$$

となる。また $\boldsymbol{p}_1, \boldsymbol{p}_2$ は線型独立だから，(12.2) より，これらは $\boldsymbol{R}^2$ の基底をなす。すると (13.12) より，標準基底から基底 $\{\boldsymbol{p}_1, \boldsymbol{p}_2\}$ への基底の変換を考えると，その基底の変換を表す行列が P であると見なすこと

ができる。すると（標準基底における）行列 A の表す（$\boldsymbol{R}^2$ から $\boldsymbol{R}^2$ への）線型写像 f は，この基底 $\mathcal{B}$ で行列表示すると，定理 13.1 より，

$$B = \begin{pmatrix} 1 & 0 \\ 0 & 3 \end{pmatrix}$$

という（簡単な）行列で表すことができる。なお定理 13.1（定理 13.2）より，B の第 $1, 2$ 列はそれぞれ（基底 $\mathcal{B} = \{\boldsymbol{p}_1, \boldsymbol{p}_2\}$ の各要素の f による像）$f(\boldsymbol{p}_1) = \boldsymbol{p}_1$，$f(\boldsymbol{p}_2) = 3\boldsymbol{p}_2$ をこの基底で成分表示したものである。これを使って（簡単に）B を求めても良い。

14.2　幾つかの定理(C)

定理 14.2　正方行列 A で表示される（$\boldsymbol{R}^n$ から $\boldsymbol{R}^n$ への）線型写像を f とする。このとき A の固有値 λ に対する固有空間 $E(\lambda)$ は f-不変である。

[証明]　$\boldsymbol{x}$ を $E(\lambda)$ の要素とすると，$f(\boldsymbol{x}) = \lambda\boldsymbol{x} \in E(\lambda)$ となる。よって $E(\lambda)$ は f-不変である。

定理 14.3　正方行列 A の互いに異なる固有値に属する固有ベクトルは線型独立である。

[証明]　行列 A の互いに異なる固有値の数 n に関する帰納法で証明する。$n = 1$ のときは明らかに成り立つ。$n = r - 1$ のときには成り立つとする。$n = r$ の場合について証明するため，行列 A の互いに異なる固有値 $\lambda_1, \cdots, \lambda_r$ が与えられたとし，それぞれに属する固有ベクトルを $\boldsymbol{x}_1, \cdots, \boldsymbol{x}_r$ とする。もし，ある実数 $a_1, \cdots, a_r$ が存在して，

$$a_1\boldsymbol{x}_1 + a_2\boldsymbol{x}_2 + \cdots + a_{r-1}\boldsymbol{x}_{r-1} + a_r\boldsymbol{x}_r = \boldsymbol{0} \qquad \cdots(14.5)$$

が成り立つとすると，両辺に左から行列 A をかけて，

$$a_1 A\boldsymbol{x}_1 + a_2 A\boldsymbol{x}_2 + \cdots + a_{r-1} A\boldsymbol{x}_{r-1} + a_r A\boldsymbol{x}_r = A\boldsymbol{0}$$

よって

$$a_1\lambda_1\boldsymbol{x}_1 + a_2\lambda_2\boldsymbol{x}_2 + \cdots + a_{r-1}\lambda_{r-1}\boldsymbol{x}_{r-1} + a_r\lambda_r\boldsymbol{x}_r = \boldsymbol{0} \qquad \cdots(14.6)$$

(14.5) の両辺に λ_r をかけると，

$$a_1\lambda_r\boldsymbol{x}_1 + a_2\lambda_r\boldsymbol{x}_2 + \cdots + a_{r-1}\lambda_r\boldsymbol{x}_{r-1} + a_r\lambda_r\boldsymbol{x}_r = \boldsymbol{0} \qquad \cdots(14.7)$$

(14.7) − (14.6) を計算すると，

$$a_1(\lambda_r - \lambda_1)\boldsymbol{x}_1 + a_2(\lambda_r - \lambda_2)\boldsymbol{x}_2 + \cdots + a_{r-1}(\lambda_r - \lambda_{r-1})\boldsymbol{x}_{r-1} = \boldsymbol{0}$$

ここで帰納法の仮定を使うと，$\boldsymbol{x}_1, \cdots, \boldsymbol{x}_{r-1}$ は線型独立である。さらに各々の i $(1 \leq i \leq r-1)$ に対し，$\lambda_r - \lambda_i \neq 0$ であるから，$a_1 = a_2 = \cdots = a_{r-1} = 0$。これを (14.5) に代入して，$a_r\boldsymbol{x}_r = \boldsymbol{0}$。$\boldsymbol{x}_r \neq \boldsymbol{0}$ より，$a_r = 0$。よって $\boldsymbol{x}_1, \cdots, \boldsymbol{x}_r$ は線型独立である。

定理 14.4 （$\boldsymbol{R}^n$ から $\boldsymbol{R}^n$ への）線型写像 f の標準基底による行列表示が A で，別の基底 $\mathcal{B}$ による行列表示が B のとき，$\Phi_A(x) = \Phi_B(x)$。

［証明］ 定理 13.2 よりある行列 P が存在して $B = P^{-1}AP$ となる。

$$\begin{aligned}
&\Phi_B(x) = \det(B - xI) \\
&= \det(P^{-1}AP - xI) && xI = xP^{-1}IP = P^{-1}xIP \text{ より} \\
&= \det(P^{-1}(A - xI)P) && \text{定理 7.5 より} \\
&= \det(P^{-1})\det(A - xI)\det(P) && \text{系 7.1 より}
\end{aligned}$$

$= \det(A - xI) = \Phi_A(x)$

実係数多項式 $f(x)$ が次のように与えられたとする。

$$f(x) = a_m x^m + a_{m-1}x^{m-1} + \cdots + a_1 x + a_0 \qquad \cdots(14.8)$$

この式の x に n 次正方行列 A を代入して得られる行列，すなわち

$$a_m A^m + a_{m-1}A^{m-1} + \cdots + a_1 A + a_0 I \qquad \cdots(14.9)$$

を $f(A)$ と書く。ここで，$f(x)$ における定数項 a_0 は，I を n 次の単位行列として，$f(A)$ においては $a_0 I$ で置き換えるものとする。もし $f(x)$ が $g_1(x)g_2(x)\cdots g_k(x)$ と，x の多項式の幾つかの積の形となっているときは，$f(A)$ を $g_1(A)g_2(A)\cdots g_k(A)$ と定義する。このとき $f(x) = g_1(x)g_2(x)\cdots g_k(x)$ において，この式を展開して (14.8) の形になったとすれば，$f(A) = g_1(A)g_2(A)\cdots g_k(A)$ を展開して行列の計算を実行すると，(14.9) の形になる（なぜならばこの式の展開で使われる行列の演算は，A どうしの積 A^k，行列の実数倍，それとこれらの行列の和の形の演算であり，行列において結合法則が成り立つこと等を考えれば，このことが成り立つ）。

補題 14.1　$f(x)$ を多項式とする。正方行列 A と B が相似であるとき，すなわちある行列 P が存在して $B = P^{-1}AP$ のとき，$f(B) = P^{-1}f(A)P$ が成り立つ。

[証明]　$B^2 = P^{-1}APP^{-1}AP = P^{-1}A^2P$ である。同様に $B^3 = P^{-1}A^2PP^{-1}AP = P^{-1}A^3P$ である。これより一般に，$B^k = P^{-1}A^kP$ となる。したがって，$f(x)$ を (14.8) の形の多項式としたとき，

$f(B) = a_m B^m + a_{m-1}B^{m-1} + \cdots + a_1 B + a_0 I$

$$= a_m P^{-1} A^m P + a_{m-1} P^{-1} A^{m-1} P + \cdots + a_1 P^{-1} A P + a_0 P^{-1} I P$$
$$= P^{-1}(a_m A^m + a_{m-1} A^{m-1} + \cdots + a_1 A + a_0 I) P$$
$$= P^{-1} f(A) P$$

正方行列 A の固有多項式 $\Phi_A(x)$ において x に A を代入して得られる式を $\Phi_A(A)$ とする。A が 2 次の正方行列のときにこの式の値を見てみよう。A を

$$\begin{pmatrix} a_{11} & a_{12} \\ a_{21} & a_{22} \end{pmatrix}$$

とすると,

$$\Phi_A(x) = \det(A - xI) = \det \begin{pmatrix} a_{11} - x & a_{12} \\ a_{21} & a_{22} - x \end{pmatrix}$$
$$= (a_{11} - x)(a_{22} - x) - a_{12}a_{21}$$
$$= x^2 - (a_{11} + a_{22})x + a_{11}a_{22} - a_{12}a_{21}$$

となる。この式の x を A で置き換えると,

$$\Phi_A(A) = A^2 - (a_{11} + a_{22})A + (a_{11}a_{22} - a_{12}a_{21})I$$
$$= \begin{pmatrix} a_{11} & a_{12} \\ a_{21} & a_{22} \end{pmatrix}\begin{pmatrix} a_{11} & a_{12} \\ a_{21} & a_{22} \end{pmatrix} - (a_{11} + a_{22})\begin{pmatrix} a_{11} & a_{12} \\ a_{21} & a_{22} \end{pmatrix}$$
$$+ (a_{11}a_{22} - a_{12}a_{21})I$$
$$= \begin{pmatrix} a_{11}a_{11} + a_{12}a_{21} & a_{11}a_{12} + a_{12}a_{22} \\ a_{21}a_{11} + a_{22}a_{21} & a_{21}a_{12} + a_{22}a_{22} \end{pmatrix}$$
$$- \begin{pmatrix} a_{11}a_{11} + a_{11}a_{22} & a_{11}a_{12} + a_{22}a_{12} \\ a_{11}a_{21} + a_{22}a_{21} & a_{11}a_{22} + a_{22}a_{22} \end{pmatrix}$$
$$+ \begin{pmatrix} a_{11}a_{22} - a_{12}a_{21} & 0 \\ 0 & a_{11}a_{22} - a_{12}a_{21} \end{pmatrix} = O$$

となり，$\Phi_A(A) = O$ が成り立つ。これは一般の正方行列についても成り立ち，ケーリー・ハミルトンの定理と呼ばれる。

定理 14.5　正方行列 A の固有多項式 $\Phi_A(x)$ において，x に A を代入して得られる式を $\Phi_A(A)$ とすると，$\Phi_A(A) = O$ が成り立つ。

[証明]　n 次正方行列 A において，$A - xI$ の余因子行列を $(\widetilde{A - xI})$ とする。定理 8.4 より，

$$\det(A - xI)I = (\widetilde{A - xI})(A - xI) \qquad \cdots(14.10)$$

となる。行列 $(\widetilde{A - xI})$ の各 (i, j) 成分は，$A - xI$ の第 j 行と第 i 列を取り除いた $n - 1$ 次の正方行列[14.1]の行列式に正負の符号を付けたものであり，x に関する高々 $n - 1$ 次の多項式である。$(\widetilde{A - xI})$ の各成分において，x^l の係数のみを取り出し，これらを成分とする行列を B_l とする。ここで $0 \leq l \leq n - 1$。すなわち B_l の (i, j) 成分は，$(\widetilde{A - xI})$ の (i, j) 成分である多項式の x^l の係数である。すると

$$(\widetilde{A - xI}) = x^{n-1}B_{n-1} + x^{n-2}B_{n-2} + \cdots + xB_1 + B_0$$

となる[14.2]。また，

14.1　この行列では x を含む成分は（$a_{ii} - x$ と $a_{jj} - x$ が除かれるため）$i \neq j$ では $n - 2$ 個，$i = j$ では $n - 1$ 個ある。従ってその行列式は（各行から x を含んだ成分をできるだけ多く選びその積をとった項を考えれば）高々 $n - 1$ 次の多項式となる。

14.2　成分が x の多項式となる行列の変形例。

$$\begin{pmatrix} -x + 1 & x^2 + 3 \\ 2x^2 + 4 & -x + 2 \end{pmatrix} = x^2 \begin{pmatrix} 0 & 1 \\ 2 & 0 \end{pmatrix} + x \begin{pmatrix} -1 & 0 \\ 0 & -1 \end{pmatrix} + \begin{pmatrix} 1 & 3 \\ 4 & 2 \end{pmatrix}$$

$$\det(A - xI) = \Phi_A(x) = b_n x^n + b_{n-1}x^{n-1} + \cdots + b_1 x + b_0 \qquad \cdots (14.11)$$

とおくと，(14.10) は次のように書き換えられる。

$$\begin{aligned}&(b_n x^n + b_{n-1}x^{n-1} + \cdots + b_1 x + b_0)I \\ =&(x^{n-1}B_{n-1} + x^{n-2}B_{n-2} + \cdots + xB_1 + B_0)(A - xI)\end{aligned}$$

この両辺を行列を係数にもつ x の多項式とみて，各係数を比較すると (右辺では $(\cdots + x^k B_k + x^{k-1}B_{k-1} + \cdots)(A - xI)$ を参考に)

$$b_n I = -B_{n-1},\ b_k I = B_k A - B_{k-1},\ b_0 I = B_0 A$$

$(1 \leq k \leq n-1)$ となる。すると (14.11) より，

$$\begin{aligned}&\Phi_A(A) = \Phi_A(A)I \\ &= b_n IA^n + b_{n-1}IA^{n-1} + \cdots + b_k IA^k + \cdots + b_1 IA + b_0 I \\ &= -B_{n-1}A^n + \sum_{k=1}^{n-1}(B_k A - B_{k-1})A^k + B_0 A \\ &= -B_{n-1}A^n + \sum_{k=1}^{n-1}(B_k A^{k+1} - B_{k-1}A^k) + B_0 A \\ &= -B_{n-1}A^n + \{(B_{n-1}A^n - B_{n-2}A^{n-1}) + (B_{n-2}A^{n-1} - B_{n-3}A^{n-2}) \\ &\qquad + \cdots + (B_2 A^3 - B_1 A^2) + (B_1 A^2 - B_0 A)\} + B_0 A \\ &= -B_{n-1}A^n + (B_{n-1}A^n - B_0 A) + B_0 A = O\end{aligned}$$

$\Phi_A(x) = \det(A - xI)$ だから，$\det(A - xI)$ の x を A に置き換えて，$\Phi_A(A) = \det(A - AI) = \det(O) = 0$ としてはいけない。上の定理は $\Phi_A(A) = O$ と零行列になることをいっている。$\Phi_A(x)$ すなわち $\det(A - xI)$ を展開した式の x を A に置き換えて計算しなければならない。

15 行列の対角化

《目標&ポイント》 行列が対角化される条件を考える。固有値と固有ベクトルを使って，基底の変換を行い，線型写像の行列表示が対角化される例を見る。最後に授業のまとめをする。
《キーワード》 基底の変換，行列の対角化

15.1 対角化の条件(C)

正方行列 A が対角行列に相似であるとき，すなわちある正則行列 P が存在して $P^{-1}AP$ が対角行列となるとき，A は**対角化可能**という。

定理 15.1 n 次正方行列 A において，次の条件は同値である。

i. A は対角化可能である。

ii. A は n 個の線型独立な固有ベクトルをもつ。

iii. $\boldsymbol{R}^n$ は A の固有空間の直和に表せる（分解される）。

[証明] i $\Rightarrow$ ii。A が対角化可能であれば，正則行列 P が存在して $P^{-1}AP$ が対角行列となる。この対角行列を D とすると，$AP = PD$。すると，P の第 i 列を $\boldsymbol{a}_i$ とし，対角行列 D の (i,i) 成分を λ_i とすると，両辺の第 i 列は $A\boldsymbol{a}_i = \lambda_i\boldsymbol{a}_i$ となる。これは $\boldsymbol{a}_i$ は固有値 λ_i の固有ベクトルであることを示している。よって P の各列は A の固有ベクトルであり，また P は正則であるから，各列は線型独立である。

ii $\Rightarrow$ iii。ii より，n 個の線型独立な固有ベクトルが存在するから，こ

の集合を $\mathcal{B}$ とすると（(12.2) より）$\mathcal{B}$ は $\boldsymbol{R}^n$ の基底となる。この n 個の固有ベクトルの固有値を $\lambda'_1, \cdots, \lambda'_k$ とする（一般には $k \leq n$）と，固有値 λ'_j の固有空間 $E(\lambda'_j)$ $(1 \leq j \leq k)$ の基底として，$\mathcal{B}$ の要素で固有値 λ'_j の固有ベクトルからなる集合 $\mathcal{B}_j$ をとることができる。すると $\boldsymbol{R}^n$ の要素は（基底 $\mathcal{B}$ の要素の線型結合として一意に表されるが，ここで各 $E(\lambda'_j)$ の基底 $\mathcal{B}_j$ の要素の線型結合部分を 1 つのベクトルとしてまとめれば）各固有空間 $E(\lambda'_j)$ の要素の和として一意に表せることになる。よって $\boldsymbol{R}^n = E(\lambda'_1) \oplus \cdots \oplus E(\lambda'_k)$ となる。

iii ⇒ i。iii より，$\boldsymbol{R}^n = E(\lambda'_1) \oplus \cdots \oplus E(\lambda'_k)$ とおく。各 $E(\lambda'_i)$ から基底 $\mathcal{B}_j$ を選び（その要素は固有ベクトル）それらを集めた $\mathcal{B} = \bigcup_i \mathcal{B}_i = \{\boldsymbol{a}_1, \cdots, \boldsymbol{a}_n\}$ は $\boldsymbol{R}^n$ の基底となる（直和の定義から $\boldsymbol{R}^n$ の要素 $\boldsymbol{x}$ は，各 $E(\lambda'_j)$ の要素 $\boldsymbol{x}_j$ の和として一意に表せ，さらに各 $\boldsymbol{x}_j$ は $\mathcal{B}_j$ の要素の線型結合として一意に表せるから，結局 $\boldsymbol{x}$ は $\mathcal{B}$ の要素の線型結合として一意に表せる）。

各 $\boldsymbol{a}_i$ は固有ベクトルだから，その固有値を λ_i とすれば，$A\boldsymbol{a}_i = \lambda_i \boldsymbol{a}_i$ となり，

$$A(\boldsymbol{a}_1, \boldsymbol{a}_2, \cdots, \boldsymbol{a}_n) = (\boldsymbol{a}_1, \boldsymbol{a}_2, \cdots, \boldsymbol{a}_n) \begin{pmatrix} \lambda_1 & 0 & \cdots & 0 \\ 0 & \lambda_2 & \cdots & 0 \\ \vdots & \vdots & \ddots & \vdots \\ 0 & 0 & \cdots & \lambda_n \end{pmatrix}$$

が成り立つ。$P = (\boldsymbol{a}_1, \cdots, \boldsymbol{a}_n)$ とおき，右辺右側の対角行列を B とすれば，$AP = PB$。従って $P^{-1}AP = B$ は λ_i $(1 \leq i \leq n)$ を (i, i) 成分にもつ対角行列となる。

なお P は，標準基底から基底 $\mathcal{B}$ への変換を表す行列とみなせる。(標準基底における）行列 A の表す（$\boldsymbol{R}^n$ から $\boldsymbol{R}^n$ への）線型写像 f を，この

基底 $\mathcal{B}$ で行列表示すると，定理 13.2 より，対角行列 $B = P^{-1}AP$ である。また B の第 i 列は（基底 $\mathcal{B}$ の要素 $\boldsymbol{a}_i$ の f による像）$f(\boldsymbol{a}_i) = \lambda_i \boldsymbol{a}_i$ をこの基底で成分表示したものである。これを使って（簡単に）B を求めても良い。

15.2　幾つかの練習(A)

例 15.1

$$A = \begin{pmatrix} 1 & 0 & 0 \\ 0 & 2 & 3 \\ 0 & 3 & 2 \end{pmatrix}$$

の固有値をもとめてみよう。

$$\begin{aligned} \det(A - xI) &= \det \begin{pmatrix} 1-x & 0 & 0 \\ 0 & 2-x & 3 \\ 0 & 3 & 2-x \end{pmatrix} \\ &= (1-x)\det \begin{pmatrix} 2-x & 3 \\ 3 & 2-x \end{pmatrix} \\ &= (1-x)\{(2-x)^2 - 9\} \\ &= (1-x)(5-x)(-1-x) \end{aligned}$$

よって固有値は $-1, 1, 5$ である。次に各固有値に属する固有ベクトルを求めよう。固有値 -1 に属する固有ベクトル $\boldsymbol{p}_1$ を求めるためには，(14.3) で $\lambda = -1$ として，

$$(A + I)\boldsymbol{x} = \begin{pmatrix} 2 & 0 & 0 \\ 0 & 3 & 3 \\ 0 & 3 & 3 \end{pmatrix} \begin{pmatrix} x_1 \\ x_2 \\ x_3 \end{pmatrix} = \mathbf{0}$$

を掃き出し法で解く。

$$\begin{pmatrix} 2 & 0 & 0 & 0 \\ 0 & 3 & 3 & 0 \\ 0 & 3 & 3 & 0 \end{pmatrix} \xrightarrow[\text{第 1 行を 2 で割る}]{\text{第 2 行と第 3 行を 3 で割る}}$$

$$\begin{pmatrix} 1 & 0 & 0 & 0 \\ 0 & 1 & 1 & 0 \\ 0 & 1 & 1 & 0 \end{pmatrix} \xrightarrow[\text{-1 倍をたす}]{\text{第 3 行に第 2 行の}} \begin{pmatrix} 1 & 0 & 0 & 0 \\ 0 & 1 & 1 & 0 \\ 0 & 0 & 0 & 0 \end{pmatrix}$$

より

$$\begin{aligned} x_1 \qquad\qquad &= 0 \\ x_2 + x_3 &= 0 \end{aligned}$$

となりこの解として,

$$\boldsymbol{p}_1 = \begin{pmatrix} x_1 \\ x_2 \\ x_3 \end{pmatrix} = x_3 \begin{pmatrix} 0 \\ -1 \\ 1 \end{pmatrix} = \begin{pmatrix} 0 \\ -1 \\ 1 \end{pmatrix}$$

を採ることができ, $E(-1) = L(\boldsymbol{p}_1)$ となる。同様に固有値 1 に属する固有ベクトル $\boldsymbol{p}_2$ を求めるためには

$$(A - I)\boldsymbol{x} = \begin{pmatrix} 0 & 0 & 0 \\ 0 & 1 & 3 \\ 0 & 3 & 1 \end{pmatrix} \begin{pmatrix} x_1 \\ x_2 \\ x_3 \end{pmatrix} = \mathbf{0}$$

を解く。

$$\begin{pmatrix} 0 & 0 & 0 & 0 \\ 0 & 1 & 3 & 0 \\ 0 & 3 & 1 & 0 \end{pmatrix} \xrightarrow[\text{-3 倍をたす}]{\text{第 3 行に第 2 行の}} \begin{pmatrix} 0 & 0 & 0 & 0 \\ 0 & 1 & 3 & 0 \\ 0 & 0 & -8 & 0 \end{pmatrix}$$

より

$$\begin{aligned} x_2 \quad + 3x_3 &= 0 \\ - 8x_3 &= 0 \end{aligned}$$

となりこの解は $x_2 = x_3 = 0$，x_1 は任意。よって $\boldsymbol{p}_2$ として

$$\boldsymbol{p}_2 = \begin{pmatrix} x_1 \\ x_2 \\ x_3 \end{pmatrix} = x_1 \begin{pmatrix} 1 \\ 0 \\ 0 \end{pmatrix} = \begin{pmatrix} 1 \\ 0 \\ 0 \end{pmatrix}$$

を採ることができ，$E(1) = L(\boldsymbol{p}_2)$ となる。同様に固有値 5 に属する固有ベクトル $\boldsymbol{p}_3$ を求めるためには

$$(A - 5I)\boldsymbol{x} = \begin{pmatrix} -4 & 0 & 0 \\ 0 & -3 & 3 \\ 0 & 3 & -3 \end{pmatrix} \begin{pmatrix} x_1 \\ x_2 \\ x_3 \end{pmatrix} = \boldsymbol{0}$$

を解く。

$$\begin{pmatrix} -4 & 0 & 0 & 0 \\ 0 & -3 & 3 & 0 \\ 0 & 3 & -3 & 0 \end{pmatrix} \xrightarrow[\text{第 1 行を } -4 \text{ で割る}]{\text{第 2 行と第 3 行をを 3 で割る}} \begin{pmatrix} 1 & 0 & 0 & 0 \\ 0 & -1 & 1 & 0 \\ 0 & 1 & -1 & 0 \end{pmatrix}$$

$$\xrightarrow{\text{第 3 行に第 2 行をたす}} \begin{pmatrix} 1 & 0 & 0 & 0 \\ 0 & -1 & 1 & 0 \\ 0 & 0 & 0 & 0 \end{pmatrix}$$

より

$$\begin{aligned} x_1 \qquad\qquad &= 0 \\ -x_2 + x_3 &= 0 \end{aligned}$$

となりこの解として

$$\boldsymbol{p}_3 = \begin{pmatrix} x_1 \\ x_2 \\ x_3 \end{pmatrix} = x_2 \begin{pmatrix} 0 \\ 1 \\ 1 \end{pmatrix} = \begin{pmatrix} 0 \\ 1 \\ 1 \end{pmatrix}$$

を採ることができ，$E(5) = L(\boldsymbol{p}_3)$ となる。固有値 -1 の固有ベクトル

として $\boldsymbol{p}_1$ がとれ，$A\boldsymbol{p}_1 = (-1)\boldsymbol{p}_1$ となり，固有値 1 の固有ベクトルとして $\boldsymbol{p}_2$ がとれ，$A\boldsymbol{p}_2 = 1\boldsymbol{p}_2$ となり，固有値 5 の固有ベクトルとして $\boldsymbol{p}_3$ がとれ $A\boldsymbol{p}_3 = 5\boldsymbol{p}_3$ となるから，

$$A\boldsymbol{p}_1 = (\boldsymbol{p}_1, \boldsymbol{p}_2, \boldsymbol{p}_3)\begin{pmatrix} -1 \\ 0 \\ 0 \end{pmatrix}, \quad A\boldsymbol{p}_2 = (\boldsymbol{p}_1, \boldsymbol{p}_2, \boldsymbol{p}_3)\begin{pmatrix} 0 \\ 1 \\ 0 \end{pmatrix},$$

$$A\boldsymbol{p}_3 = (\boldsymbol{p}_1, \boldsymbol{p}_2, \boldsymbol{p}_3)\begin{pmatrix} 0 \\ 0 \\ 5 \end{pmatrix}$$

これらをまとめて，

$$A(\boldsymbol{p}_1, \boldsymbol{p}_2, \boldsymbol{p}_3) = (\boldsymbol{p}_1, \boldsymbol{p}_2, \boldsymbol{p}_3)\begin{pmatrix} -1 & 0 & 0 \\ 0 & 1 & 0 \\ 0 & 0 & 5 \end{pmatrix} \qquad \cdots (15.1)$$

となる。ここで

$$P = (\boldsymbol{p}_1, \boldsymbol{p}_2, \boldsymbol{p}_3) = \begin{pmatrix} 0 & 1 & 0 \\ -1 & 0 & 1 \\ 1 & 0 & 1 \end{pmatrix}$$

とすると，（定理 14.3 より，P の各列は線型独立となるから，定理 12.1 より P は正則となり）(15.1) より，

$$P^{-1}AP = \begin{pmatrix} -1 & 0 & 0 \\ 0 & 1 & 0 \\ 0 & 0 & 5 \end{pmatrix}$$

となる。また (12.2) より P の各列は $\boldsymbol{R}^3$ の基底をなす。すると (13.12) より，標準基底から基底 $\mathcal{B} = \{\boldsymbol{p}_1, \boldsymbol{p}_2, \boldsymbol{p}_3\}$ への基底変換を考えたとき，

その変換を表す行列が P であると見なすことができる。すると（標準基底における）行列 A の表す（$\boldsymbol{R}^3$ から $\boldsymbol{R}^3$ への）線型写像 f は，この基底 $\mathcal{B}$ で行列表示すると，定理 13.1 より，

$$B = \begin{pmatrix} -1 & 0 & 0 \\ 0 & 1 & 0 \\ 0 & 0 & 5 \end{pmatrix}$$

という（簡単な）行列で表すことができる。なお定理 13.1 より，B の第 $1,2,3$ 列はそれぞれ（基底 $\mathcal{B} = \{\boldsymbol{p}_1, \boldsymbol{p}_2, \boldsymbol{p}_3\}$ の各要素の f による像）$f(\boldsymbol{p}_1) = -\boldsymbol{p}_1$，$f(\boldsymbol{p}_2) = \boldsymbol{p}_2$，$f(\boldsymbol{p}_3) = 5\boldsymbol{p}_3$ をこの基底で成分表示したものである。これを使って（簡単に）B を求めても良い。

例 15.2

$$A = \begin{pmatrix} -1 & 0 & 0 \\ 0 & 2 & 3 \\ 0 & 3 & 2 \end{pmatrix}$$

の固有値をもとめてみよう。

$$\begin{aligned} \det(A - xI) &= \det \begin{pmatrix} -1-x & 0 & 0 \\ 0 & 2-x & 3 \\ 0 & 3 & 2-x \end{pmatrix} \\ &= (-1-x)\det \begin{pmatrix} 2-x & 3 \\ 3 & 2-x \end{pmatrix} \\ &= (-1-x)\{(2-x)^2 - 9\} = (-1-x)^2(5-x) \end{aligned}$$

よって固有値は $-1, 5$ である。次に各固有値に属する固有ベクトルを求めよう。固有値 -1 に属する固有ベクトル $\boldsymbol{p}_1$ を求めるためには

$$(A+I)\boldsymbol{x} = \begin{pmatrix} 0 & 0 & 0 \\ 0 & 3 & 3 \\ 0 & 3 & 3 \end{pmatrix} \begin{pmatrix} x_1 \\ x_2 \\ x_3 \end{pmatrix} = \boldsymbol{0}$$

を掃き出し法で解く。

$$\begin{pmatrix} 0 & 0 & 0 & 0 \\ 0 & 3 & 3 & 0 \\ 0 & 3 & 3 & 0 \end{pmatrix} \xrightarrow[\text{第 2 行を 3 で割る}]{\text{第 3 行に第 2 行の -1 倍をたし}} \begin{pmatrix} 0 & 0 & 0 & 0 \\ 0 & 1 & 1 & 0 \\ 0 & 0 & 0 & 0 \end{pmatrix}$$

より $x_2 + x_3 = 0$ で，

$$\begin{pmatrix} x_1 \\ x_2 \\ x_3 \end{pmatrix} = \begin{pmatrix} x_1 \\ 0 \\ 0 \end{pmatrix} + \begin{pmatrix} 0 \\ -x_3 \\ x_3 \end{pmatrix} = x_1 \begin{pmatrix} 1 \\ 0 \\ 0 \end{pmatrix} + x_3 \begin{pmatrix} 0 \\ -1 \\ 1 \end{pmatrix}$$

となりこの解として例えば 2 個の線型独立な固有ベクトル

$$\boldsymbol{p}_1 = \begin{pmatrix} 1 \\ 0 \\ 0 \end{pmatrix},\ \boldsymbol{p}_2 = \begin{pmatrix} 0 \\ -1 \\ 1 \end{pmatrix}$$

を採ることができ，$E(-1) = L(\boldsymbol{p}_1, \boldsymbol{p}_2)$ となる[15.1]。

同様に固有値 5 に属する固有ベクトル $\boldsymbol{p}_3$ を求めるためには

$$(A - 5I)\boldsymbol{x} = \begin{pmatrix} -6 & 0 & 0 \\ 0 & -3 & 3 \\ 0 & 3 & -3 \end{pmatrix} \begin{pmatrix} x_1 \\ x_2 \\ x_3 \end{pmatrix} = \mathbf{0}$$

を解く。

$$\begin{pmatrix} -6 & 0 & 0 & 0 \\ 0 & -3 & 3 & 0 \\ 0 & 3 & -3 & 0 \end{pmatrix} \xrightarrow[\text{第 1 行を -6 で割る}]{\text{第 2 行と第 3 行を 3 で割る}}$$

15.1　行列 $A + I$ の階数は（上で示した行基本変形より）1 であり，定理 12.7 より（$\boldsymbol{R}^3$ 上の）線型写像 f_{A+I} の核の次元は $3 - 1 = 2$。よって定理 14.1 より固有空間 $E(-1)$ の次元は 2 で，線型独立な固有ベクトルが 2 つ採れる。

$$\begin{pmatrix} 1 & 0 & 0 & 0 \\ 0 & -1 & 1 & 0 \\ 0 & 1 & -1 & 0 \end{pmatrix} \xrightarrow{\text{第 3 行に第 2 行をたす}} \begin{pmatrix} 1 & 0 & 0 & 0 \\ 0 & -1 & 1 & 0 \\ 0 & 0 & 0 & 0 \end{pmatrix}$$

より

$$\begin{aligned} x_1 \qquad\qquad &= 0 \\ -x_2 + x_3 &= 0 \end{aligned}$$

となりこの解として

$$\boldsymbol{p}_3 = \begin{pmatrix} x_1 \\ x_2 \\ x_3 \end{pmatrix} = x_3 \begin{pmatrix} 0 \\ 1 \\ 1 \end{pmatrix} = \begin{pmatrix} 0 \\ 1 \\ 1 \end{pmatrix}$$

を採ることができ，$E(5) = L(\boldsymbol{p}_3)$ となる。固有値 -1 の固有ベクトルとして線型独立な $\boldsymbol{p}_1, \boldsymbol{p}_2$ がとれ，$A\boldsymbol{p}_1 = (-1)\boldsymbol{p}_1, A\boldsymbol{p}_2 = (-1)\boldsymbol{p}_2$ となり，固有値 5 の固有ベクトルとして $\boldsymbol{p}_3$ がとれ $A\boldsymbol{p}_3 = 5\boldsymbol{p}_3$ となるから，

$$A(\boldsymbol{p}_1, \boldsymbol{p}_2, \boldsymbol{p}_3) = (\boldsymbol{p}_1, \boldsymbol{p}_2, \boldsymbol{p}_3) \begin{pmatrix} -1 & 0 & 0 \\ 0 & -1 & 0 \\ 0 & 0 & 5 \end{pmatrix} \qquad \cdots(15.2)$$

となる。ここで

$$P = (\boldsymbol{p}_1, \boldsymbol{p}_2, \boldsymbol{p}_3) = \begin{pmatrix} 1 & 0 & 0 \\ 0 & -1 & 1 \\ 0 & 1 & 1 \end{pmatrix}$$

とすると（定理 14.3 も使って，P の列ベクトルは線型独立で，定理 12.1 より P は正則となり）よって

$$P^{-1}AP = \begin{pmatrix} -1 & 0 & 0 \\ 0 & -1 & 0 \\ 0 & 0 & 5 \end{pmatrix}$$

となる。また (12.2) より P の各列は $\boldsymbol{R}^3$ の基底をなす。すると (13.12) より，標準基底から $\mathcal{B}=\{\boldsymbol{p}_1,\boldsymbol{p}_2,\boldsymbol{p}_3\}$ への基底の変換を考えたとき，その変換を表す行列が P であると見なすことができる。すると（標準基底における）行列 A の表す（$\boldsymbol{R}^3$ から $\boldsymbol{R}^3$ への）線型写像 f は，この基底 $\mathcal{B}$ で行列表示すると，定理 13.1 より，

$$B=\begin{pmatrix} -1 & 0 & 0 \\ 0 & -1 & 0 \\ 0 & 0 & 5 \end{pmatrix}$$

という（簡単な）行列で表すことができる。なお定理 13.1 より，B の第 $1,2,3$ 列はそれぞれ（基底 $\mathcal{B}=\{\boldsymbol{p}_1,\boldsymbol{p}_2,\boldsymbol{p}_3\}$ の各要素の f による像）$f(\boldsymbol{p}_1)=-\boldsymbol{p}_1$，$f(\boldsymbol{p}_2)=-\boldsymbol{p}_2$，$f(\boldsymbol{p}_3)=5\boldsymbol{p}_3$ をこの基底で成分表示したものである。これを使って（簡単に）B を求めても良い。

練習問題の解答

●本文中に解答のないもののみ述べる。

1章

練習 1.1　i. $n=0$ のときは $\phi(0)$ の両辺が 1 になり，$\phi(0)$ が成り立つことは，簡単な計算でわかる。よって (1.2) が成り立つ。次に (1.3) が成り立つことを示すために，任意の n が与えられたとし，$\phi(n)$ が成り立つと仮定しよう。つまり，$1+3+5+\cdots+(2n+1)=(n+1)^2$ が成り立つと仮定するのである。我々は $\phi(n+1)$ つまり，$1+3+5+\cdots+(2n+1)+(2n+3)=(n+2)^2$ を証明したい。次のように証明しよう。まず，$1+3+5+\cdots+(2n+1)=(n+1)^2$ は成り立つ。この式の両辺に $2(n+1)+1=2n+3$ を加えると，

$$1+3+5+\cdots+(2n+1)+(2n+3)=(n+1)^2+(2n+3)$$

である。右辺を計算すると $(n+1)^2+2n+3=n^2+(2n+1)+(2n+3)=n^2+4n+4=(n+2)^2$ となり，$1+3+5+\cdots+(2n+1)+(2n+3)=(n+2)^2$ となる。すなわち $\phi(n+1)$ が成り立つことを示している。よって数学的帰納法により，全ての n について $1+3+5+\cdots+(2n+1)=(n+1)^2$ が成り立つ。

ii. $n=0$ のときは $\phi(0)$ の両辺が 0 になり，$\phi(0)$ が成り立つことがわかる。よって (1.2) が成り立つ。次に (1.3) が成り立つことを示すために，任意の n が与えられたとき，$\phi(n)$ が成り立つと仮定しよう。つまり，$0^2+1^2+2^2+\cdots+n^2=\frac{n(n+1)(2n+1)}{6}$ が成り立つと仮定するのである。我々は $\phi(n+1)$ つまり，$0^2+1^2+2^2+\cdots+n^2+(n+1)^2=\frac{(n+1)(n+2)(2n+3)}{6}$ を証明したい。次のように証明しよう。まず，$0^2+1^2+2^2+\cdots+n^2=\frac{n(n+1)(2n+1)}{6}$ は成り立つ。この式の両辺に $(n+1)^2$ を加えると，

$$0^2+1^2+2^2+\cdots+n^2+(n+1)^2=\frac{n(n+1)(2n+1)}{6}+(n+1)^2$$

である。右辺を計算すると

$$
\begin{aligned}
&\frac{n(n+1)(2n+1)}{6}+(n+1)^2 \\
&=(n+1)\left\{\frac{n(2n+1)}{6}+n+1\right\} \\
&=\frac{(n+1)(2n^2+n+6n+6)}{6}=\frac{(n+1)(2n^2+7n+6)}{6} \\
&=\frac{(n+1)(n+2)(2n+3)}{6}
\end{aligned}
$$

となり，$0^2+1^2+2^2+\cdots+n^2+(n+1)^2=\dfrac{(n+1)(n+2)(2n+3)}{6}$ となる。すなわち $\phi(n+1)$ が成り立つことを示している。よって数学的帰納法により，全ての n について $0^2+1^2+2^2+\cdots+n^2=\dfrac{n(n+1)(2n+1)}{6}$ が成り立つ。

練習 1.2　i. $\{x \mid$ ある自然数 y が存在して $x=2y+1\}$
ii. $\{x \mid x \geq 11$ かつ，ある自然数 y が存在して $x=2y+1\}$

練習 1.3　放送大学の学生には外国人もいることに注意しよう。
i. 日本国民なおかつ放送大学の学生全体の集合
ii. 日本国民かあるいは放送大学の学生である（少なくともどちらか一方を満たす）人全体の集合（注。この集合には日本国民でしかも放送大学の学生である人も含む）
iii. 日本国民であるが放送大学の学生ではない人全体の集合

練習 1.4　$(\boldsymbol{a}+\boldsymbol{b})+\boldsymbol{c}=(0,0,0)+(2,1,3)=(2,1,3)$
$\boldsymbol{a}+(\boldsymbol{b}+\boldsymbol{c})=(1,2,3)+(1,-1,0)=(2,1,3)$
$\boldsymbol{a}+\boldsymbol{b}=\boldsymbol{b}+\boldsymbol{a}=(0,0,0)$
$\boldsymbol{a}+\boldsymbol{0}=(1,2,3)+(0,0,0)=(1,2,3)=\boldsymbol{a}$
$\boldsymbol{a}+(-\boldsymbol{a})=(1,2,3)+(-1,-2,-3)=\boldsymbol{0}$
$1\boldsymbol{a}=(1,2,3)=\boldsymbol{a}$

$$(cd)\boldsymbol{a} = 6(1,2,3) = (6,12,18)$$
$$c(d\boldsymbol{a}) = 2(3,6,9) = (6,12,18)$$
$$c(\boldsymbol{a}+\boldsymbol{b}) = 2(0,0,0) = (0,0,0)$$
$$c\boldsymbol{a} + c\boldsymbol{b} = (2,4,6) + (-2,-4,-6) = (0,0,0)$$
$$(c+d)\boldsymbol{a} = 5(1,2,3) = (5,10,15)$$
$$c\boldsymbol{a} + d\boldsymbol{a} = (2,4,6) + (3,6,9) = (5,10,15)$$

練習 1.5　最初の方程式については次のように解ける。

$$(x_1, x_2, x_3) = \boldsymbol{x} = \boldsymbol{b} - \boldsymbol{a} = (-1,-2,-3) - (1,2,3) = (-2,-4,-6)$$

2 番目の方程式の解は,

$$(x_1, x_2, x_3) = \boldsymbol{x} = \frac{1}{2}\boldsymbol{b} = \left(-\frac{1}{2}, -1, -\frac{3}{2}\right)$$

となる。

2章

練習 2.1

$$AB = \begin{pmatrix} 1 & 0 & 1 \\ 0 & 1 & 0 \\ 1 & 1 & 1 \end{pmatrix} \begin{pmatrix} 1 & 2 & 1 \\ 2 & 1 & -1 \\ -1 & -1 & 1 \end{pmatrix} = \begin{pmatrix} 0 & 1 & 2 \\ 2 & 1 & -1 \\ 2 & 2 & 1 \end{pmatrix}$$

より,

$$^t(AB) = \begin{pmatrix} 0 & 2 & 2 \\ 1 & 1 & 2 \\ 2 & -1 & 1 \end{pmatrix}$$

$$^tB\,^tA = \begin{pmatrix} 1 & 2 & -1 \\ 2 & 1 & -1 \\ 1 & -1 & 1 \end{pmatrix} \begin{pmatrix} 1 & 0 & 1 \\ 0 & 1 & 1 \\ 1 & 0 & 1 \end{pmatrix} = \begin{pmatrix} 0 & 2 & 2 \\ 1 & 1 & 2 \\ 2 & -1 & 1 \end{pmatrix}$$

$$A\,^tA = \begin{pmatrix} 1 & 0 & 1 \\ 0 & 1 & 0 \\ 1 & 1 & 1 \end{pmatrix} \begin{pmatrix} 1 & 0 & 1 \\ 0 & 1 & 1 \\ 1 & 0 & 1 \end{pmatrix} = \begin{pmatrix} 2 & 0 & 2 \\ 0 & 1 & 1 \\ 2 & 1 & 3 \end{pmatrix}$$

5章

練習 5.1　以下の計算を参考にせよ。

$$(\nu\tau)\sigma = \begin{pmatrix} 1 & 2 & 3 & 4 & 5 \\ 4 & 1 & 2 & 5 & 3 \end{pmatrix}\begin{pmatrix} 1 & 2 & 3 & 4 & 5 \\ 3 & 2 & 5 & 4 & 1 \end{pmatrix}\sigma$$

$$= \begin{pmatrix} 1 & 2 & 3 & 4 & 5 \\ 2 & 1 & 3 & 5 & 4 \end{pmatrix}\begin{pmatrix} 1 & 2 & 3 & 4 & 5 \\ 5 & 4 & 1 & 3 & 2 \end{pmatrix} = \begin{pmatrix} 1 & 2 & 3 & 4 & 5 \\ 4 & 5 & 2 & 3 & 1 \end{pmatrix}$$

となる。また，

$$\nu(\tau\sigma) = \nu\begin{pmatrix} 1 & 2 & 3 & 4 & 5 \\ 3 & 2 & 5 & 4 & 1 \end{pmatrix}\begin{pmatrix} 1 & 2 & 3 & 4 & 5 \\ 5 & 4 & 1 & 3 & 2 \end{pmatrix}$$

$$= \begin{pmatrix} 1 & 2 & 3 & 4 & 5 \\ 4 & 1 & 2 & 5 & 3 \end{pmatrix}\begin{pmatrix} 1 & 2 & 3 & 4 & 5 \\ 1 & 4 & 3 & 5 & 2 \end{pmatrix} = \begin{pmatrix} 1 & 2 & 3 & 4 & 5 \\ 4 & 5 & 2 & 3 & 1 \end{pmatrix}$$

となる。

練習 5.2　τ を巡回置換の積として書くと，$(1,3,5)$ となりこれを互換の積として書く場合定理 5.2-ii より $3-1=2$ 個の互換の積として書ける。したがって $\mathrm{sign}(\tau)=1$。ν を巡回置換の積として書くと，$(1,4)(2,6,3)$ となり，これを互換の積として書く場合，定理 5.2-ii より，$1+(3-1)=3$ 個の互換の積として書ける。したがって $\mathrm{sign}(\nu)=-1$。

6章

練習 6.1　$|A| = a_{11}a_{22}a_{33}+a_{12}a_{23}a_{31}+a_{13}a_{32}a_{21}-a_{11}a_{23}a_{32}-a_{12}a_{21}a_{33}-a_{13}a_{22}a_{31} = 2\cdot3\cdot3+3\cdot3\cdot1+4\cdot3\cdot2-2\cdot3\cdot2-3\cdot3\cdot3-4\cdot3\cdot1=0$

練習 6.2　最初の式は上の証明で「$a_{\sigma(n)n}$ の値は $\sigma(n)$ が n 以外のときは全て 0 になるから，結局 $\sigma(n)=n$ となる σ のみを考えればよい」ということに注意すれば後の証明はほぼ同じである。2 番目の式は，上の証明で定義 (6.24) を使う代わりに定義 (6.23) を使えば，後の証明はほぼ同じである。

9章

練習 9.1 i.

$$\boldsymbol{a}_3 = \begin{pmatrix} 3 \\ 4 \\ 0 \end{pmatrix} = 3\begin{pmatrix} 1 \\ 0 \\ 0 \end{pmatrix} + 4\begin{pmatrix} 0 \\ 1 \\ 0 \end{pmatrix} = 3\boldsymbol{a}_1 + 4\boldsymbol{a}_2$$

となるから，$\boldsymbol{a}_1, \boldsymbol{a}_2, \boldsymbol{a}_3$ は線型従属。

ii.

$$c_1\boldsymbol{a}_1 + c_2\boldsymbol{a}_2 + c_3\boldsymbol{a}_3 = \begin{pmatrix} c_1 \\ 2c_2 \\ 3c_3 \end{pmatrix}$$

となり，$c_1\boldsymbol{a}_1 + c_2\boldsymbol{a}_2 + c_3\boldsymbol{a}_3 = \boldsymbol{0}$ が成り立つような c_1, c_2, c_3 は $c_1 = c_2 = c_3 = 0$ のみである。よって，$\boldsymbol{a}_1, \boldsymbol{a}_2, \boldsymbol{a}_3$ は線型独立。

11章

練習 11.1 この写像 f を行列を使って書き換えると，

$$f\begin{pmatrix} x \\ y \\ z \end{pmatrix} = \begin{pmatrix} 1 & 2 & 0 \\ 0 & 2 & 3 \\ 3 & 0 & 4 \end{pmatrix}\begin{pmatrix} x \\ y \\ z \end{pmatrix}$$

となる。

練習 11.2 $f(V)$ の要素を $\boldsymbol{y}_1, \boldsymbol{y}_2$ とすると，ある $\boldsymbol{x}_1, \boldsymbol{x}_2 \in V$ が存在して，$f(\boldsymbol{x}_1) = \boldsymbol{y}_1$，$f(\boldsymbol{x}_2) = \boldsymbol{y}_2$ となる。V が部分空間であり，f が線型写像であることから，実数 c について

$$c\boldsymbol{x}_1 \in V,\ f(c\boldsymbol{x}_1) = cf(\boldsymbol{x}_1) = c\boldsymbol{y}_1 \in f(V)$$
$$\boldsymbol{x}_1 + \boldsymbol{x}_2 \in V,\ f(\boldsymbol{x}_1 + \boldsymbol{x}_2) = f(\boldsymbol{x}_1) + f(\boldsymbol{x}_2) = \boldsymbol{y}_1 + \boldsymbol{y}_2 \in f(V)$$

よって $f(V)$ は $\boldsymbol{R}^n$ の部分空間となる。次に $f^{-1}(W)$ は $\boldsymbol{R}^m$ の部分空間であ

ることを示す。$f^{-1}(W)$ の要素を $\boldsymbol{x}_1, \boldsymbol{x}_2$ とすると，ある $\boldsymbol{y}_1, \boldsymbol{y}_2 \in W$ が存在して，$f(\boldsymbol{x}_1) = \boldsymbol{y}_1$，$f(\boldsymbol{x}_2) = \boldsymbol{y}_2$ となる。W が部分空間であり，f が線型写像であることから，実数 c について

$$f(c\boldsymbol{x}_1) = cf(\boldsymbol{x}_1) = c\boldsymbol{y}_1 \in W$$
$$f(\boldsymbol{x}_1 + \boldsymbol{x}_2) = f(\boldsymbol{x}_1) + f(\boldsymbol{x}_2) = \boldsymbol{y}_1 + \boldsymbol{y}_2 \in W$$

よって $c\boldsymbol{x}_1, \boldsymbol{x}_1 + \boldsymbol{x}_2 \in f^{-1}(W)$ となり，$f^{-1}(W)$ は $\boldsymbol{R}^m$ の部分空間である。

12章

練習 12.1 i.　行列

$$\begin{pmatrix} 2 & 5 \\ 3 & 8 \end{pmatrix}$$

の行列式の値は $2 \cdot 8 - 5 \cdot 3 = 1$ である。ここで

$$\begin{pmatrix} 2 \\ 3 \end{pmatrix}, \begin{pmatrix} 5 \\ 8 \end{pmatrix} \text{が線型独立} \Leftrightarrow \begin{pmatrix} 2 & 5 \\ 3 & 8 \end{pmatrix} \text{の rank が } 2 \Leftrightarrow \det \begin{pmatrix} 2 & 5 \\ 3 & 8 \end{pmatrix} \neq 0$$

したがって上の2個のベクトルは線型独立。

ii.　行列

$$\begin{pmatrix} 1 & 1 & 1 \\ 1 & 2 & 3 \\ 1 & 3 & 3 \end{pmatrix}$$

の行列式の値は (8.14) より，-2 である。したがって上の3個のベクトルは線型独立。

iii.　行列

$$\begin{pmatrix} 2 & 3 \\ 6 & 9 \end{pmatrix}$$

の行列式の値は $2 \cdot 9 - 3 \cdot 6 = 0$ である。したがって上の2個のベクトルは線型従属。

あとがき

本書を書くにあたって，これまで出版された放送大学の線型代数の印刷教材を参考にしたのはもちろんであるが，その他次の本を参考にした。

i. 石川剛郎他，「線型写像と固有値」共立出版（1996）

ii. 泉屋周一他，「行列と連立一次方程式」共立出版（1996）

iii. 佐武一郎，「線型代数学」裳華房（1985）

iv. 斉藤正彦，「線型代数入門」東京大学出版会（1986）

i, ii は分かりやすくコンパクトにまとめてある。iii, iv はより本格的に書かれている。

索引

●配列は五十音順である。

●た　行

●は　行

著者紹介

隈部　正博（くまべ・まさひろ）

1962 年　長崎に生まれる
1985 年　早稲田大学理工学部数学科卒業
1990 年　シカゴ大学大学院数学科博士課程修了
以降　ミネソタ大学助教授を経て
現在　放送大学教授・Ph.D.
専攻　数学基礎論
主な著書　数学基礎論（放送大学教育振興会）

放送大学教材　1760114-1-1911（テレビ）

三訂版　入門線型代数

発　行　2019年3月20日　第1刷
　　　　2023年8月20日　第3刷
著　者　隈部正博
発行所　一般財団法人　放送大学教育振興会
　　　　〒105-0001　東京都港区虎ノ門1-14-1　郵政福祉琴平ビル
　　　　電話　03（3502）2750

市販用は放送大学教材と同じ内容です。定価はカバーに表示してあります。
落丁本・乱丁本はお取り替えいたします。

Printed in Japan　ISBN978-4-595-31962-4　C1341